Une ville verte

Les rôles du végétal en ville

Une ville verte

Les rôles du végétal en ville

Marjorie Musy, coordinatrice

Éditions Quæ
RD 10, 78026 Versailles Cedex

Collection Synthèses

Ingénierie écologique. Action par et/ou pour le vivant ?
F. Rey, F. Gosselin, A. Doré
2014, 172 p.

Grasslands and Herbivore Production in Europe and Effects of Common Policies
C. Huyghe, A. Peeters, A. De Vliegher, B. Van Gils
2014, 320 p.

Plancton marin et pesticides : quels liens ?
G. Arzul, F. Quiniou
2014, 140 p.

Principes de chimie redox en écologie microbienne
A. Pidello
2014, 144 p.

La symbiose mycorhizienne
Une association entre les plantes et les champignons
J. Garbaye
2013, 280 p.

Les sols et leurs structures
Observations à différentes échelles
D. Baize, O. Duval, G. Richard, coord.
2013, 264 p.

Structure des aliments et effets nutritionnels
A. Fardet, I. Souchon, D. Dupont, coord.
2013, 470 p.

S'adapter au changement climatique
Agriculture, écosystèmes et territoires
J.-F. Soussana, coord.
2013, 296 p.

© Éditions Quæ, 2014   ISBN : 978-2-7592-2171-4   ISSN : 1777-4624

Remerciements

La majeure partie de ce travail a été réalisée dans le cadre du projet VegDUD « Rôle du végétal dans le développement urbain durable, une approche par les enjeux liés à la climatologie, l'hydrologie, la maîtrise de l'énergie et les ambiances », financé par l'Agence nationale de la recherche, dans le cadre de l'appel à projets « Villes durables 2009 », sous la convention ANR-09-VILL-0007.

Les partenaires de VegDUD sont : IRSTV (Cerma/Ensa Nantes, LHEEA/ECN, ESO/université de Nantes), Ifsttar, Plante & Cité, LaSie (université de La Rochelle), LPGN (université de Nantes), Game (CNRM), Dota (Onera), IRSN, CSTB, Éphyse (Inra de Bordeaux).

Le projet a également reçu le soutien de la Ville de Nantes et de Nantes Métropole. Il a été labellisé par les pôles de compétitivité PGCE et Végépolys.

Nous tenons également à remercier l'Ademe, ainsi que les Régions Pays de la Loire et Poitou-Charentes, qui ont cofinancé deux doctorants ayant participé au projet.

Enfin, nous remercions Philippe Clergeau, qui bien qu'extérieur au projet VegDUD a bien voulu compléter notre travail par sa vision d'écologue.

Tous les contributeurs de VegDUD n'ont pas directement participé à la rédaction de cet ouvrage, mais ils ont d'une manière ou d'une autre contribué au travail de constitution de la connaissance :

Hervé Andrieu (IRSTV/Ifsttar), Karina Azos (IRSTV/Cerma), Insaf Bagga (LHEEA/ECN), Olivier Balaÿ (Cresson/Ensa Grenoble), Jean-Luc Bardyn (Cresson/Ensa Grenoble), Françoise Barret (Seve, Ville de Nantes), Erwan Bocher (IRSTV), Bernard Bourges (Gépéa/EMN), Jean-Marc Brun (Ifsttar), Yves Brunet (Éphyse/Inra), Aurore Brut (Cesbio), Katia Chancibault (Ifsttar), Martine Chazelas (IRTSV/Cerma), Jean-Martial Cohard (LTHE), Olivier Connan (IRSN), Cécile De Munck (Game/CNRM), Véronique Dom (IRSTV/Cerma), Sylvain Dupont (Éphyse/Inra), Bernard Flahaut (Ifsttar), Joël Garreau (Nantes Métropole), Jean-Philippe Gastellu Etchegorry (Cesbio), Carina Furusho (IRSTV/LHEEA), Dominique Gaudin (IRSTV/LHEEA), Éloi Grau (Cesbio), Noëlle Guyon (IRSTV), Mark Irvine (Éphyse/Inra), Sonja Jankowsky (Ifsttar), Zeineb Kassouk (LPGN, université de Nantes), Pascal Keravec (IRSTV/LHEEA), Philippe L'Hermite (Ifsttar), Bruno Lacarrière (Gépéa/EMN), Pierre Lagionie (IRSN),

Jean-Pierre Lagouarde (Éphyse/Inra), Sophie Lemaire (Plante & Cité), Aude Lemonsu (Game/CNRM), Arnaud Lepetit (IRSTV/ESO), Magdalena Maché (IRSTV/LHEEA), Denis Maro (IRSN), Olivier Martin (LaSie, université de La Rochelle), Benjamin Morille (IRSTV/Cerma), Marie-Laure Mosini (Ifsttar), Georges Najjar (LSIIT, université de Strasbourg), Françoise Nerry (LSIIT, université de Strasbourg), Romaric Perrocheau (Seve, Ville de Nantes), Gwendall Petit (IRSTV), Thibaud Piquet (IRSTV/LHEEA), Guillaume Pommier (Plante & Cité),Vera Rodrigues (IRSTV/LHEEA), Jean-Marc Rouaud (Ifsttar), Frédéric Rousseaux (LIENSs, université de La Rochelle), Tony Ruiz (IRSTV/LHEEA), Jean-François Sini (IRSTV/LHEEA), Jacques Soignon (Seve, Ville de Nantes), Richard Tavares (IRSTV/LHEEA), Yves Tétard (CSTB), Brice Tonini (IRSTV/ESO) et Deniz Yilmaz (CSTB).

Liste des sigles

Ademe : Agence de l'environnement et de la maîtrise de l'énergie
ANR : Agence nationale de la recherche
Cerma : Centre de recherche méthodologique d'architecture
Cesbio : Centre d'études spatiales de la biosphère
CNRM : Centre national de recherches météorologiques
Cresson : Centre de recherche sur l'espace sonore et l'environnement urbain
CSTB : Centre scientifique et techniques du bâtiment
Dota : Département optique théorique et appliquée
ECN : École centrale de Nantes
EMN : École des mines de Nantes
Ensa Grenoble : École nationale supérieure d'architecture de Grenoble
Ensa Nantes : École nationale supérieure d'architecture de Nantes
LHEEA : Laboratoire de recherche en hydrodynamique, énergétique et environnement atmosphérique
Éphyse : Écologie fonctionnelle et physique de l'environnement
ESO : Espace et société
Game : Groupe d'études de l'atmosphère météorologique
Gépéa : Génie des procédés, environnement, agro-alimentaire
Ifsttar : Institut français des sciences et technologies des transports, de l'aménagement et des réseaux
Inra : Institut national de la recherche agronomique
IRSN : Institut de radioprotection et de sûreté nucléaire
IRSTV : Institut de recherche en sciences et techniques de la ville
LaSIE : Laboratoire des sciences de l'ingénieur pour l'environnement
LIENSs : Littoral environnement et sociétés
LPGN : Laboratoire de planétologie et géodynamique de Nantes
LSIIT : Laboratoire des sciences de l'image, de l'informatique et de la télédétection
LTHE : Laboratoire d'étude des transferts en hydrologie et environnement
Onera : Office national des études et recherches aérospatiales
PGCE : Pôle génie civil éco-construction
Seve : Service espaces verts et environnement

TABLE DES MATIÈRES

Comment prendre en compte le végétal dans l'espace urbain ?

Marjorie MUSY

Les grandes agglomérations françaises doivent faire face à des objectifs environnementaux forts qui peuvent s'avérer contradictoires, comme se densifier pour maîtriser l'étalement urbain, maintenir la biodiversité, anticiper et limiter le changement climatique, réduire les émissions de gaz à effet de serre, offrir un cadre de vie sain et agréable aux habitants… Ces enjeux doivent être pris en compte à toutes les échelles spatiales d'intervention urbaine, de celle de l'aménagement d'un lieu de vie à celle de la ville, et suivis dans le temps.

Ils se traduisent dans la pratique des projets, par des interrogations récurrentes sur les rôles relatifs de la forme urbaine et du végétal. En effet, pour améliorer le confort estival dans les villes, une des solutions avancées est l'accroissement de la place de la végétation. Simultanément, pour aider à maîtriser la dépense énergétique induite par la climatisation et le chauffage des bâtiments, qui entraîne l'émission de gaz à effet de serre et des charges anthropiques participant à l'îlot de chaleur urbain, les solutions végétales appliquées aux enveloppes de bâtiments ou à l'espace urbain, sont également réputées efficaces. Ainsi, des techniques industrielles de façades et toitures végétales, dont on allègue les performances hydrologiques, thermiques et climatiques, sont d'ores et déjà disponibles, des projets de forêts urbaines sont annoncés et engagés.

Les opérationnels élaborent des réponses, observent les pratiques des autres, transposent, adaptent, apprennent de leurs erreurs. Cependant, un constat est fait : les approches ne peuvent être standardisées, mais au contraire, la diversité des solutions est reconnue, justifiée par la diversité des villes, leur histoire, leur type de développement, leur taille, leur patrimoine, leur contexte climatique… Pour une aide à la décision efficace, il apparaît donc nécessaire de mieux connaître les phénomènes physiques et les paramètres qui conditionnent les rôles relatifs de la végétation et de la forme urbaine. Ceci passe par différents types d'approches d'expérimentation et de modélisation. Ce champ de recherche a été ici exploré d'une manière disciplinaire et une synthèse interdisciplinaire permet de mettre en évidence les paramètres qui influencent les fonctions écosystémiques de la végétation, ciblées en fonction du contexte urbain.

▸▸ Les sept enjeux d'une approche multidisciplinaire

Sept enjeux ont été privilégiés dans cette synthèse car ils sont très fortement liés et doivent être traités simultanément : les enjeux climatiques, énergétiques, hydrologiques, d'ambiance, de qualité de l'air, d'empreinte carbone et de biodiversité.

Le climat

Le Giec a annoncé en 2013 un réchauffement global de 0,3 à 4,8 °C (par rapport à la période 1986-2005) pour la fin du XXIe siècle, en fonction de l'évolution des émissions de gaz à effet de serre ou GES (Ipcc, 2013). À ce réchauffement viennent s'ajouter les phénomènes d'îlot de chaleur urbain (ICU), de plus en plus étudiés. On sait qu'ils sont liés à la forme urbaine, aux matériaux et aux charges anthropiques dissipées dans le tissu urbain. Les dissipations thermiques des bâtiments participent de façon importante à l'amplification du réchauffement urbain et les systèmes de climatisation peuvent en représenter une part significative, d'autant plus que leur charge augmente avec le réchauffement. Outre les questions de confort, le phénomène d'ICU pose des questions sanitaires avec parfois des conséquences dramatiques, comme lors de la canicule de l'été 2003, qui a entraîné un surcroît de mortalité estimé à plus de 70 000 morts en Europe dont 20 000 en France (Robine *et al.*, 2007).

La végétation a un impact important sur le microclimat urbain, par son ombrage et sa capacité d'évaporation, elle améliore les conditions de confort en été, et limite les vitesses de vent en hiver.

Le facteur 4

Dans la plupart des grandes villes, l'amplification des phénomènes d'ICU entraîne une consommation supplémentaire d'énergie pour le rafraîchissement des bâtiments en été. La consommation d'énergie finale de la France et la part liée aux secteurs résidentiels et tertiaires se stabilisent depuis 2006 à des valeurs respectivement de 155 et 68 Mtep[1] (Insee, 2013). Ces secteurs représentent 44 % des consommations d'énergie et 23 % des émissions de CO_2. Pour l'Europe, le conditionnement des espaces habités est estimé à 57 % de la demande énergétique. On lui associe également 33 % de la production de CO_2 du secteur bâtiment. Il faut en plus considérer qu'il est l'une des principales sources anthropiques responsables des phénomènes d'ICU.

Le secteur du bâtiment constitue donc une des clés pour le respect de l'engagement pris en 2003 de diviser par quatre d'ici 2050 les émissions nationales de gaz à effet de serre du niveau de 1990. Or, du point de vue technique, ce « facteur 4 » restera beaucoup plus facile à atteindre dans le bâtiment neuf que dans la rénovation, alors qu'il faut compter avec un stock important de bâtiments anciens dont l'amélioration des performances énergétiques devra être programmée sur plusieurs années.

---

1. Mtep : million de tonnes équivalent pétrole.

Pour ces bâtiments, un des leviers consiste à agir sur le contexte climatique local afin de réduire la sollicitation thermique d'été. Cette solution, qui présente par ailleurs un caractère équitable et sanitaire, doit cependant être évaluée globalement, en termes de coûts, de durabilité, de bilan écologique et comparée à des solutions traditionnelles d'isolation et d'équipement thermique (énergies renouvelables, par exemple).

L'hydrologie

Les villes fortement minérales sont confrontées à des problèmes de gestion des eaux pluviales de plus en plus critiques. La présence de végétation peut être utilisée comme outil de gestion à la source, avec des aménagements qui permettent leur stockage et leur infiltration sur place plutôt qu'une évacuation directe vers les réseaux enterrés, afin de répondre à deux objectifs : limiter les risques de crues et éviter le coûteux surdimensionnement des réseaux. Ainsi, les toitures végétalisées sont préconisées en compensation de la réduction du sol naturel pour « écrêter » les évènements pluvieux. Des noues paysagées sont mises en place dans de nombreux écoquartiers. Les arbres interceptent une partie de l'eau de pluie, limitant le phéno-mène de ruissellement et ses conséquences, comme l'entraînement des polluants vers les réseaux. Le fonctionnement hydrique de ces dispositifs conditionne non seulement la survie des plantes mais également leur impact sur le climat à travers l'effet de l'évapotranspiration.

Le végétal et l'ambiance de la ville

La végétation est déjà présente en milieu urbain sous forme de jardins privés, squares ou de parcs publics, arbres d'alignement... On attend d'elle aujourd'hui qu'elle équilibre environnementalement l'artificialisation du milieu de vie qu'est la ville, tout en lui attribuant des vocations récréatives et sociales qui répondent au désir de la société de retour à la nature et d'amélioration du cadre de vie.

Des enquêtes ont mis en évidence la demande sociale de nature. En 2008, l'Union nationale des entrepreneurs du paysage (Unep) et l'institut de sondage Ipsos, montrent le caractère désormais central de la végétation en ville : 7 Français sur 10 choisissent aujourd'hui leur lieu de vie en fonction de la présence d'espaces verts à proximité de leur habitation et 3 Français sur 4 fréquentent de façon périodique ou quotidienne, ces espaces de leur commune. Si les raisons de cet engouement sont diverses, la volonté de se relaxer, de rencontrer les autres habitants et de pratiquer un sport est régulièrement avancée.

Ces rapports entre ville et végétal participent à l'« ambiance urbaine », résultat d'éléments objectifs, mesurables, par exemple physiques et climatiques (morpho-logie, densité, minéralisation, microclimat urbain...), et d'éléments plus subjectifs qui varient selon les usages et les perceptions.

La qualité de l'air

Du fait de la conjonction d'une forte densité de population et d'activités polluantes, les villes focalisent les problématiques de qualité de l'air. Le terme « pollution de l'air » inclut les polluants de type gazeux comme les composés organiques volatils, ou les pollutions de type particulaire (particules émises par les véhicules et les systèmes de chauffage, ou particules organiques comme les pollens). La végétation doit être vue à la fois comme un récepteur, un émetteur, ou simplement un élément qui modifie localement le transport et la diffusion des polluants. Ainsi, quand on aborde le rôle de la végétation dans la qualité de l'air extérieur, on doit en aborder les rôles mécaniques et chimiques, fortement liés aux phénomènes climatiques, tant vis-à-vis des particules que des gaz.

Les interactions climatiques vont au-delà de phénomènes locaux : par exemple, le phénomène d'ICU induit un allongement des périodes de pollinisation et donc d'exposition aux pollens allergisants.

L'empreinte carbone

Dès lors que l'on s'intéresse à la réduction des émissions de GES que la présence de végétation en ville permet d'obtenir, il est nécessaire d'intégrer le bilan carbone de ces dispositifs végétaux. On introduit là de nouveaux paramètres, liés à la gestion des espaces (intensive ou extensive, par exemple), s'avérant de surcroît influents sur l'ensemble des fonctions écosystémiques étudiées. Il est également nécessaire de raisonner sur des échelles de temps plus longues en prenant en compte non seulement la séquestration de carbone par les végétaux, mais aussi le devenir de ce carbone qui dépend du devenir de ces végétaux.

La biodiversité urbaine

La notion de biodiversité (définie par la variété en écosystèmes, espèces et gènes et leurs interrelations) est une question qui émerge de la problématique « nature en ville ». La biodiversité est à la fois support des différents services écologiques rendus et lien entre eux. Sa préservation est fondamentale à toutes les échelles et préoccupe aujourd'hui bien au-delà du cercle des spécialistes.

Les implications sont grandes notamment dans la pratique des espaces verts urbains qui intègre une démarche plus écologique, parfois incluse dans une gestion différenciée favorisant l'installation de nombreuses espèces. Même si la nature en ville ne sera jamais celle de la campagne ou des zones plus « naturelles », elle peut être lieu de biodiversité.

Un travail important devait être fait sur la biodiversité en milieu urbain où les effets de matrice (c.-à-d. de cloisonnement ou de coupure), les perturbations et les usages sont forts. Ce questionnement a été à l'origine du programme financé par le projet de l'Agence nationale de la recherche « Trames vertes urbaines », qui a permis dedébroussailler une biodiversité urbaine encore peu connue.

La présence du végétal en ville, nécessaire tant pour des raisons physiques que pour des raisons sociales, ne peut être seulement envisagée à partir de son rôle climatique, mais doit aussi être pensée à partir des ambiances qu'elle offre aux citadins dans l'espace public, les jardins privatifs comme dans les bâtiments, à différents moments de la journée et de l'année.

Lorsque l'on cherche à expliciter le rôle de la végétation par rapport à une des fonctions évoquées, on doit faire face à de nombreuses interactions qu'il est bien difficile d'ignorer. La prise en compte simultanée de l'ensemble de ces interactions est cependant un exercice complexe et ambitieux.

C'est dans cette optique systémique qu'a été construit le projet de recherche VegDUD « Rôle du végétal dans le développement urbain durable, une approche par les enjeux liés à la climatologie, l'hydrologie, la maîtrise de l'énergie et les ambiances ». L'approche a été construite par l'intersection d'enjeux de méthodologie de recherche et de l'évaluation de différents impacts de la végétation. Nous avons ainsi été amenés à travailler en domaines de questionnements :

— **les pratiques** : quelles sont les pratiques du végétal urbain, communes, nouvelles ou à venir ? dans quelle mesure les différentes contraintes du développement durable, les contraintes financières ou la demande sociale modifient-elles ces pratiques ? comment classer les différentes formes de présence de la végétation en ville ? comment formaliser, pour ces pratiques, un bilan global (environnemental, social, économique) ?

— **la connaissance et la modélisation de la végétation en ville** : de quelles données de description de la végétation urbaine dispose-t-on ? quelles sont les techniques permettant d'acquérir rapidement une connaissance détaillée de la place du végétal urbain à grande échelle ? comment construire des modèles informatiques regroupant les informations relatives au végétal, au bâti et aux infrastructures dans la ville existante ? comment formaliser des projections de la place de la végétation dans la ville future ?

— **l'instrumentation (métrologie et modélisation)** : sait-on quantifier les différents impacts sur l'environnement des dispositifs végétaux ? à quelles échelles spatio-temporelles peut-on/doit-on évaluer ces techniques végétales en fonction des impacts mesurés ? comment le rapport entre les surfaces artificielles et naturelles, en termes de répartition et de densité, modifie-t-il ces impacts ? de quelle manière la gestion de la végétation les influence-t-elle ?

— **l'évaluation comparative des impacts de la végétation** : sur quels critères, à quelles échelles spatiales et temporelles peut-on comparer l'impact de techniques d'implantation du végétal en ville (toitures végétalisées, microjardins suspendus, parkings poreux, chaussées filtrantes, lagunage urbain, rivières urbaines) ? comment en élaborer une évaluation globale ?

— **l'analyse rétrospective et l'anticipation** : quel sera à long terme l'impact des politiques en place ? quelles sont les alternatives possibles ? où faudrait-il porter l'effort végétal en fonction des enjeux ambiantaux, énergétiques, hydriques… ? comment penser le développement du végétal en milieu urbain comme un espace appropriable selon l'organisation spatiale de la ville et l'organisation culturelle de chaque société ?

Cet ensemble de questionnements a structuré notre travail de recherche, tant dans l'analyse des travaux déjà réalisés sur lesquels nous nous appuyons, que dans notre propre production de méthodes ou de connaissances.

Chapitre 1

Présence végétale en ville : quelle connaissance ?

Virginie ANQUETIL
et Karine ADELINE, Amar BENSALMA, Xavier BRIOTTET,
Caroline GUTLEBEN, Patrick LAUNEAU, Nathalie LONG,
Marjorie MUSY, Rosa OLTRA-CARRIÓ, Damien PROVENDIER

▸▸ Introduction

La présence végétale en ville est liée à l'histoire de la fabrication de la ville, mais aussi à l'impulsion de contraintes environnementales fortes qui ont récemment modifié les pratiques des professionnels (urbanistes, paysagistes, gestionnaires), ainsi qu'à une évolution des usages des citadins, qui, dans une ville de densité grandissante, recherchent des espaces de nature qu'ils peuvent s'approprier. Un état des lieux s'impose donc.

D'autre part, la ville évoluant rapidement, la question de l'inventaire des espaces verts urbains et de leur composition, nécessite des approches solides à grande échelle. En effet, les bases de données disponibles sont très partielles et même leur structuration est peu adaptée dans des approches systémiques de la ville. Nous ferons donc un état de l'art des méthodes d'inventaire efficaces et robustes.

▸▸ État des lieux et évolution de la place de la végétation en ville

La végétation urbaine est un objet de recherche commun à de nombreuses disciplines scientifiques mais également aux métiers opérationnels de la conception des formes urbaines et de la gestion des espaces urbains. Aborder cet objet de recherches sous l'angle des services écosystémiques constitue une posture scientifique qui découle,

directement ou indirectement, des évolutions sociétales et des pratiques en matière d'urbanisme. L'état des lieux présenté ici a deux principaux objectifs :
 – replacer la végétation urbaine, qui constitue l'objet de recherches, dans un contexte sociétal global à travers une approche urbanistique ;
 – positionner notre questionnement au regard de la recherche scientifique d'une part, et des attentes opérationnelles d'autre part.

Dans un premier temps, une lecture historique des évolutions de l'urbanisme permet de mieux comprendre comment la place de la végétation a évolué, elle aussi. Cette lecture expose les principes théoriques et les concepts qui ont contribué à la formation de courants urbanistiques. Ces principes se déclinent en un ensemble de pratiques liées notamment aux métiers d'urbaniste, de paysagiste et de gestionnaire d'espaces verts au sein des villes.

Ensuite, nous dégagerons les tendances actuelles et émergentes en ce qui concerne la place de la végétation urbaine ainsi que les pratiques qui y sont liées. Certaines formes de végétation, que nous appellerons dispositifs végétaux, constituent des révélateurs de ces tendances. Ils peuvent faire l'objet de travaux scientifiques dans le cadre de processus d'innovation de type « technologique » mais aussi d'usage.

Évolution des formes de la ville et des formes végétales

Dans la ville médiévale, il n'existe pas ou peu d'espaces verts. Il s'agit alors de jardins potagers pour l'espace privatif et de quelques arbres, peu nombreux mais majestueux, dans les lieux publics.

Premiers jardins

La médecine et son apprentissage sont à l'origine d'un grand nombre de jardins publics en France. Il en est ainsi à Paris du « Jardin royal des plantes médicinales » (actuel Jardin des plantes du Muséum national d'Histoire naturelle), créé en 1633 par Guy de la Brosse, médecin de Louis XIII.

C'est un peu plus tard, en 1687, qu'est créé le premier jardin botanique de la ville de Nantes, le « Jardin des apothicaires », uniquement destiné à la culture des végétaux. La ville à cette époque ne dispose pas de jardin significatif destiné à la promenade. Le jardin se développe alors que Nantes devient le principal port français et accueille de nombreux chargements de plantes. Il devient un lieu idéal d'acclimatation des plantes tropicales rapportées par les navigateurs et Louis XV, par ordonnance royale, assujettit « les Capitaines des Navires de Nantes d'apporter Graines et Plantes des Colonies des Païs Étrangers, pour le Jardin des Plantes Médicinales établi à Nantes ». Ces jardins sont également lieu d'enseignement de la botanique.

De l'époque pré-industrielle à l'époque post-industrielle

À la fin du XIXe siècle et au début du XXe siècle, les villes occidentales, au développement autrefois restreint et dense, ont connu une croissance importante de leur population, des progrès techniques rapides, des évolutions profondes des modes et infrastructures de transport, la modernisation du système productif, ce qui a provoqué un bouleversement profond. En effet, la révolution industrielle et ses conséquences en termes d'emplois et la perspective d'une haute qualité de vie ont conduit à un exode rural important (Carmona *et al.*, 2003). Les formes urbaines ont brutalement changé afin de répondre à l'afflux important de travailleurs. Les modes de transports étant encore très limités, les logements se sont spontanément massés autour des usines. Dans ce contexte, les conditions d'hygiène, de sécurité et le manque de contrôle de l'urbanisation ont commencé à devenir problématiques et sont à l'origine, plus tardivement, de préoccupations hygiénistes et d'une planification plus rigoureuse de l'espace urbain.

L'ouverture des fortifications des villes et le développement périphérique créèrent de nombreux espaces ouverts que le végétal structurait sous la forme de cours ou de promenades plantées. Liant l'ancien cœur de ville aux faubourgs, ces espaces publics sont utilisés pour les spectacles, les foires ou les déplacements quotidiens (Werquin & Demangeon, 1995). À Paris, le baron Haussmann crée les parkways, de larges avenues densément plantées qui relient le centre aux grands parcs périphériques (avenue de l'Impératrice vers le bois de Boulogne). Les parcs centraux sont des espaces publics, ils catalysent la vie sociale urbaine et sont d'un aménagement sobre et neutre. L'idée d'espaces assainissant et aérant la cité était d'autant plus prégnante pour répondre à l'apparition de nombreuses épidémies (choléra en 1849, par exemple). La végétation devient dès cette époque un moyen de rendre la ville viable et vivable.

L'idéal des cités-jardins

Avec le développement des moyens de transport collectif, à la fin du XIXe siècle mais surtout au début du XXe siècle, les distances entre lieux de travail et de résidence ont augmenté, créant une nouvelle forme urbaine, différente de celle de la ville traditionnelle : les banlieues résidentielles (Carmona *et al.*, 2003). Les jardins familiaux apparaissent à la fin du XIXe siècle dans la nouvelle périphérie des villes, proches des logements des travailleurs. Leur fonction est d'abord hygiéniste et de santé publique mais elle est aussi une référence à la « valeur du travail agricole » (Werquin & Demangeon, 1995). Le végétal est utilisé, dans le modèle des cités-jardins imaginé par E. Howard, comme un rappel à la ruralité, structurant les espaces collectifs comme les jardins privés et créant un rapport de proximité et de voisinage entre les habitants de ces nouveaux quartiers (Choay, 1965 ; Werquin & Demangeon, 1995). Cette forme urbaine idéalisée devait rapprocher « l'Aimant-ville », caractérisé par la vie en société et le travail, et « l'Aimant-campagne », caractérisé par une proximité avec la nature (Choay, 1965 ; Champeaux & Champeaux, 2007 ; Cunha, 2009).

La « ville verte » du courant moderniste

En 1933, le Congrès international d'architecture moderne formalise et diffuse, dans la charte d'Athènes, reprise plus tard par Le Corbusier, les principes d'un urbanisme progressiste ou moderniste. Celui-ci s'est surtout développé lors de la reconstruction suite à la seconde guerre mondiale et pendant les Trente Glorieuses. Le principe le plus marquant de l'urbanisme moderne est le zonage fonctionnel par rapport à quatre fonctions : « travailler, habiter, se divertir, se déplacer ». Dans la période de forte croissance économique des Trente Glorieuses, la ville moderne est pensée et construite selon une logique capitaliste de production et de consommation (Gaudillière, 2005). Ce mouvement privilégie donc la fonctionnalité de la ville avant l'urbanité (la ville comme milieu de vie). En conséquence, les formes urbaines sont standardisées, donnant naissance à une architecture de style international. Les éléments urbains sont conçus selon leur logique interne propre et non sur la base des spécificités du paysage, de la culture locale et des formes urbaines traditionnelles.

Les principes hygiénistes sont repris, les vides sont privilégiés par rapport aux pleins et on assiste à la création des grands ensembles. Ces immeubles, suffisamment éloignés les uns des autres pour laisser circuler l'air et la lumière, se caractérisent par une grande hauteur et une faible emprise au sol, laissant la place à de vastes espaces libres pour la circulation automobile et la « verdure » (Choay, 1965). Le souci de l'urbanisme moderne est en effet d'augmenter les surfaces plantées dans ces espaces libres pour créer une « ville verte », plus saine et proche de la nature. Le modernisme a marqué les politiques en matière de végétalisation, qui ont suivi les principes du zonage fonctionnel : les espaces vides sont plantés et sont devenus des espaces fonctionnels, compensant la présence forte du minéral et offrant aux usagers des aires de jeux, des espaces de détente et de promenade. Une « ambiance végétale » est recherchée pour atténuer les nuisances engendrées notamment par la forte mobilité quotidienne de la population. Dans les années 1960, le terme « espaces verts » désigne tous les espaces libres ou interstices entre les constructions qui ont été végétalisés. Ce vocabulaire nouveau symbolise un éloignement de l'art des jardins et, de manière générale, de toutes références culturelles et artistiques. Des végétaux issus de la sélection horticole sont intégrés dans la gamme végétale. Les modes de gestion se mécanisent et s'intensifient, et l'usage des produits phytosanitaires se développe fortement, marquant une rupture avec les savoir-faire traditionnels (Aggéri, 2010).

Mais en dehors de ce courant moderne, les espaces verts ne sont pas au centre des préoccupations et il faut surtout attendre les années 1970 pour assister à leur retour vraiment généralisé. Celui-ci repose sur la montée en puissance de l'écologie (création du ministère de l'Écologie en 1971) et la mise en place de politiques en faveur du végétal en ville (« Plan vert » régional en Île-de-France). De plus, le constat de la faiblesse du ratio d'espace vert parisien par habitant en comparaison d'autres grandes villes européennes incite à un effort important en faveur de la présence du vert en ville (Paris, 9,5 m²/hab ; Berlin, 13 m²/hab et Vienne, 25 m²/hab).

La remise en cause d'un modèle urbain

La fin des années 1960 et le début des années 1970 marquent un tournant dans la société et dans la manière de concevoir les villes. Les mouvements sociaux de mai 1968 ont concrétisé une critique générale du capitalisme (Cunha, 2009), qui a conditionné la construction « rationnelle » et fonctionnelle des formes urbaines modernes (Voyé, 2003). Les chocs pétroliers en 1973 et 1979, les récessions économiques et la montée du chômage sont à l'origine d'un climat d'incertitudes sur l'avenir, qui ont accentué ces critiques du modernisme (Cunha, 2009). Déjà présente après la seconde guerre mondiale, la mesure de changements globaux à l'échelle de la planète s'accentue et fait prendre conscience d'une certaine irréversibilité des impacts des activités humaines sur l'intégrité des ressources naturelles, et des risques auxquels s'exposent la société actuelle et les générations futures (Luginbühl, 1992). L'idée que la dégradation d'un élément de l'environnement à l'échelle locale puisse avoir des impacts à une échelle plus large, fait également prendre conscience de la complexité à la fois des phénomènes naturels à l'échelle du globe et des interrelations entre les sociétés humaines et leur environnement.

La ville du modernisme est en crise et la population aspire à une meilleure qualité de vie. À cette époque apparaît progressivement le rêve pavillonnaire, les citadins aspirant notamment à plus de verdure, qu'ils ne trouvent pas à l'intérieur des villes. L'habitat pavillonnaire connaît un essor important et le développement urbain devient extensif (Cunha, 2009). Parallèlement, des réflexions s'engagent sur des alternatives à ce développement et sur la recherche d'une certaine qualité de vie en ville : densification et construction de la ville sur la ville, revitalisation des centres, décentralisation des équipements urbains, diversification des formes urbaines et de l'habitat (Cunha, 2009).

Le tournant des années 1990

En 1990, le Livre vert édité par la Commission européenne est un cri d'alarme mettant en évidence une dégradation sévère de la qualité de l'environnement urbain. Parallèlement, la prise de conscience mondiale des changements globaux et de la « fragilité » de la planète fait apparaître le besoin de repenser le développement des sociétés. En 1994, relayant les principes de l'Agenda 21 adopté au Sommet de la Terre à Rio (1992), la Campagne européenne des villes durables encourage les collectivités locales à s'engager dans des politiques de développement durable. Les déclinaisons du développement durable se positionnent en contraste avec l'urbanisme moderne et fonctionnaliste et, en 1994, les villes signataires de la charte d'Aalborg approuvent les grands principes de la « ville durable » (Gaudillière, 2005) : revenir à une mixité fonctionnelle, favoriser la mixité sociale, préserver les patrimoines existants y compris naturels, valoriser et recycler les tissus urbains et contenir l'urbanisation en freinant l'étalement urbain.

La vision des villes change : autrefois pensées par rapport à une logique économique et fonctionnelle, elles sont repensées en tant que milieu de vie (Gaudillière, 2005). La végétation n'est plus seulement considérée comme une compensation du minéral mais comme un élément de valorisation des paysages urbains et d'amélioration du cadre de vie. Elle prend d'autres fonctions : conservation de la biodiversité, qualité esthétique des espaces publics et de l'habitat, ressourcement et recherche de bien-être (Cunha, 2009).

Le végétal dans la ville contemporaine : tendances et pratiques

Une difficile articulation entre modèles de ville dense et formes végétales

La loi Solidarité et renouvellement urbain (SRU) de 2000 incite à un développement urbain dense et au principe de mixité sociale dans les aménagements. Elle prévoit également de préserver les espaces naturels en périphérie des villes et les espaces verts existants. La place des espaces verts au sein des politiques publiques d'aménagement reste cependant celle d'un équipement urbain, à vocation essentiellement sociale, donc plutôt monofonctionnel. Par ailleurs, les dispositions de la loi SRU impliquent une intensification de l'usage du sol couplée au maintien voire même à l'augmentation des surfaces plantées au sein des villes. Se pose alors la question des formes que peuvent prendre ces espaces verts, des objectifs et des modalités de gestion à appliquer (Mehdi *et al.*, 2012).

Les réflexions sur la ville durable ont abouti, à partir de 2007, aux dispositions du Grenelle de l'Environnement en termes de trame verte et bleue (TVB). Elles induisent la prise en compte dans la planification, aux échelles nationales, régionales et locales, des espaces de nature pour préserver leur fonctionnalité écologique. L'écologie est donc intégrée aux politiques publiques d'aménagement *via* la conservation, la restauration et la création de continuités écologiques d'un territoire. La TVB est aussi un outil de compréhension, de surveillance et d'évaluation des rôles écologiques des espaces verts urbains. Cependant, les principes de connectivité et de fonctionnalité ne concernent pas que la dimension écologique de ces espaces : ils recouvrent aussi des enjeux d'appropriation sociale, d'accessibilité aux espaces verts et d'usages. Les rythmes urbains s'accélérant et les sols urbains étant très convoités, cette TVB doit, dans une vision presque moderniste, être anticipée, organisée de manière rationnelle, planifiée dans le temps et l'espace. Elle doit également s'appuyer sur le potentiel de la végétation existante, présente dans les espaces verts et parfois héritée de formes urbaines plus ou moins planifiées : espaces interstitiels, friches... Le respect du génie du lieu, caractéristique d'un aménagement durable, produit une variété d'espaces de nature qui peuvent, en se complétant, créer un environnement végétal multifonctionnel.

Les problématiques urbaines actuelles tendent à la planification d'espaces de nature qui s'adaptent à un contexte de densité, répondent aux demandes sociales, fournissent des bénéfices écologiques sans toutefois engendrer des impacts sur l'environnement. Une réflexion générale est à mener sur les formes urbaines pour rendre la densité acceptable pour les citadins. À petite échelle, des expériences d'aménagements intégrant la végétation de manière diffuse aux bâtiments sont une manière de désenclaver non seulement les éléments bâtis mais également les espaces verts. À grande échelle, la réalisation de réseaux d'espaces verts ou de maillages verts, serait une réponse à des carences en espaces verts dans certaines zones urbaines. Ils mettraient en connexion des espaces de proximité, tels que les squares et les grands parcs urbains, particulièrement appréciés par les citadins. Nous pouvons alors nous interroger sur la répartition spatiale des éléments de ces réseaux verts, sur leur surface et leur localisation dans la ville. La problématique de l'étalement urbain pousse à réfléchir aux limites de la ville, soit diffuses et perméables, soit nettes et imperméables à l'urbanisation. Ces deux modèles de ville sont questionnés car ils présentent tous les deux des avantages et des inconvénients. Comment alors planifier, concevoir, gérer et évaluer des espaces de nature qui se veulent de plus en plus multifonctionnels ?

L'environnement au cœur des pratiques de gestion

La gestion différenciée a été initiée dans une optique d'optimisation des coûts de gestion, la tendance étant plutôt à une augmentation des surfaces d'espaces verts à gérer par les communes pour un budget équivalent. Avec le développement des préoccupations environnementales, les services des villes doivent également réduire les impacts environnementaux de certaines interventions. Les tâches d'arrosage et de tonte sont particulièrement problématiques pour les enherbements et constituent des leviers d'action importants pour réduire l'empreinte carbone de la gestion des espaces verts. Les politiques de réduction des intrants pour la maintenance des espaces verts, et en particulier l'élimination progressive de l'usage des herbicides, forcent les gestionnaires à envisager une requalification de certains sites. Les surfaces perméables, comme les stabilisés, susceptibles d'être colonisées par la végétation, étaient autrefois désherbées régulièrement. Aujourd'hui, si l'usage de ces surfaces ne permet pas la présence de végétation spontanée, celles-ci peuvent tout simplement être imperméabilisées. À l'inverse, si cette flore est bien acceptée par la population et que l'usage le permet, le gestionnaire laisse la flore spontanée s'installer progressivement, particulièrement pour les aires sablées.

Parallèlement à ces initiatives de requalification, modifiant le mode de gestion d'espaces verts existants, apparaît une évolution de fond des modes de conception et de gestion des espaces verts, au sein des nouveaux projets d'aménagement. Alors que les concepteurs avaient une approche peut-être encore ornementale et horticole de ces espaces, ils tendent aujourd'hui à prévoir, voire à privilégier, des formes de végétation extensives, au plus proche du développement naturel des écosystèmes. Le génie végétal fait aussi de plus en plus son apparition : toitures et façades végétales, noues, création de zones humides. Ces dispositifs deviennent des outils de régulation environnementale des nouveaux projets d'urbanisme et permettent notamment de répondre aux effets de la densité urbaine : accroissement de l'îlot de chaleur urbain, de l'imperméabilisation, de la perte d'espaces verts et de la fragmentation des écosystèmes urbains.

Le développement de ces pratiques de gestion a deux conséquences. Premièrement, la palette des formes de végétation est élargie, chaque forme étant conçue et gérée en fonction de la localisation et des usages du lieu. La flore spontanée, caractéristique d'une absence de gestion, résulte tout de même d'un choix quant à la gestion du lieu concerné. La deuxième conséquence, liée à la première, est un travail à plusieurs échelles spatiales. Les pratiques de gestion différenciée et écologique, et la multifonctionnalité qui est recherchée, se conçoivent à l'échelle de la ville, pour offrir une diversité de formes et de valeurs d'usage, mais également à l'échelle des quartiers, voire de la rue, pour s'adapter au mieux à la morphologie urbaine et à l'urbanité des lieux, voire des « microlieux » de vie des citadins. La gestion peut également être différenciée à l'échelle d'un même espace vert, garantissant une appropriation sociale plus large et la réponse aux attentes variées des usagers.

S'il est clair que la dimension écosystémique ou environnementale prend une place de plus en plus importante dans les projets, la dimension esthétique a encore un poids très important pour justifier ces choix. Fonctions d'aménité paysagère, qualité esthétique et plastique, richesse écologique, ambiances, valeurs sociales et d'usages d'un espace restent essentielles dans les choix d'aménagement. La tâche des gestionnaires devient alors plus complexe, de par l'hétérogénéité des formes urbaines, et essentiellement qualitative, faisant appel à de nouvelles compétences, d'ordre scientifique et plus seulement technique.

Un référentiel de « nature » urbaine en mutation ?

L'image de la nature « naturelle », au sens de sauvage ou de nature non anthropisée, semble être portée majoritairement par des personnes vivant en milieu urbain (Luginbühl, 1992 ; Menozzi, 2007). En effet, l'habitat individuel et le jardin privé représenteraient toujours un idéal pour les citadins (Berque, 2010 ; Cormier *et al.*, 2012). Cependant, les espaces verts ou les parcs intra-muros, mais aussi les espaces verts de proximité, remplissent cette fonction symbolique de contact avec la « vraie » nature, dont l'arbre est le représentant le plus visible en ville (Lizet, 2010 ; Cormier *et al.*, 2012). Car malgré cette référence collective à la nature « sauvage », les attentes semblent en réalité plus dirigées vers une nature domestiquée, où la flore spontanée trouve peu sa place (Menozzi, 2007). Toutefois, l'apparition progressive d'une gestion différenciée des espaces verts induit un changement de perception de la végétation en ville par les usagers mais aussi par le personnel chargé de son entretien (Menozzi, 2007). En particulier, le fait que la nature sauvage et spontanée occupe une place de plus en plus importante dans les espaces verts (fig. 1.1) laisse entrevoir une évolution de leurs usages, eux aussi plus spontanés et plus libres.

Figure 1.1. Photos du square de l'île Mabon, Nantes, décembre 2010. Photos : V. Dom.

L'investissement par les citadins de « microterritoires » tels que des pieds d'arbres, des trottoirs ou des dents creuses, démontre le besoin de proximité avec la nature. Ainsi, en 2003, la charte « Main verte » formalisait les relations contractuelles entre la mairie de Paris et le réseau très actif de jardins partagés (Lizet, 2010). Des initiatives d'appropriation de certains espaces délaissés par des habitants se multiplient (Bensalma *et al.*, 2013). Ces exemples d'auto-planification et d'auto-gestion des espaces urbains, tels que les jardins partagés, génèrent une appropriation sociale particulièrement intéressante dans un contexte urbain où le rapport des citadins à l'espace pourrait se trouver modifié.

L'émergence de la gestion différenciée illustre un besoin de trouver des réponses adaptées aux enjeux environnementaux, économiques et sociaux, à travers des aménagements où la végétation prend des formes diversifiées et n'est plus gérée de façon aussi méticuleuse et horticole qu'avant. Pour faciliter l'acceptation et donner une légitimité à ces nouvelles pratiques de gestion et aux formes végétales qui en découlent, les décideurs politiques et les services techniques se donnent de plus en plus une mission de sensibilisation et de pédagogie vis-à-vis des citadins (Menozzi, 2007).

La végétation comme élément de l'écosystème « ville »

Les évolutions de la place de la végétation urbaine et les tendances récentes en matière d'aménagement ont fait émerger un nouveau type de recherche, fondé sur le croisement de différentes disciplines. La notion d'écosystème, apparue au XIXe siècle pour désigner l'ensemble des interrelations entre un milieu abiotique et des communautés animales et végétales, est reprise à travers la notion de services écosystémiques. Les services rendus par la végétation urbaine sont de différentes natures, allant de services de production (alimentation, bois), de régulation (climat, cycle de l'eau, qualité des sols...) à des services culturels (bien-être physique et mental, valeur patrimoniale des écosystèmes). Les recherches scientifiques se sont récemment orientées vers la caractérisation des services écosystémiques de la végétation urbaine, ce qui implique de considérer la ville comme un écosystème à part entière, ajoutant les processus sociaux et les dynamiques urbaines à la définition initiale du terme (Arrif *et al.*, 2011). L'écologie urbaine contemporaine prend donc une nouvelle forme, elle intègre les approches naturalistes (décrire et expliquer des processus naturels dans un milieu donné), sociologiques (en référence aux travaux de l'École de Chicago[2] dans la première moitié du XXe siècle) et l'approche écosystémique apparue dans les années 1960-1970. Cette dernière se basait sur une « rationalité écologique » à une échelle plus large que celle de la ville (Blanc, 1998) : l'écosystème urbain était considéré comme l'un des divers compartiments écologiques existant sur un territoire (forêt, réserves naturelles...) et fonctionnant en harmonie avec eux. Les thèmes de recherche récents et actuels sur l'environnement urbain reprennent cette approche écosystémique pour identifier les conditions d'adaptabilité de la ville aux changements. Le terme de « résilience » des villes est d'ailleurs évoqué, en référence à la résilience des écosystèmes naturels. Les problématiques sont multiples : caractérisation des dynamiques écologiques des espèces végétales en ville à différentes époques, étude des représentations et des pratiques sociales au sein des espaces verts des villes, analyse des modes de gouvernance liés à la mise en œuvre de la TVB, caractérisation et modélisation de l'influence du végétal sur des processus physiques tels que le cycle de l'eau ou le microclimat urbain. L'évaluation des services écosystémiques du végétal en ville nécessite de disposer de grilles d'analyse issues de différentes disciplines et notamment des sciences humaines et sociales. Au même titre que la ville est hétérogène sur différents plans (morphologique, social, environnemental) et multidimensionnelle, ces grilles d'analyse doivent articuler des échelles spatio-temporelles différentes (Arrif *et al.*, 2011) : de l'échelle de la ville à celle du quartier, de la rue ou du microterritoire ; de l'impact saisonnier ou pérenne, des incidences à court comme à long terme.

---

2. L'École de Chicago a pris appui sur les bouleversements démographiques et urbains que connut la ville à partir du XIXe siècle et surtout au début du XXe siècle. L'arrivée massive d'immigrants et la co-habitation entre ces différentes communautés sur le territoire de Chicago attirèrent l'attention des sociologues de l'université du même nom (notamment Ernest Burgess, Roderick McKenzie et Robert Park). Ces derniers utilisèrent la métaphore écologique pour étudier les relations entre ces communautés et les individus sur un même territoire, par des processus de compétition, de sélection, de distribution et d'adaptation.

Des formes végétales émergentes pour l'étude des services écosystémiques en ville

La lecture historique de la place du végétal en ville et la déclinaison des tendances en matière de pratiques des gestionnaires et de recherche scientifique sur l'environnement urbain laissent entrevoir deux périodes marquantes. La première, liée aux principes modernistes, pourrait être définie par la recherche d'un progrès, tant sociétal que technique. La deuxième constitue une remise en cause non pas du progrès mais d'un mode de développement des villes centré sur la production (de logements, d'espaces fonctionnels, de richesses de manière générale) et peu sur les conditions de cette production (impacts environnementaux), sur les usages et l'habitabilité de ces espaces. Les pratiques de gestion des formes végétales se sont donc d'abord centrées sur la recherche de nouvelles techniques puis sur la compréhension des mécanismes environnementaux sur lesquels il était possible d'agir. La tendance actuelle dans la recherche scientifique est à l'étude des modes de régulation et d'intégration de ces mécanismes environnementaux (cycle de l'eau, vie des sols, flux d'espèces animales et végétales, climat...) dans les pratiques des aménageurs et des concepteurs et gestionnaires d'espaces verts. Ces professions ont besoin d'outils et de leviers pour pallier les déséquilibres environnementaux des villes, se rapprocher le plus d'une « autonomie fonctionnelle » des villes. L'apparition de la notion de services écosystémiques de la végétation prend tout son sens dans ce cadre. Les attentes vis-à-vis de la recherche scientifique sont aujourd'hui moins d'ordre technique que de l'ordre de l'aménagement et de la gestion des territoires urbains.

Figure 1.2. Toiture végétale à l'université de Nantes. Photo : Service Photo, université de Nantes.

Figure 1.3. Façade végétale à Nantes.
Photo : M. Musy.

Figure 1.4. Noue végétalisée, quartier Bottière-Chénaie à Nantes. Photo : M. Musy.

La densification des villes apparaît aujourd'hui comme une solution pour maîtriser l'étalement urbain. Or, dans toutes les villes se caractérisant par une forte densité, une densification supplémentaire accentuera les effets néfastes de l'usage du sol : imperméabilisation accrue des sols et sans doute des répercussions sur la disponibilité et l'accessibilité en espaces verts dans les zones denses. Certaines villes réfléchissent d'ores et déjà à des formes alternatives de végétation dont la fonction serait de compenser dans certaines zones denses l'absence d'espaces verts « traditionnels ». Les problématiques de l'ICU, de la consommation énergétique et de la gestion des eaux pluviales trouvent des réponses concrètes dans les aménagements. Ces nouvelles formes sont, entre autres, la végétalisation des bâtiments (toitures, façades végétalisées) [fig. 1.2 et 1.3, p. 24-25] mais aussi la végétalisation des délaissés, le recours à des dispositifs alternatifs de gestion des eaux pluviales comme des noues et des bassins plantés (fig. 1.4, p. 25, et 1.5), l'enherbement des surfaces imperméables, l'utilisation de végétation hors-sol, de façon permanente ou non, pour verdir des espaces minéralisés ou offrir une connexion douce entre plusieurs espaces verts.

Figure 1.5. Jardin filtrant, quartier Île de Nantes. Photo : A. Bensalma.

▸▸ Nouvelles méthodes d'acquisition et de traitement de la donnée

Si la végétation est une des composantes du système urbain mis en avant dans la vision d'une ville durable, la connaissance exacte de sa présence dans les villes actuelles s'avère délicate. Sa représentation dans des bases de données génériques sur les villes est insatisfaisante pour tout exercice de modélisation ou pour analyser les résultats des campagnes de mesure à grande échelle. Les référentiels géographiques comme ceux produits par l'Institut national de géographie (IGN) ou les collectivités territoriales, sous-estiment généralement les surfaces de végétation et n'offrent que peu d'information sur leur nature, leur composition...

Aujourd'hui, avec l'apport de la télédétection à très haute résolution spatiale et spectrale, l'identification de la végétation en milieu urbain s'est améliorée et certaines de ses caractéristiques peuvent être définies de manière automatique et à grande échelle.

La télédétection est ainsi devenue un outil incontournable pour l'analyse spatiale car elle permet de fournir des informations sur les milieux très hétérogènes que sont les villes. Différents secteurs peuvent bénéficier de cette technique : le suivi de l'étalement urbain, la cartographie des surfaces imperméables, l'analyse de la structure urbaine, le bilan thermique d'un bâtiment ou la modélisation de la micro-climatologie urbaine et enfin l'évaluation de la vulnérabilité d'une ville et les risques. La végétation urbaine est une composante importante de la ville, liée aux différentes thématiques que nous analysons ici, en insistant sur les contraintes posées pour leur bonne compréhension afin d'identifier les réponses que peut apporter la télédétection aux décideurs pour la gestion des ressources, la planification, l'environnement, l'économie, les écosystèmes urbains....

Nous faisons ici un point sur les méthodes développées pour traiter les images satellitaires et aériennes et analyser plus précisément la composition du tissu urbain. La ville étant également en perpétuelle évolution, des mises à jour régulières sont nécessaires pour suivre les changements dans l'occupation des sols. Ceci nécessite de gérer les données à la fois dans le temps et dans l'espace.

Les techniques de télédétection

Les premières techniques ont été développées dans le domaine optique appelé réflectif (0,4-3 μm) où les phénomènes de réflexion sont dominants. La propriété optique caractéristique de l'objet observé est sa réflectance. Pendant des décennies, la photographie aérienne a été employée pour étudier l'évolution des villes (Jensen & Cowen, 1999) en appliquant les principes de la photo-interprétation, basés sur l'utilisation de la texture, du contexte et des configurations spatiales des villes (Bowden, 1975 ; McKeown, 1988 ; Haack *et al.*, 1997).

L'imagerie monobande ou panchromatique est une technique de télédétection qui permet d'acquérir un signal dans une large bande spectrale à une très haute résolution spatiale, typiquement de l'ordre du mètre ou plus précise encore. De tels capteurs aériens ou spatiaux offrent des opportunités pour obtenir des informations à un niveau de détails très élevé (Welch, 1982 ; Donnay *et al.*, 2001). Par exemple, l'instrument Pléiades (Gleyzes *et al.*, 2012) a une bande panchromatique de largeur 350 nm (480-830 nm). Du fait de leur largeur de bande importante, ces instruments ont une très haute résolution spatiale (de 70 cm pour Pléiades) permettant de caractériser la forme 2D des objets.

L'imagerie multispectrale est une évolution importante de l'imagerie numérique car elle donne accès à la radiométrie des scènes (par exemple, la couleur lorsque la caméra est sensible dans le domaine visible), qui est caractéristique de la nature du matériau observé et de son état (Pléiades a 4 bandes : 430-550 nm, 490-610 nm, 600-720 nm, 750-950 nm dans le domaine visible et proche infrarouge).

L'extension de ce concept de couleur à un très grand nombre de longueurs d'onde est l'imagerie hyperspectrale (fig. 1.6) dont le nombre de longueurs d'onde est de quelques centaines avec une résolution spectrale de l'ordre de 5 à 10 nm dans le domaine visible à l'infrarouge réflectif (0,4 à 2,5 μm). Cette technique permet d'extraire des informations plus précises sur la nature, le type et l'état d'un matériau par le biais de la grandeur optique caractéristique auquel il donne accès. Nous nous limiterons à l'imagerie hyperspectrale réflective (0,4-2,5 μm) essentiellement utilisée pour l'étude des milieux urbains. En effet, bien que des systèmes aéroportés hyperspectraux fonctionnant dans le domaine 8-12 μm soient opérationnels, la majorité des images acquises le sont dans le domaine 0,4-2,5 μm (Jensen *et al.*, 2007).

Dans le domaine infrarouge thermique 8-12 μm, le phénomène radiatif dominant est le flux émis par une surface relié à sa température de surface Ts et à sa capacité à réémettre la chaleur qu'elle a absorbée, caractérisée par son émissivité.

Une nouvelle technique optique plus récente est le lidar qui se compose d'une source laser émettant un pulse et d'un module de détection (Kraus, 2002) [fig. 1.7]. En mesurant le temps de vol que ce pulse aura mis à revenir au module de détection, après réflexion sur une surface, il est possible d'estimer la hauteur du sommet de l'objet observé.

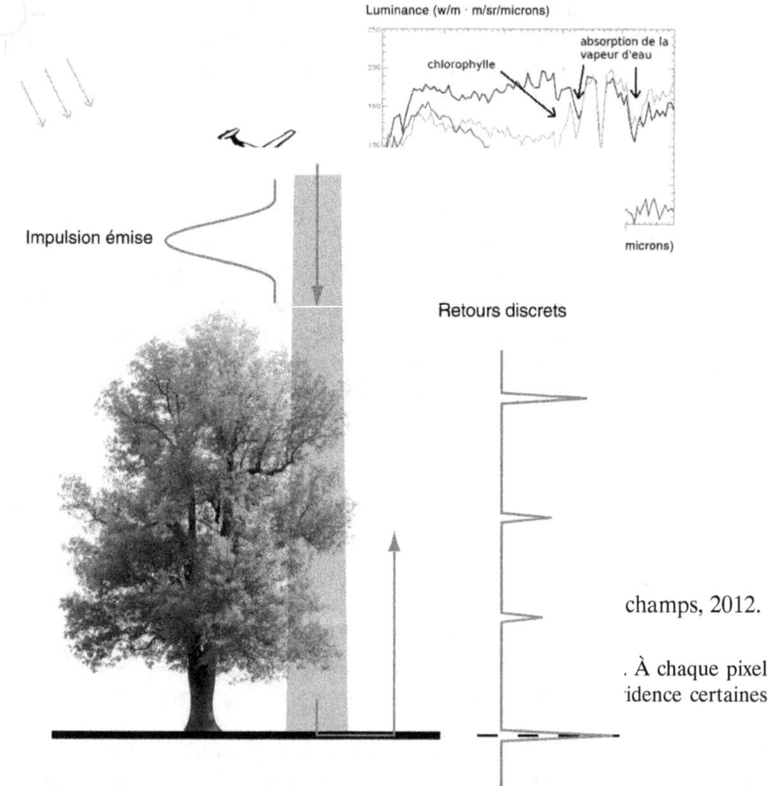

Figure 1.6   champs, 2012.

Les signaux so   . À chaque pixel
de l'image co   idence certaines
caractéristique

Figure 1.7. Principe du lidar. Source : Ristorcelli, 2013.

Une impulsion est émise par le lidar, qui, après interaction avec le milieu, est renvoyée dans direction du capteur en de multiples échos.

Techniques utilisées et données acquises

Le suivi de l'étalement urbain

Il requiert des informations sur la localisation, la forme et le développement du bâti. En effet, l'évolution constante de l'urbanisation modifie de façon rapide l'empreinte urbaine. La connaissance de l'évolution de cette empreinte est un enjeu important pour expliquer d'autres évolutions (climatiques, énergétiques...) auxquelles des réponses peuvent être apportées par la télédétection. Les approches utilisées dépendent de l'échelle spatiale.

Durant la dernière décennie, les capteurs spatiaux optiques à basse résolution (250 m à 2 km) ont permis de construire des cartes de l'extension urbaine (Potere & Schneider, 2009) à partir d'images de nuit du satellite DMSP-OLS (Elvidge *et al.*, 2001) ou de l'instrument Modis (Bartholomé & Belward, 2005). Néanmoins ces cartes souffrent de la faible résolution des capteurs acquérant ces données. De plus, leur fort taux de répétitivité, afin d'assurer un suivi régulier au cours de l'année, et leur couverture mondiale, afin de suivre l'ensemble des grandes villes, ne sont pas exploités. Ces instruments ont une couverture assez large pour appréhender la ville dans sa globalité et leur résolution spatiale est suffisante pour distinguer les surfaces construites de celles non construites en exploitant leur « couleur » et leur texture. À cette échelle, seules les forêts urbaines sont classées. De nouveaux instruments à très haute résolution spatiale (Ikonos, IRS, Landsat, Pléiades, QuickBird, RapidEye, Spot, WorldView) permettent d'accéder à des cartes plus précises mais la plupart des travaux publiés à ce jour ne portent que sur un petit nombre de villes (Taubenböck *et al.* 2012). Nous pouvons néanmoins citer Small (2003) qui compare la fraction de végétation estimée sur des images acquises par QuickBird sur 14 villes, et les travaux d'Angel *et al.* (2005) qui comparent les dynamiques et l'étalement urbain de 90 villes entre 1990 et 2000. Afin de suivre de façon régulière l'extension urbaine à l'échelle mondiale, des projets sont proposés comme le projet *100 cities* qui vise à suivre l'évolution des 100 plus grosses villes du monde à l'aide de la télédétection optique et radar (Wentz *et al.*, 2009).

Une résolution spatiale meilleure que 5 m est généralement admise pour l'identification des objets urbains tels que les bâtiments (Welch, 1982 ; Jensen & Cowen, 1999), les routes, leurs arrangements (Moller-Jensen, 1990 ; Barnsley & Barr, 1997), la végétation (Wania & Weber, 2007) et pour comprendre la morphologie de la ville (Webster, 1996) [fig. 1.8]. Par exemple, Huang *et al.* (2007) ont estimé la densité des villes sur des images ETM+ (*Enhanced Thematic Mapper Plus*) acquises sur 77 villes, réparties sur plusieurs continents (Asie, Amérique du Nord et du Sud, Europe et Australie). Ils montrent que les agglomérations urbaines des pays en voie de développement (Asie, Amérique latine) sont plus compactes et plus denses que celles des pays occidentaux (Europe, Japon).

Figure 1.8. Images de Toulouse acquises lors de la campagne Musarde. Images : Onera/ IGN, Doz (2010).

Ces images ont été prises par la caméra Pelican et simulent différentes résolutions spatiales. À **g.**, résolution 30 m ; au milieu, résolution 8 m ; et **à dr.**, résolution au sol de 2 m. Elles illustrent le gain significatif entre des images acquises à une résolution de 30 m (type EnMap) et 2 m.

Afin d'évaluer l'utilisation des différentes classes composant une ville (zones résidentielles de densités différentes, immeubles, zones commerciales et industrielles, institutions, espaces ouverts, zones cultivées ou forestières…), l'information spatiale et la texture sont des informations couramment utilisées qui sont estimées à partir de différentes métriques : longueur, forme, énergie, dissimilarité (Gustafson, 1998 ; Herold *et al.*, 2003). Taubenböck *et al.* (2008) classent les constructions et les surfaces d'eau et évaluent leurs évolutions à l'aide d'images multitemporelles Landsat. Cette approche utilise les informations spectrales, la forme géométrique des objets et leur texture pour extraire les objets urbanisés et imperméables.
La principale limitation de ces techniques est leur faible nombre de bandes spectrales qui ne permet pas de discriminer les matériaux, dont la connaissance est souvent nécessaire en raison de leur influence sur les fonctions écologiques (Arnold & Gibbons, 1996), climatiques et énergétiques (Oke, 1987). L'imagerie hyperspectrale aéroportée répond à cette demande d'identification car elle permet une caractérisation détaillée tant spatialement qu'en nombre de classes d'une ville (Ben-Dor *et al.*, 2001). Roessner *et al.* (2001) construisent ainsi une cartographie de 6 types de classes de surfaces à partir d'images hyperspectrales acquises sur Dresde en Allemagne, en identifiant 38 classes spectrales. Néanmoins, la variabilité intraclasse est en général une source de limitation de performances (Lacherade *et al.*, 2005 ; Herold *et al.*, 2006), ainsi que la dimension 3D des objets présents (Thomas *et al.*, 2011).

La technique lidar est également utilisée pour détecter les routes (Heipke *et al.*, 1997), les bâtiments ou les arbres (Li & Weng, 2010). Mais son efficacité est réelle lorsqu'elle est fusionnée avec des images hyperspectrales (Voss & Sugumaran, 2008 ; Lemp & Weidner, 2005 ; Brook *et al.*, 2010). Enfin des images interféométriques SAR apportant des informations sur la hauteur des bâtiments, fusionnées avec des images hyperspectrales, améliorent significativement la classification (Gamba & Houshmand, 2000). De plus, la création d'un système d'information géographique (SIG) 3D de la ville est également fortement améliorée en fusionnant des données hyperspectrales avec des acquisitions lidar ou interférométriques SAR (Wicks & Campos-Marquetti, 2010).

La cartographie des surfaces imperméables

Elle est essentielle pour évaluer l'impact de l'expansion urbaine. Ces surfaces, composées des routes, trottoirs, parkings, toits, ont pour effet de réduire les infiltrations, d'accélérer le ruissellement (Brun & Band, 2000), ce qui modifie par ailleurs les conditions de croissance de la végétation. Leur quantification est également utilisée comme indicateur du degré d'urbanisation et de la qualité environnementale (Arnold & Gibbons, 1996 ; Hardin & Hardin, 2013). Pour caractériser et quantifier ces surfaces, la télédétection a montré son intérêt dès les années 1970.

La résolution spatiale nécessaire pour une bonne cartographie dépend des objets analysés : les bâtiments et les routes nécessitent une résolution de 0,25 à 0,5 m alors que pour les boulevards, 1 à 30 m sont indispensables (Jensen & Cowen, 1999). L'arrivée des caméras satellitaires à très haute résolution spatiale (Ikonos, Orbview, Pléiades, QuickBird) a stimulé les travaux pour construire de telles cartes (Cablk & Minor, 2003 ; Goetz *et al.*, 2003 ; Hu & Weng, 2011 ; Wu, 2009).

Un nombre important de longueurs d'onde offre la possibilité de déduire des informations sur les matériaux. Ainsi, l'imagerie hyperspectrale a été fortement exploitée permettant d'identifier la composition des routes (Roessner *et al.*, 2001 ; Falcone & Gomez, 2005 ; Weng, 2012), ainsi que leur utilisation (Herold *et al.*, 2006 et 2003).

La fréquence des acquisitions (résolution temporelle) nécessaire pour le suivi des surfaces se pose en particulier pour des observations par satellite. Jensen & Cowen (1999) proposent des acquisitions tous les un à cinq ans pour suivre l'évolution des villes. Herold (2007) estime que les routes peuvent avoir des vitesses d'évolution plus rapides suivant leurs usages et le trafic, et préconise des cadences plus élevées. Weng & Lu (2009) ont montré avec des images Aster que des observations en été étaient préférables pour détecter les surfaces imperméables à celles de printemps ou d'automne, car le contraste spectral est plus marqué avec la végétation verte.

La fusion de données est également un terrain de recherche pour améliorer l'estimation de ces surfaces. Yang *et al.* (2010) ont fusionné des images multispectrales Spot HRG avec des images interférométriques radar. Cette fusion permet de réduire l'erreur d'estimation en limitant la confusion entre ces surfaces et les sols nus ou celles inoccupées. L'utilisation des voies thermiques de Landsat permet également d'améliorer la classification des surfaces imperméables (Lu & Weng, 2006).

Les principales limitations rencontrées par l'utilisation de cette haute résolution est liée à la présence d'ombre (causée par la topographie de la ville, les bâtiments et les arbres) et la forte variabilité spectrale intraclasse.

L'identification des structures urbaines

Comme les espaces ouverts, la végétation, les rues, les bâtiments individuels, etc., cette identification requiert des résolutions spatiales maintenant accessibles par télédétection alors que l'interprétation classique des images ne permet pas d'appréhender ces objets car elle ne donne pas accès à l'information 3D. Avec l'avènement de nouveaux capteurs acquérant des images sous des visées stéréoscopiques comme Pléiades ou Ikonos, couplées à un modèle numérique de terrain construit à partir de caméras aéroportées HRSC-AX, il devient possible de construire une ville numérique 3D (Scholten *et al.*, 2003). Schenk & Csatho (2002) et plus récemment Rottensteiner *et al.* (2005) ont montré que la fusion de données aéroportées multispectrales et lidar améliorait de façon significative la description des surfaces des villes par une meilleure discrimination entre les surfaces (végétation rase/arbre, bâtiments/surfaces artificielles).

L'étude de l'îlot de chaleur urbain (ICU)

L'imagerie hyperspectrale aéroportée donnant accès aux caractéristiques des surfaces est employée pour améliorer l'estimation de l'ICU à partir de la carte d'occupation des sols, en contraignant la méthode de séparation émissivité/température (Ben-Dor *et al.*, 2001 ; Xu *et al.*, 2008). Une vision globale de la ville et des zones rurales environnantes est nécessaire et seule la télédétection peut l'apporter. Les premiers travaux publiés sur l'étude de l'ICU apparaissent dans les années 1970, quand Rao (1972) montre que l'ICU pouvait être mis en évidence à partir de données infrarouges thermiques acquises par l'instrument Tiros, et quand Carlson & Augustine (1977) effectuent le suivi des températures du matin et du soir sur la ville de Los Angeles à partir de données NOAA3 VHRR. Voogt & Oke (2003) font une synthèse de l'utilisation de la télédétection thermique pour l'étude des villes. Trois thèmes sont identifiés pour l'utilisation de l'infrarouge thermique :
   – la mise en relation des formes thermiques urbaines et des caractéristiques des surfaces ;
   – l'étude des bilans d'énergie au niveau de la surface ;
   – la mise en relation de la température de surface et de la température de l'air.

La thermique urbaine

L'imagerie thermique apporte des informations à l'échelle de la ville sur les gradients de température de surface, qui peuvent aider à la mise en place de politiques de réhabilitation des bâtiments. Ainsi, l'imagerie hyperspectrale couplée à des informations lidar et de l'imagerie thermique permet de détecter les toits, d'extraire des informations sur leurs matériaux et d'identifier les lieux de déperdition thermiques éventuels (Bannehr *et al.*, 2011).

L'inventaire de la présence de végétation en ville

Il est utile tant pour caractériser la biodiversité que pour la climatologie. La surface végétale urbaine regroupe des zones végétales rases, des buissons, des arbres d'expansion réduite, isolés, jusqu'à des groupements d'arbres, dont on souhaite une description précise : nombre d'arbres individuels, espèces présentes, répartition spatiale, santé... La télédétection apporte une solution évitant l'intervention sur le terrain pour réaliser cet inventaire. Elle a par ailleurs l'avantage d'un coût plus faible, d'une grande couverture et d'une collecte des données régulière.

Pu & Landry (2012) ont classé 7 espèces d'arbres avec WorldView 2 (8 bandes spectrales) montrant également de meilleurs résultats qu'avec des images multispectrales

Ikonos (4 bandes). Immitzer *et al.* (2012) arrivent à des conclusions similaires avec WorldView 2 mais le gain apporté par une plus grande richesse spectrale dépend de l'espèce étudiée. Néanmoins, quatre bandes spectrales dans le visible proche infrarouge ne suffisent pas pour discriminer un nombre suffisant d'espèces (Zhang *et al.*, 2013). De plus, des acquisitions multitemporelles améliorent la classification des espèces (Key *et al.*, 2001 ; Carleer & Wolff, 2004 ; Hill *et al.*, 2010).

L'imagerie hyperspectrale est l'outil ayant le plus fort potentiel pour analyser la végétation en ville, en apportant des informations supplémentaires à la détection de la végétation et l'évaluation de la fraction de couverture végétale (Walker & Briggs, 2007) :
  – le stress hydrique de la végétation urbaine (Jung *et al.*, 2005) ;
  – la mesure de la densité des canopées (Jensen *et al.*, 2012a) et l'estimation de la densité du feuillage (LAI) des arbres (Jensen *et al.*, 2009) ;
  – la discrimination des espèces d'arbres (Xiao *et al.*, 2004 ; Jensen *et al.*, 2012b).

Le lidar fournit des informations sur la hauteur, la forme de la couronne et la taille des arbres (Omasa *et al.*, 2007 ; Miraliakbari *et al.*, 2010 ; Shrestha & Wynne, 2012).

Néanmoins, une technologie à elle seule ne permet pas d'apporter tous les éléments nécessaires à un inventaire. C'est pourquoi plusieurs auteurs ont fusionné des mesures lidar (hauteur et couronne de l'arbre) avec des images multispectrales (Hyyppä *et al.*, 2008) pour inventorier la forêt urbaine, ou avec des images hyperspectrales (Holmgren *et al.*, 2008 ; Dalponte *et al.*, 2012) pour effectuer cet inventaire jusqu'à l'échelle de l'arbre. Marino *et al.* (2001) utilisent la combinaison des données lidar et hyperspectrales pour améliorer la discrimination entre les espèces d'arbres en milieu urbain.

Enfin, différents indices ont été proposés afin de mieux identifier les surfaces de végétation en milieu urbain à partir des caractéristiques spectrales de ces dernières. Le plus connu et le plus utilisé reste le NDVI (*Normalized Difference Vegetation Index*) proposé par Rouse *et al.* (1974) mais son efficacité en milieu urbain peut être remise en cause. Bannari *et al.* (1997) proposent une revue de plusieurs indicateurs appliqués en milieu urbain afin de tester leur efficacité. Ils sont principalement basés sur les rapports entre la bande rouge et proche-infrarouge et peuvent être modulés par les valeurs de la droite des sols. Il s'agit des indices PVI (*Perpendicular Vegetation Index*), Savi (*Soil Adjusted Vegetation Index*), Msavi (*Modified Soil Adjusted Vegetation Index*), Tsavi (*Transformed Soil Adjusted Vegetation Index*), Tsarvi (*Transformed Soil Atmospherically Resistant Vegetation Index*), Arvi (*Atmospherically Resistant Vegetation Index*), Gemi (*Global Environment Monitoring Index*) et AVI (*Angular Vegetation Index*). D'autres indices sont également développés à partir de données hyperspectrales : EVI (*Enhanced Vegetation Index*), NDII (*Normalized Difference Infrared Index*), NDWI (*Normalized Difference Water Index*), PRI (*Photochemical Reflectance Index*), Rendvi (*Red Edge Normalized Difference Vegetation Index*), Sipi (*Structure Insensitive Pigment Index*), Vari (*Visible Atmospherically Resistant Index*), VIg (*Visible Green Index*), VOG (*Vogelmann Red Edge Index*) [Galvão *et al.*, 2013].

▸▸ Conclusion

Plus que la place de la végétation en ville, c'est le regard que nous lui portons qui a changé. Dans les approches liées au développement urbain durable, le végétal a pris un rôle clé en raison des nombreux services écosystémiques qu'il peut rendre. La densité s'imposant peu à peu dans les villes, la place qui lui est dévolue se raréfie, de sorte que de nouvelles propositions de végétalisation de la ville sont faites, en phase avec l'évolution du bâti.

Pour évaluer les services écosystémiques réellement rendus par le végétal, l'étape préliminaire est la connaissance de sa présence dans la ville. L'utilisation de la télédétection au service du développement durable de la ville prend de plus en plus d'importance du fait des avancées et de la disponibilité des nouvelles techniques d'imagerie couvrant l'ensemble du domaine électromagnétique de façon passive ou active. Celles-ci permettent de fournir des informations complémentaires sur les caractéristiques physiques de la ville à différentes échelles. Un des enjeux à venir est de relier ces mesures aux informations spatiales et socio-économiques utilisées par les décideurs en favorisant la diffusion de ces outils à l'ensemble des milieux concernés. La végétation, par son caractère diffus et parfois peu accessible, fait partie des données pour lesquelles ces techniques sont très intéressantes.

Une question n'a pas été abordée dans ce chapitre : la gestion de la donnée acquise, sa mise à jour et sa mise à disposition pour les évaluations des services écosystémiques. Des recherches sont en cours et les SIG évoluent pour prendre en compte le végétal à différentes échelles dans les modèles de ville, de sorte que cette donnée puisse être utilisée tant pour la gestion des espaces que pour la recherche (approches expérimentales ou numériques).

Chapitre 2

Impacts sur les microclimats urbains

Marjorie MUSY, Isabelle CALMET, Laurent PERRET,
Jean-Michel ROSANT, Maeva SABRE

▶▶ Introduction

D'après le rapport du Giec, à cause d'un effet de serre accru, le climat devrait se réchauffer de 0,3 à 4,8 °C d'ici 2100 (Ipcc, 2013). Un tel changement climatique amplifiera le phénomène d'îlot de chaleur urbain (ICU) responsable des températures plus élevées observées dans les grandes villes. Par différents mécanismes, la végétation contribue à l'atténuation de ce phénomène d'ICU, et peut être l'une des solutions d'adaptation des villes au changement climatique.

D'ores et déjà, les arbres, toitures végétales, étendues gazonnées ou enherbées, noues paysagées sont des solutions appliquées dans les projets urbains et, en plus d'autres fonctions, on attend qu'ils apportent des réponses aux enjeux climatiques actuels. En effet, il est couramment admis que plus une ville est verte, moins elle souffre de l'ICU. Cependant, il est très difficile d'avoir une évaluation objective de la quantité de végétation présente et de l'impact climatique associé, d'autant que les mécanismes d'atténuation sont eux-mêmes complexes et dépendent de la configuration de la ville et de sa situation climatique.

Des campagnes expérimentales ont mis en relation la taille de parcs urbains et l'agencement de la végétation et l'effet d'îlot de fraîcheur constaté (Takehiko & Yasushi, 2009 ; Cao *et al.*, 2010). Ces études sont possibles car on dispose d'une référence pour mesurer l'effet des parcs : les températures sont comparées à celles mesurées dans les zones bâties environnantes.

Pour caractériser l'effet global de la végétation, à l'échelle de la ville, il n'y a pas de valeur de référence et les mesures ne donnent pas l'effet spécifique de la végétation, qui ne peut être isolé de celui de la présence d'eau, de la forme urbaine, des activités… Une voie possible pour évaluer l'impact de la végétation dans des contextes différents est la modélisation physique des phénomènes afin de produire des codes qui permettent ensuite de simuler différents cas. La comparaison des résultats d'études de sensibilité permet alors de dégager des connaissances sur le rôle des différents paramètres de la végétation, en fonction des autres caractéristiques de la ville. Dans la bibliographie, on trouve ainsi des comparaisons des conditions climatiques urbaines résultant de différents scénarios d'occupation des sols, du plus végétalisé au plus artificiel, comme celles réalisées par Velasquez-Lozada *et al.* (2006). La mise en modèles nécessite cependant une bonne compréhension des phénomènes et une phase de validation en général basée sur des résultats expérimentaux, *in situ* ou sur des maquettes.

Un des nombreux intérêts des surfaces naturelles en ville repose sur leur capacité à dissiper la chaleur par l'évaporation (sols) et la transpiration (plantes), ou l'évapotranspiration quand les deux phénomènes se produisent (nous inclurons par la suite les deux phénomènes dans ce terme d'« évapotranspiration »). Cette capacité est principalement intéressante dans le cas de climats chauds ou en été, mais elle n'est pas mobilisée, ni mobilisable en permanence. En effet, l'évapotranspiration nécessite de l'énergie à convertir et de l'eau à évaporer : un sol sec n'évaporera pas, une toiture végétalisée sèche non plus. Ajoutons à cela que l'effet dépend des espèces de plantes, les plus résistantes à la sécheresse ayant la capacité de retenir l'eau qu'elles contiennent.

De nombreuses recherches ont été conduites pour caractériser les paramètres thermiques (albédo, émissivité, conductivité…) de différents matériaux urbains. Les plantes ont essentiellement été caractérisées dans le domaine de l'agronomie et, en général, dans des conditions qui sont celles de la production agricole, horticole ou forestière (plein champ, canopée forestière). Les conditions de croissance en ville sont assez différentes : les arbres sont souvent isolés les uns des autres, plongés dans des environnements fortement hétérogènes, ombragés par les bâtiments et exposés à la pollution. Par ailleurs, ils sont soumis à une gestion et une taille particulière. Dans le sol, ils sont en compétition avec des obstacles à la croissance de leurs racines et à la disponibilité en eau. Ainsi, les caractéristiques de la végétation qui régulent leur impact climatique sont fortement dépendantes de la forme et de la distribution du feuillage, lesquelles dépendent des conditions de croissance des plantes.

▸▸ Les phénomènes physiques en jeu

Quelle que soit la surface considérée (homogène ou non, lisse ou rugueuse…) et l'échelle d'analyse, l'équation de bilan énergétique appliquée à cette surface peut s'écrire :

$$(1) \ Rn - L_e E - H - S = 0$$

où :
- Rn est le flux radiatif net ;
- S est le flux énergétique conduit dans les couches internes de la paroi (mur ou sol) ;
- H est le flux de chaleur sensible ;
- $L_e E$ est le flux de chaleur latente.

Cette équation montre que les phénomènes se compensent. Quand elle est appliquée à une surface plantée, on peut prendre en compte dans ce bilan l'absorption d'énergie pour la photosynthèse, mais ce terme est souvent négligé.

Détailler chaque terme permet de mettre en évidence les caractéristiques de la surface et de son environnement qui interfèrent dans cet équilibre comme nous le faisons dans le tableau 2.1, dans lequel nous distinguons les variables d'état de la surface, ses caractéristiques thermiques, et celles de l'environnement.

Tableau 2.1. Caractéristiques et variables intervenant dans le bilan énergétique de surface.

Flux de chaleur	Variable de la surface	Caractéristiques intrinsèques de la surface	Caractéristiques de l'environnement
Rayonnement de grandes longueurs d'onde	Température de surface T_s (K)	Émissivité ε_s (-)	Émissivité ε_i (-) Température des surfaces T_i (K) Facteur de vue surface considérée / surfaces environnantes F_{si} (-)
Rayonnement de courtes longueurs d'onde		Réflexion ρ_s (-) Transmission τs (-) Absorption a_s (-)	Localisation géographique Ensoleillement (masques) Caractéristiques optiques des surfaces environnantes Facteur de vue surface considérée / surfaces environnantes F_{si} (-)
Convection	Température de surface T_s (K)	Rugosité (m)	Température de l'air environnant T_a (K) Vitesse de vent à proximité de la surface V (m.s^{-1})
Conduction	Température de surface T_s (K)	Caractéristiques des couches intérieures de la surface : - conductivité thermique λ (W.m-1.K^{-1}) - capacité calorifique Cp(J.kg-1.K^{-1}) - masse volumique ϱ ϱ (kg.m^{-3})	Température de la face interne du mur ou température dans le sol, T_{s_int} ou T_{ground} (K)
Évapotranspiration	Humidité spécifique de la surface $q_s(T_s)$ (-)	Résistance de couche limite r_b ($s.m^{-1}$) Cas de la végétation : - densité de surface de feuillage LAD (m^2.m^{-3}) - résistance stomatal r_{sto}(s.m^{-1})	Humidité spécifique de l'air environnant q_a Température de l'air environnant T_a (K)

Le flux radiatif net

Le flux radiatif net (Rn, rayonnement net) inclut le rayonnement net de courtes longueurs d'onde (flux incident moins flux réfléchi) et le rayonnement net de grandes longueurs d'onde. Le seul paramètre propre à la surface qui modifie les flux de courtes longueurs d'onde est le coefficient d'absorption (a_s), qui, dans le cas d'une surface opaque, est complémentaire de l'albédo (a_s) de la surface. L'environnement modifie ce flux par son effet de masque ou de réflexion d'énergie. Le flux radiatif de grandes longueurs d'onde dépend de deux paramètres intrinsèques de la surface : sa température (T_s) et son émissivité (ε_s). Ce flux dépend également de la température et de l'émissivité des surfaces environnantes (ciel inclus) et de leur rapport de vue par rapport à la surface considérée (Gros *et al.*, 2011).

Le flux de chaleur sensible

Le flux de chaleur sensible (H) varie en fonction de la température de surface (T_s), de la température d'air à proximité de la surface et d'un coefficient d'échange surfacique, qui dépend du type de convection qui se développe à la surface. De nombreuses formulations sont proposées, dont une partie sont des fonctions de la vitesse du vent ou de la vitesse de l'air à proximité de la paroi (Palyvos, 2008). La rugosité de la surface peut également être un paramètre à prendre en compte.

Le flux conductif

Le flux conductif (S) dépend de la température de surface (T_s), de la nature du matériau et plus précisément de ses caractéristiques thermiques (conductivité thermique [λ], capacité calorifique [Cp]) et de sa masse volumique (ρ). Le flux est fonction de la température dans le sol ou sur l'autre face de la paroi, dans le cas d'un mur.

Le flux de chaleur latente

Le flux de chaleur latente (L_eE) dépend de la différence entre le contenu en eau de la surface (q_s), et l'humidité spécifique de l'air à proximité de la surface (q_a). Il est régulé par une résistance aérodynamique r_b et, si la surface est végétalisée, par la résistance stomatale des plantes (r_{sto}) et la densité de surface de feuillage (LAD).

Une variable clé intervient dans presque tous les termes : la température de la surface à laquelle le bilan énergétique est appliqué.

En se référant au cycle journalier du bilan énergétique pour une surface plantée (Brutsaert, 1982), on remarque que le flux de chaleur latente suit la variation du flux de rayonnement net pendant la journée et que la somme du flux de chaleur latente et de la chaleur sensible compense quasiment le rayonnement net. Le flux conductif est alors très faible. Quand l'évaporation n'est pas possible, l'absorption du flux solaire conduit d'une part à des températures de surfaces plus élevées et d'autre part à plus de transfert de chaleur vers l'air, par convection, vers les autres surfaces par rayonnement grandes longueurs d'onde et dans le sol par conduction.

Comprendre cet équilibre permet d'analyser les différences de comportement des différents types de surfaces qui composent la ville. Le bilan thermique d'une ville est basé sur ce principe de bilan de surface, auquel on peut ajouter le flux de chaleur anthropogénique (lié aux différents usages de la ville : sources industrielles, automobiles, rejets de climatisation…).

▸▸ Approches expérimentales

Les effets thermodynamiques et aérodynamiques de la végétation dans un cadre urbain peuvent être quantifiés avec des expériences en site réel (à l'échelle 1:1) ou sur des maquettes à échelle réduite (en soufflerie ou en extérieur). Pour chacune de ces approches, des difficultés spécifiques doivent être résolues pour obtenir des mesures de qualité, qui peuvent être directement analysées ou constituer des bases de données de référence pour valider les modélisations.

Mesures en site urbain (échelle 1:1)

Une difficulté commune pour la mise en place d'instrumentations en ville est de disposer de sites bien représentatifs pour les mesures envisagées et présentant un niveau de sécurité élevé. Le choix des sites est contraint par ces deux critères, mais aussi par les autorisations d'installation et d'accès sur le domaine public ou privé.

Les variables élémentaires du microclimat sont la température et l'humidité de l'air ambiant à proximité du sol, là où évoluent les gens lorsqu'ils sont dehors. Les grandeurs sont généralement obtenues avec des sondes qui intègrent les deux mesures, température et humidité relative, protégées des intempéries et du rayonnement solaire par des abris. Il n'est pas possible dans un site urbain de respecter les recommandations strictes de l'Organisation mondiale de la météorologie et notamment concernant l'implantation des capteurs dans un espace dégagé. Oke (2006) discute ce point et conclut que les mesures de température et d'humidité gardent une bonne représentativité locale si les capteurs sont installés à l'intérieur de la canopée, jusqu'à des hauteurs de quelques mètres. Il convient de souligner cependant que dans un environnement mal ventilé (à proximité d'un mur, par exemple), la ventilation naturelle dans les abris peut être insuffisante pour protéger les capteurs durant les périodes d'ensoleillement ; il est donc préférable, si le capteur ne peut être monté que près d'un bâtiment, de choisir la façade la moins exposée au soleil ou d'utiliser une ventilation forcée de la sonde si on dispose d'une alimentation électrique.

Le bilan d'énergie à l'interface sol-atmosphère (équation 1, p. 36) correspond à l'écriture simplifiée d'un bilan local pour un site idéal homogène. Les surfaces urbaines sont tridimensionnelles, constituées d'éléments d'orientations diverses et ayant des propriétés thermophysiques et radiatives variées. En ville, Oke (1988) propose d'établir le bilan dans un volume incluant la canopée urbaine et une épaisseur de sol. D'autres termes intervenant comme sources ou puits d'énergie, tels les flux anthropiques et les flux d'advection, doivent alors aussi être pris en compte dans le bilan (Offerle *et al.*, 2005 ; Pigeon, 2007). Faute d'une évaluation suffisante de ces flux complémentaires, ceux-ci sont souvent ignorés et le flux S constitue alors le résidu du bilan. La connaissance du flux de chaleur dans les sols, les enveloppes des bâtiments et la végétation nécessiterait un dispositif de mesure pléthorique, impossible à envisager sauf éventuellement à une échelle réduite comme celle d'un tronçon de rue. Les mesures *in situ* concernent donc le bilan radiatif et les flux de chaleur sensible et latente.

Le bilan radiatif

L'évaluation du bilan radiatif sur un fragment urbain ne comporte pas de difficulté particulière, si ce n'est la disponibilité du site. Les radiomètres sont positionnés sur un mât, à une hauteur telle que les facteurs de vue associés aux capteurs mesurant les flux remontants correspondent bien à la surface d'intérêt. Le bilan radiatif local est obtenu à partir d'un bilanmètre ou des quatre composantes mesurées avec des pyranomètres (flux solaires incident et réfléchi) et des pyrgéomètres (flux infrarouge incident et réémis), montés tête bêche deux à deux. L'albédo de la végétation dépend du type de couvert (pelouse, arbres…), des espèces et des saisons ; il est inférieur à celui de la plupart des matériaux de couverture, mais supérieur à celui des surfaces bitumées. La présence de végétation favorise la réduction de la température des surfaces par les effets d'ombrage et par sa moindre capacité de stockage de la chaleur.

Les flux turbulents de chaleur

La connaissance du microclimat urbain réside pour beaucoup dans l'estimation des transferts thermiques, hydriques et aérodynamiques, soit globalement à l'interface canopée-atmosphère, soit localement entre les surfaces et l'atmosphère. Les moyens de mesure et les méthodes d'analyse pour la détermination des flux turbulents de chaleur sont maintenant pratiquement identiques dans la communauté des expérimentateurs en micrométéorologie.

Utilisation d'anémomètres soniques

Les anémomètres soniques 3D ont été développés à partir des années 1960. Ces capteurs fournissent à des fréquences supérieures à 10 Hz les trois composantes de la vitesse du vent et la vitesse du son ; à partir de cette dernière, on peut connaître la température de l'air et sa fluctuation turbulente. Plus récemment, des analyseurs de gaz à infrarouge (irga) ont été commercialisés ; ils permettent de mesurer par absorption, à fréquence élevée (supérieure à 10 Hz), les concentrations de vapeur d'eau et de CO_2 dans l'air. L'association de ces deux appareils permet d'obtenir par la méthode d'*eddy-covariance* (ou *eddy-correlation*) les flux de chaleur sensible (H) et de chaleur latente (LvE) — ainsi que le flux de CO_2. C'est actuellement une méthode de référence (Burba, 2013). Le flux turbulent vertical d'une quantité s'exprime dans une première approximation comme la covariance des fluctuations de la vitesse verticale et des fluctuations de cette quantité (Stull, 1988) ; la fluctuation est définie comme l'écart à la moyenne sur une période d'échantillonnage fixée, de l'ordre de 15 à 30 minutes. La méthode nécessite ensuite plusieurs types de corrections pour aboutir aux flux turbulents (Webb *et al.*, 1980 ; Webb, 1982 ; Moore, 1986 ; Fuehrer & Friehe, 2002 ; Van Dijk *et al.*, 2004). Enfin, la validation qualitative des données doit être évaluée par un critère associé au degré de stationnarité des conditions météorologiques pendant la durée de l'échantillon pour les comparer aux simulations numériques (Foken & Wichura, 1996 ; Foken & Leclerc, 2004).

Il convient de noter que les perturbations occasionnées par les épisodes pluvieux sur le fonctionnement des capteurs irga en circuit ouvert (type *open-path*), les plus courants, réduisent les périodes de mesures réelles, ce qui ne permet pas d'établir des bilans complets. En site urbain, les systèmes EC (capteurs de mesure de flux turbulents par la méthode d'*eddy-covariance*) sont installés sur des tours ou mâts météorologiques ou sur des supports d'opportunité (grues de chantier, par exemple) pour des périodes d'observation courtes. Pour une mesure de qualité et représentative, il est souhaitable de respecter au mieux les recommandations proposées par Oke (2006) : installer les capteurs dans la sous-couche de rugosité — au moins 1,5 fois la hauteur moyenne des immeubles pour une forte densité bâtie, jusqu'à 4 fois cette hauteur pour une faible densité bâtie ; éviter les petits mâts montés sur un toit. Plusieurs sites urbains ont été instrumentés dans le monde avec des systèmes EC en utilisant des mâts de 20 à 60 m (Grimmond & Christen, 2012) ; 50 sites sont répertoriés dont 18 sites permanents concernant les flux de chaleur et les bilans d'énergie (7 en Europe dont l'Observatoire nantais des environnements urbains).

La scintillométrie

La scintillométrie est une méthode de mesure directe des flux turbulents intégrés sur de grandes distances, pouvant aller jusqu'à 10 km (Hill, 1997). Un scintillomètre est composé d'un émetteur et d'un récepteur. La source est électromagnétique, lumineuse (scintillométrie optique) ou non (scintillométrie micro-ondes). Le signal réceptionné subit des variations d'intensité (scintillations) qui dépendent de l'état turbulent du milieu traversé. Avec la connaissance des conditions météorologiques (vent, température et pression), l'analyse de ces fluctuations permet, après un traitement complexe, d'obtenir les flux turbulents. Les scintillomètres sont classés selon la longueur d'onde d'émission et la taille du faisceau. Il en existe plusieurs types : scintillomètres laser (SAS), scintillomètres à grande ouverture (LAS) ou extra grande ouverture (xlas), et scintillomètres à micro-ondes (RWS). Les trois premiers donnent le flux de chaleur sensible intégré sur le trajet (Hoedjes *et al.*, 2002 ; Ezzahar *et al.*, 2007), le système LAS est le plus répandu. Les scintillomètres micro-ondes permettent d'accéder à la mesure des flux de chaleur latente (Meijninger *et al.*, 2002), mais actuellement ils sont encore en phase de mise au point. La mise en œuvre de scintillomètres en ville nécessite l'installation du matériel sur des toits d'immeubles de grande hauteur. Les flux sont intégrés au-dessus de la canopée, le long du transect, avec une contribution plus importante des valeurs au milieu du trajet. Une bonne connaissance de la topographie (relief et hauteur du bâti) dans la zone de mesure est nécessaire pour l'analyse des mesures.

Problématique de *footprint*

Avec la méthode par *eddy-correlation*, comme avec la scintillométrie, il subsiste une étape essentielle pour interpréter les mesures. Les flux de chaleur sont des quantités transportées par le vent, un écoulement de nature turbulente. Contrairement aux radiomètres qui gardent un facteur de vue fixe, les capteurs de flux ont un facteur de vue variable qui dépend de plusieurs paramètres comme le vent (vitesse, direction, agitation turbulente), la stabilité de l'atmosphère, la hauteur du capteur, la rugosité du terrain. La fonction qui donne une description qualitative et quantitative de la relation entre la distribution spatiale des zones sources et le signal mesuré est appelée fonction *footprint* : c'est la zone en amont de l'appareil de mesure par rapport à la direction du vent qui influence les mesures du flux vertical (Schuepp *et al.*, 1990 ; Schmid, 1997). La figure 2.1 illustre schématiquement la dépendance de la *footprint* avec la vitesse du vent (A) et la contribution relative des zones sources (B). Par abus de langage, on définit la *footprint* comme la zone de sol d'où provient la majeure partie de la quantité transportée par le vent. La problématique de *footprint* a motivé un intérêt grandissant dans ces 20 dernières années.

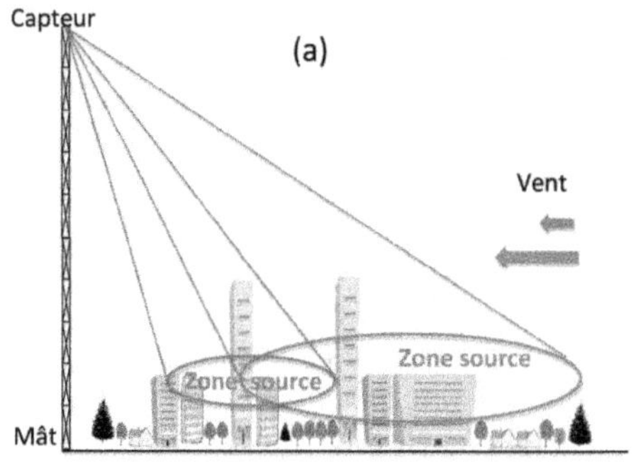

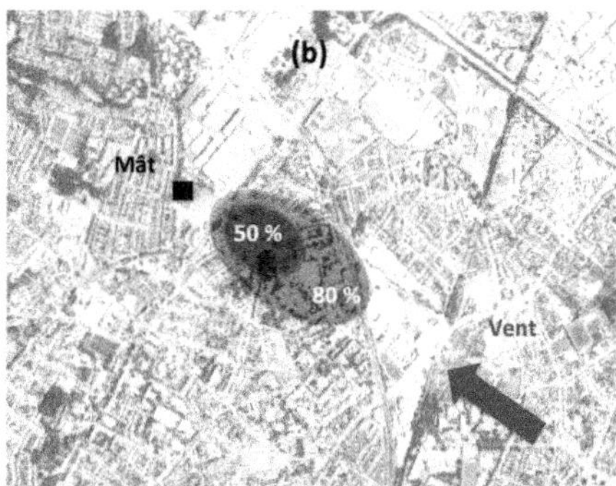

Figure 2.1. Le concept de *footprint*.

A) Effet du vent ; B) Contribution (en %) des surfaces.

Lorsque le terrain est homogène, le problème ne se pose pas en principe puisque le flux est identique partout. Pour un sol (ou une occupation du sol) hétérogène, tel qu'une succession de parcelles de différentes cultures de faibles hauteurs, plusieurs modèles de *footprints* ont été proposés (Schmid, 2002 ; Vesala *et al.*, 2010). La présence d'une canopée épaisse rend le problème plus complexe puisque la quantité mesurée doit d'abord traverser toute la sous-couche de rugosité. Lorsque la canopée est assimilée à un milieu poreux, la complexité monte encore d'un cran puisque les sources ne sont pas seulement surfaciques : la quantité mesurée peut traverser partiellement les éléments sources (par exemple, vapeur d'eau et CO_2 de la végétation). La canopée urbaine hétérogène représente probablement le sommet de la complexité dans ce domaine avec des bâtiments et des éléments de végétation, considérés soit comme des éléments solides et des éléments poreux, soit comme des éléments poreux à l'échelle décamétrique et à l'échelle décimétrique respectivement. Faute de modèle vraiment adapté à des sites urbains hétérogènes pour l'interprétation de leurs mesures, les expérimentateurs s'en remettent le plus souvent à des modèles analytiques, pratiques à mettre en œuvre (Schmid, 1997 ; Kormann & Meixner, 2001). En plus des recommandations rappelées précédemment, le choix d'un site de mesure doit prendre en compte le problème de *footprint* pour bien observer la zone d'intérêt (en fonction des vents localement dominants) et la hauteur du capteur doit aussi être adaptée en fonction de l'environnement (hauteur de déplacement et longueur de rugosité).

Mesures sur maquettes

Mesures en soufflerie

La modélisation des écoulements atmosphériques en milieu urbain à échelle réduite en soufflerie permet de se focaliser sur les phénomènes aérodynamiques liés au vent et à la turbulence associée. Ce cadre d'étude, plus restreint, permet néanmoins d'aborder les processus prépondérants responsables de la ventilation de la ville, du transfert de différentes quantités thermodynamiques et du transport et de la dispersion de scalaires par l'écoulement en situation de vent modéré à fort.

La modélisation en soufflerie consiste à reproduire un écoulement atmosphérique autour d'une maquette à échelle géométrique réduite (de l'ordre de 1:500 en général) d'un ou plusieurs bâtiments en assurant la similitude géométrique, cinématique, dynamique et thermique entre la configuration réelle et la maquette. Le respect de cette similitude doit être réalisé à travers la conservation de nombres sans dimensions, caractéristiques des phénomènes étudiés (nombres de Reynolds, Richardson, Prandtl...). Étant données les difficultés techniques existantes pour aborder les aspects thermiques, la modélisation en soufflerie se concentre en général sur les aspects aérodynamiques en configurations d'écoulements à stabilité neutre, sans échange de chaleur entre l'écoulement et les bâtiments. Du fait des échelles des maquettes couramment utilisées (dont la limite supérieure est dictée par la taille de la soufflerie et l'encombrement aérodynamique de la maquette), la contrainte du respect du nombre de Reynolds est impossible à assurer et est relaxée, en imposant que le nombre de Reynolds de la simulation à échelle réduite reste suffisamment élevé pour assurer que l'écoulement soit en régime turbulent pleinement développé.

Une fois l'échelle géométrique de la simulation choisie, il est nécessaire de générer dans la soufflerie (à l'aide d'éléments de rugosité sur le plancher et de générateurs de turbulence installés en entrée de soufflerie) un écoulement de couche limite présentant des caractéristiques aérodynamiques (longueur de rugosité, hauteur de déplacement, épaisseur de la couche limite...) en rapport avec celles de l'écoulement atmosphérique à modéliser. Si la modélisation des bâtiments ne pose en général pas de difficultés majeures, la prise en compte de la présence de la végétation dans le tissu urbain est plus délicate. Les plantes d'une taille trop petite ne seront en général pas modélisées à échelle réduite du fait des contraintes techniques de réalisation des maquettes mais aussi parce que leur effet sur l'écoulement sera négligeable en regard des phénomènes à plus grandes échelles existant au sein de l'écoulement. Les plantes de type arbre ont un effet aérodynamique non négligeable qu'il est nécessaire de prendre en compte, mais elles présentent une complexité géométrique trop grande pour être reproduites à échelle réduite. Afin de contourner cet obstacle, différentes approches ont été développées pour modéliser la résistance au vent des arbres et reproduire leur coefficient de traînée, la densité du couvert, et éventuellement leur forme. Les techniques utilisées emploient des éléments cylindriques rigides (Raupach *et al.*, 1996 ; Poggi *et al.*, 2004 ; Perret & Ruiz, 2013) ou flexibles (Brunet *et al.*, 1994 ; Ghisalberti & Nepf, 2006), des grillages de mailles plus ou moins resserrées (Hall *et al.*, 1999 ; Aubrun & Leitl, 2004), des mousses poreuses (Sanz Rodrigo *et al.*, 2007 ; Gromke & Ruck, 2010) ou encore des arbres synthétiques miniatures (Novak *et al.*, 2000 ; Pietri *et al.*, 2009). Si la complexité croissante de la modélisation de la végétation améliore *a priori* sa représentativité, elle pose néanmoins des problèmes pour réaliser les mesures au sein de la canopée du fait de l'encombrement croissant des maquettes.

La majeure partie des études des effets de la végétation qui ont été réalisées en soufflerie concernent des canopées végétales homogènes (forêts, champs...) et se sont focalisées sur les caractéristiques du vent et la structure de la turbulence au sein et au-dessus de la canopée (Finnigan, 2000). Les études s'intéressant aux canopées intégrant de la végétation (type arbre) au sein du tissu urbain sont moins nombreuses (Hall *et al.*, 1999 ; Aubrun *et al.*, 2005 ; Gromke & Ruck, 2009). En effet, elles présentent des difficultés de modélisation à moindre échelle et mettent en jeu des phénomènes plus complexes liés à la fois aux effets de changement de terrain (transition entre deux terrains aux caractéristiques aérodynamiques différentes) et à la différence des milieux, les bâtiments étant des obstacles à l'écoulement, la végétation pouvant être considérée comme un milieu poreux.

Mesures sur maquettes en extérieur

L'expérimentation sur maquettes en extérieur permet l'étude d'éléments végétaux vivants soumis au climat. De nombreuses études liées au microclimat urbain ont mené à la conception de maquettes de scènes urbaines en extérieur à échelle réduite (fig. 2.2 et 2.3) ou en chambre contrôlée (Wolf & Lundholm 2008 ; Ayata *et al.*, 2011 ; Schweitzer & Erell, 2014). L'étude de la végétation est alors menée sur des échantillons de toiture ou de façade. Les services écosystémiques attribués aux toitures terrasses végétalisées (TTV) sont nombreux et plusieurs études expérimentales tentent de les démontrer en mettant en place différents types de dispositifs. Il n'y a donc pas une seule approche expérimentale mais plusieurs, selon ce que l'on veut mettre en évidence concernant le rôle ou les performances des TTV (hydrique, thermique, acoustique, biodiversité...).

Figure 2.2. Plateforme Climatbat (université de La Rochelle) reproduisant des rues canyon à échelle 1:10. Photos : E. Bozonnet.

De g. à dr. : ensemble du dispositif, façade nue, façade végétalisée.

Figure 2.3. Plateforme CSTBNantes. Photos : M. Sabre.

De g. à dr. : toiture de *Festuca glauca*, toiture de *Sedum album* et vue de la plateforme.

Les contraintes (dimension, emplacement, instrumentation) liées à la réalisation des maquettes pour des mesures en extérieur sont différentes de celles des mesures en soufflerie. Les maquettes et bancs expérimentaux doivent être suffisamment grands pour ne pas avoir de contraintes de similitude mais suffisamment petits pour qu'il soit possible de contrôler — jusqu'à un certain point — un maximum de paramètres environnementaux. Il est également important d'éviter que les effets de bords ne soient trop important du fait de la taille des maquettes (Wolf & Lundholm, 2008 ; Schweitzer & Erell, 2014). Ainsi, l'exercice difficile consiste à faire en sorte que les réponses de la maquette et/ou du dispositif soient comparables à la vraie grandeur. Sur l'exemple de la figure 2.2, une difficulté porte sur la représentation d'une façade végétalisée dont l'encombrement et l'épaisseur du substrat ne peuvent pas être réduits comme dans le cas des modules installés (sphaigne du Chili de 15 cm d'épaisseur), fixés sur une grille métallique laissant une lame d'air faiblement ventilée de 5 cm.

Selon la performance visée, l'instrumentation devra donc être adaptée, tout comme les caractéristiques d'acquisition et les dimensions de l'ensemble du banc expérimental (Getter *et al.*, 2009 ; Lin *et al.*, 2013a). La conception de capteurs spécifiques, de taille réduite, peut s'avérer utile pour réduire les effets parasites (sillage du vent, ombres sur la maquette par exemple). Cependant, il est souvent difficile d'adapter l'instrumentation à la maquette et souvent c'est l'inverse qui est réalisé. Tout est donc question de choix en fonction des critères que l'on veut mesurer. Ce sont ainsi surtout les aspects hydriques et thermiques/énergétiques qui sont testés lors d'expérimentation sur des bancs d'essai et dans une moindre mesure, les aspects acoustiques, aérauliques, de biodiversité... (Saadatian *et al.*, 2013).

Une toiture végétalisée peut constituer la couche d'étanchéité d'une toiture et dans ce cas, doit répondre aux exigences des DTU 43 (documents techniques unifiés), mais dans la mise en œuvre d'un banc expérimental ou d'une maquette de toiture végétalisée, les composantes principales sont : une couche anti-racinaire, une couche de drainage, le substrat, les plantes (Houssin *et al.*, 2012). Pour chacune de ces composantes, des choix doivent être réalisés car il existe plusieurs solutions possibles. Par exemple, le choix de mettre un système d'irrigation ou d'arrosage manuel en place ou pas va renseigner sur tout ce qui concerne les besoins en maintenance du dispositif (Wolf & Lundholm, 2008 ; MacIvor & Lundholm, 2011 ; Saadatian *et al.*, 2013). Le choix de la qualité de l'eau servant à l'arrosage peut aussi être un sujet d'étude à part entière, comme l'utilisation des eaux grises traitées issues des bâtiments (eaux de machine à laver ou des douches) [David, 2013]. Dans ce cas, le dispositif expérimental doit être adapté et des études de la qualité des eaux en sorties de toiture sont réalisées.

La sélection de la nature du substrat, son épaisseur et sa composition (% entre matière organique et matière minérale), a une influence directe sur les capacités hydriques du substrat comme sa rétention en eau, influençant ses propriétés d'effet retard et d'écrêtement des pics de pluies lors d'orage en été (Wolf & Lundholm, 2008 ; Schweitzer & Erell, 2014). Ces propriétés sont essentielles dans les régions sujettes aux inondations.

Les maquettes peuvent être posées au sol en ne représentant qu'une partie de la toiture (Getter *et al.*, 2009 ; Castleton *et al.*, 2010 ; Lin *et al.*, 2013) ou sur le toit d'un bâtiment dont elle couvre tout ou partie. Le respect des similitudes de comportement (hydrique et thermique), difficile à obtenir avec l'échelle 1 implique que le choix des dimensions, de l'emplacement et de la localisation géographique (influence du climat) des maquettes est important.

Le choix des plantes est le plus délicat. En effet, selon le type et l'épaisseur du substrat, le catalogue de plantes disponibles ne sera pas le même, de plus il faut faire très attention à ne pas choisir de plantes non recommandées pour les TTV en raison de leur développement racinaire pouvant percer le filtre anti-racinaire. Elles peuvent être sélectionnées afin de répondre à des objectifs de biodiversité mais aussi selon leur capacité d'évaporation, fonction thermique majeure de l'écosystème des TTV (Lin *et al.*, 2013 ; Schweitzer & Erell, 2014). Les expérimentations peuvent être menées sur des maquettes mono-espèce (Wolf & Lundholm, 2008 ; MacIvor & Lundholm, 2011 ; Schweitzer & Erell, 2014) ou au contraire pluri-espèces (Getter *et al.*, 2009 ; Ouldboukhitine *et al.*, 2011 ; Djedjig *et al.*, 2012 ; Lin *et al.*, 2013). Dans ce dernier cas, en plus de la biodiversité qui sera étudiée, le panachage d'espèces permet de s'assurer d'avoir toujours une partie de la toiture qui maintient les performances hydriques ou thermiques du dispositif (Wolf & Lundholm, 2008 ; Schweitzer & Erell, 2014). En fonction des régions climatiques, leur résistance à des climats extrêmes (sécheresse, fortes pluies) ne fera pas porter le choix sur les mêmes espèces végétales. Pour les maquettes mono-espèce, la réponse détaillée de la part entre transpiration et évaporation d'une plante peut être faite, tout comme la distinction entre flux de chaleur latente et flux de chaleur sensible par type de plante (Ayata *et al.*, 2011). Cette approche « monoculture » permet de mieux identifier les capacités des plantes et de les comparer entre elles. Une plante revient très souvent dans les expérimentations, le *Sedum,* qui est donc incontournable dans le montage d'une étude afin de comparer les résultats avec ceux publiés dans la littérature.

▸▸ Modélisation et simulation des dispositifs végétaux urbains

La mise en modèle mathématique des phénomènes physiques urbains est relativement aisée, mais celle de leurs multiples interactions l'est moins. Les processus physiques (thermique, aérodynamique, hydrologie, rayonnement…) impliqués dans le microclimat urbain ne peuvent cependant pas être considérés indépendamment les uns des autres. On établit en général trois bilans que l'on relie :
– le bilan hydrique, qui est un bilan de masse d'eau, traduit les échanges d'eau entre le sol et ses réseaux enterrés, les surfaces et l'atmosphère en période pluvieuse ou sèche. Il doit prendre en compte la variabilité spatiale des caractéristiques de la surface du sol (imperméabilisation, présence de végétation), des propriétés hydrodynamiques des sols (conductivité hydraulique) et de la présence de réseaux enterrés qui constituent des lieux de drainage préférentiels dans le sol. L'évapotranspiration entre surface et atmosphère, donne lieu à un flux de chaleur, le flux de chaleur latente, qui intervient dans le bilan énergétique de surface ;
– le bilan énergétique exprime l'équilibre entre le rayonnement net, le flux de chaleur latente, le flux de chaleur sensible (échange par convection au niveau des surfaces) et le flux de chaleur par conduction dans les sols et au travers de

– l'enveloppe des bâtiments (stockage). Dans le cas de surfaces de bâtiments, ce flux de chaleur par conduction dépend du traitement des ambiances intérieures (chauffage, climatisation, régime libre). Un bilan thermique du bâtiment peut être fait afin d'écrire l'équilibre entre les flux de chaleur au travers des murs et des toits, les apports solaires, les charges internes (usages, équipements…) et les flux liés à la ventilation et aux infiltrations de l'air à travers l'enveloppe ;

– le flux de chaleur sensible au niveau des parois dépend des écoulements et de la température de l'air à proximité de la paroi. Les débits de ventilation et les infiltrations dépendent également de ces écoulements qui conditionnent les niveaux de pression sur les parois. Il faut donc faire un bilan advectif sur l'air environnant.

On constate qu'il y a dans chacun de ces bilans des flux et variables d'état qui expriment les interactions entre les phénomènes physiques. Cependant, ces interactions sont souvent négligées ou simplifiées compte tenu de la difficulté de représenter en un seul modèle l'ensemble des phénomènes. Nous trouvons ainsi quatre grandes familles de modèles : les modèles hydrologiques, les modèles de bilan radiatif, les modèles aérauliques et les modèles de bilan thermique. Tous ont beaucoup évolué pour s'adapter à la modélisation du microclimat urbain et aux nouvelles hypothèses d'aménagement. Ils représentent les interactions physiques soit en les intégrant directement dans les modèles initialement spécialisés dans un bilan, soit en réalisant des couplages entre modèles spécialisés. Les couplages sont souvent difficiles à réaliser car les échelles de description spatiale ou temporelle des phénomènes ne sont pas toujours les mêmes.

Aux différentes échelles de description du climat urbain correspondent des objectifs différents. Pour étudier l'influence des villes sur l'atmosphère et en particulier le phénomène d'ICU, la communauté scientifique a développé des modèles permettant de reproduire les principaux échanges énergétiques et hydriques entre le milieu urbain et l'atmosphère. La dernière décennie a ainsi connu d'importantes avancées dans l'« urbanisation » des modèles atmosphériques (Lemonsu & Masson, 2002 ; Martilli *et al.*, 2002 ; Dupont *et al.*, 2004 ; Leroyer *et al.*, 2010).

Pour étudier l'influence de la forme urbaine ou des aménagements sur le confort des usagers de la ville, l'échelle considérée est celle du fragment urbain : la rue, la place, l'îlot, jusqu'au quartier. Ces études sont généralement menées à l'aide de modèles décrivant explicitement les aménagements urbains (bâtiments, arbres isolés…) et modélisant leur impact local sur l'ensoleillement, le vent, la température et l'humidité de l'air (Ali-Toudert, 2005 ; Robitu *et al.*, 2006 ; Bouyer, 2009).

Même si l'échelle d'étude est celle qui répond au mieux à la question posée, la connaissance des variables climatiques à l'échelle de la ville peut s'avérer importante dans l'étude des conditions de confort, pour replacer le fragment urbain considéré dans son environnement. Le principe est de « forcer » les modèles dédiés à l'échelle du fragment urbain par des conditions météorologiques à haute résolution issues de modèles à plus grande échelle (Chen *et al.*, 2011).

À l'inverse, la connaissance des processus qui interviennent à petite échelle permet également d'améliorer la modélisation du climat urbain à plus grande échelle. Ceci a conduit au développement de schémas de « paramétrisation » de la ville, de plus en plus sophistiqués en termes de description spatiale du tissu urbain et de processus physiques représentés. Il n'y a pas à l'heure actuelle de consensus quant au degré de complexité requis pour la modélisation climatique urbaine. En effet, la complexité du modèle allant de pair avec la quantité d'informations nécessaire pour l'alimenter, certains modèles théoriquement plus détaillés peuvent se comporter moins bien que des modèles simplifiés, dans le cas où le modélisateur ne dispose pas des données nécessaires. En revanche, il paraît important de raffiner suffisamment ces modèles pour prendre en compte l'hétérogénéité du milieu urbain et les interactions fortes entre les différents quartiers, et être ainsi en mesure d'aborder la modélisation du climat urbain en assurant une cohérence entre les différentes échelles.

Les modèles climatiques urbains dédiés à l'étude de fragments urbains composés de différents types de surfaces (bâti, sol, végétation) reposent sur des représentations explicites, c'est-à-dire que les géométries et positionnement relatifs des surfaces sont représentés et leur impact directement pris en compte. Dans les modèles dédiés à la ville, les surfaces ne peuvent plus être représentées explicitement, mais l'impact de la forme et des matériaux est paramétré.

Nous décrivons ci-après les grands principes de ces modèles et abordons ensuite comment la végétation y est décrite.

À l'échelle du fragment urbain

Principe des modèles

Nous abordons ici les modèles qui ont vocation à étudier les hétérogénéités des facteurs physiques d'ambiance produites par la forme urbaine et les aménagements. Selon leur point de départ (objectif et spécialité d'origine de l'équipe de chercheurs), les modèles représentent en général mieux une partie des flux et ont une approche plus simplifiée des autres, de manière à aboutir à un bilan complet des différents flux de chaleur et de masse entre surface bâtie, sol, végétation et atmosphère.

On trouve ainsi une famille de modèles qui permettent de calculer les flux solaires dans des géométries urbaines complexes, comme Dart (Gastellu-Etchegorry *et al.*, 2008), Solene (Miguet & Groleau, 2002), Solweig (Lindberg *et al.*, 2008). Ils permettent de calculer la température radiante moyenne (TRM), indicateur de confort représentatif en environnement extérieur. Cependant, son calcul nécessite celui des températures de surface et donc d'aborder le bilan de surface impliquant les autres flux. Pour contourner cette difficulté, le modèle Solweig par exemple, approxime les températures de surface à partir de la température d'air et en fonction de l'exposition au soleil de la surface considérée au cours du temps.

On peut également regrouper les modèles qui réalisent les bilans sur l'air environnant (bilans de masse, de chaleur et de quantité de mouvement) comme Envi-Met (Huttner & Bruse, 2009), Solene-Microclimat (Robitu, 2005 ; Malys *et al.*, 2012) et Coupled simulation (Chen *et al.*, 2007 et 2009), qui permettent de calculer les flux radiatifs, les températures de surface, le champ de vitesse du vent, le taux d'humidité et la température de l'air dans une géométrie urbaine, même complexe et en présence de végétation. Cette dernière est représentée par un milieu poreux au vent et semi-transparent par rapport au rayonnement solaire, et les processus d'évapotranspiration et de photosynthèse sont exprimés dans les bilans de masse et de chaleur.

Les trois modèles cités, s'ils semblent similaires dans les applications qu'ils permettent, ne le sont pas dans leur mise en œuvre. En effet, les chercheurs qui ont développé Envi-Met et Coupled simulation ont opté pour la mise en place d'un modèle complet, ce qui nécessite d'intégrer des modèles pour tous les phénomènes. Cette approche, lourde, peut se faire au détriment de certains sous-modèles. Par exemple, dans la version 3 d'Envi-Met, le rayonnement de grandes longueurs d'onde était approximé à partir d'une température moyenne de toutes les parois et le stockage de chaleur dans les murs n'était pas pris en compte. Dans Coupled simulation, les géométries traitées doivent être décrites dans une trame orthogonale, ce qui est mal adapté aux fragments urbains de villes européennes.

Le couplage d'outils, retenu par les développeurs de Solene-Microclimat, pose une autre question, celle du niveau de couplage. Pour l'évaluation du confort dans les espaces extérieurs, Robitu (2005) a réalisé un couplage fort entre Solene (pour les aspects radiatifs et thermiques dans les parois et le sol) et Fluent (pour les aspects aérauliques) : la modification des écoulements par les effets de convection naturelle est prise en compte. Ce couplage fort, très coûteux en temps de calcul, était acceptable car les problématiques de confort en espace extérieur ne nécessitent pas de périodes de simulation très longues. Par la suite, pour des objectifs d'évaluation des consommations énergétiques de bâtiments en milieu urbain, Bouyer (2009) a allégé ce couplage avec une prise en compte uniquement du transport et de la diffusion de masse et de chaleur dans l'air, ce qui lui a permis d'étendre les périodes de simulation aux quelques jours nécessaires à l'initialisation de l'inertie thermique des bâtiments.

Représentation de la végétation

Pour répondre à la nécessité d'évaluation de techniques alternatives d'aménagement, ces modèles doivent évoluer de manière à prendre en compte différents types d'aménagements urbains et en particulier la présence de végétation et les impacts liés à son type (Lahme & Bruse, 2003 ; Alexandri & Jones, 2007 ; Chen *et al.*, 2009), sa localisation (Bruse & Fleer, 1998 ; Jesionek & Bruse, 2003 ; Alexandri & Jones, 2007) et son mode de gestion (intensive ou extensive). Même si à cette échelle, les géométries urbaines sont représentées, il est difficile de représenter précisément la géométrie de la végétation comme cela est fait pour les recherches qui traitent de la distribution du rayonnement dans les couverts végétaux en relation avec les fonctions physiologiques des plantes (photosynthèse, transpiration, ouverture stomatale...) ou leur croissance (Sinoquet *et al.*, 1998 ; Da Silva *et al.*, 2008). En effet, les échelles ne sont pas les mêmes : de l'ordre du mètre pour les détails pris en compte de la géométrie des bâtiments et de l'ordre du centimètre ou du millimètre pour les détails des plantes. Par ailleurs, la géométrie des plantes est très variable et dépend non seulement des espèces, mais aussi des conditions de croissance, de l'exposition au soleil, au vent... Pour les problématiques urbaines, une représentation si détaillée peut avoir de l'intérêt pour l'évaluation de dispositifs d'ombrage. À partir de la représentation détaillée du feuillage, les modèles Dart et Solene permettent de calculer les échanges radiatifs au sein d'un couvert végétal ou entre les feuilles et l'environnement construit. Les approches sont cependant très différentes car Dart permet de représenter le couvert comme un volume, ce qui est adapté aux arbres alors que dans Solene on ne peut représenter que des surfaces. Un arbre peut alors être représenté soit pas ses feuilles, ce qui nécessite des efforts de modélisation et de calcul difficiles à prendre en charge, soit par son enveloppe et un coefficient de transmission.

L'approche détaillée, avec la représentation du feuillage, permet de faire ressortir les caractéristiques des feuilles et de leur arrangement au sein du couvert végétal qui influencent les caractéristiques thermiques, radiatives ou aérodynamiques du couvert. Ces informations peuvent être utilisées dans les modèles à l'échelle du quartier, pour lesquels un sol enherbé, une façade ou une toiture végétale sont généralement caractérisées par la transmitivité, l'absorptivité, l'albédo, la résistance aérodynamique de la couche de feuillage (Malys *et al.*, 2013). Ces caractéristiques sont en général exprimées en fonction de la densité de feuillage (LAI). Malys (2012) fait un bilan des différents modèles de toitures et façades utilisés dans les modèles microclimatiques et de thermique du bâtiment.

Dans les modèles aérauliques, les volumes végétaux (arbres, buissons) sont représentés comme des volumes avec des sources et puits (humidité, chaleur, quantité de mouvement) pour les équations de la mécanique des fluides. Ces sources et puits dépendent des bilans radiatifs et convectifs, de la capacité des plantes à transpirer et de leur résistance à l'air.

À l'échelle de la ville

Principe des modèles

Le climat urbain résulte des échanges d'énergie (radiative, thermique et hydrique) entre les surfaces et l'atmosphère, et des interactions aérodynamiques entre la couche de canopée et l'atmosphère. L'objectif des modèles urbains de bilan énergétique des surfaces est de déterminer les flux de chaleur et d'humidité qui conditionnent le comportement thermodynamique de l'atmosphère urbaine, à des échelles pouvant aller de la centaine de mètres à quelques kilomètres. Même si, à ces échelles, les différents éléments qui constituent le milieu urbain ne peuvent pas être représentés explicitement, il est nécessaire de tenir compte de ceux qui ont une influence sur le vent, la température et l'humidité de l'air : la topographie et la morphologie urbaine, la présence de surfaces imperméables, la prédominance des surfaces bâties par rapport aux surfaces naturelles, les propriétés physiques des surfaces (albédo, émissivité) et des matériaux (conductivité et capacité thermiques).

Qu'ils soient à base empirique (Grimmond & Oke, 2002) ou à base physique, tous les modèles de bilan énergétique des surfaces s'appuient sur le même principe : le rayonnement net qui résulte du bilan radiatif des surfaces est réparti en flux de chaleur sensible et latente, et en flux de chaleur stockée qui traduit les échanges de chaleur par conduction dans les matériaux et le sol.

Dans les modèles à base physique les plus simples (dits *bulk*), les flux de chaleur sensible et de chaleur latente sont modélisés à l'interface entre la canopée urbaine (dans sa globalité) et l'atmosphère au-dessus. La canopée est représentée par des propriétés aérodynamiques (longueur de rugosité), radiatives (émissivité, albédo) et thermiques moyennes. Ces flux dépendent de la différence de température ou d'humidité entre la canopée et l'atmosphère et d'une résistance aérodynamique qui peut être fonction du vent et de la stabilité atmosphérique dans la couche de surface. Il est possible dans ces modèles simples de distinguer différents types de surfaces (surfaces naturelles, végétation, routes, toits, canyon…) qui contribuent aux flux à l'interface canopée-atmosphère (Grimmond & Oke, 2002 ; Dupont & Mestayer, 2006), mais l'interaction entre elles n'est pas prise en compte.

Les modèles à une couche de canopée (Masson, 2000 ; Kusaka *et al.*, 2001) considèrent un tissu urbain simplifié (représenté comme un ensemble de rues canyons, orientées ou non, dans lesquelles on différencie les surfaces de toits, le sol des rues et les murs). Ils modélisent les échanges entre ces surfaces et l'air dans la rue, puis au-dessus des toits, par un système de résistances aérodynamiques plus complexe que dans la méthode *bulk* mais basé sur le même principe. Le vent au milieu du canyon est déterminé par des relations empiriques, alors que la température dans le canyon résulte de l'équation de bilan de flux de chaleur à la surface composée et en haut du canyon.

Enfin, dans les modèles de canopée multicouches, plus élaborés, les flux sont calculés à différents niveaux à l'intérieur de la canopée, ce qui nécessite de connaître les profils de vent et de température jusqu'au sol. Lorsque ces modèles sont directement intégrés à un modèle atmosphérique (Martilli *et al.*, 2002 ; Dupont *et al.*, 2004), les écoulements d'air sont calculés par résolution des équations de la dynamique des fluides et de la thermodynamique, modifiées à l'intérieur de la canopée pour représenter l'effet moyen des bâtiments sur le vent et la turbulence, et les sources/ puits de chaleur et d'humidité aux différents niveaux. Ces modèles peuvent aussi être « externalisés » : ils sont alors « forcés » par la météorologie au-dessus de la canopée (provenant de mesures ou d'un modèle atmosphérique), tandis que le vent, la température et l'humidité dans la canopée sont obtenus par la résolution des équations de la couche de surface plus ou moins simplifiées (Hamdi & Masson, 2008 ; Masson & Seity, 2009 ; Salamanca & Martilli, 2010 ; Salamanca *et al.*, 2010). Ils fournissent donc les flux à l'interface canopée-atmosphère ainsi que des températures et humidités de l'air à l'intérieur de la canopée, qui, même si elles ne sont pas locales (du fait de l'hypothèse de l'effet moyen des bâtiments), sont représentatives du tissu urbain considéré.

Représentation de la végétation

Dans certains modèles, le flux de chaleur latente qui résulte de l'évapotranspiration par la végétation a été négligé et seules les spécificités des milieux fortement urbanisés étaient considérées. D'autres intègrent directement la végétation dans le tissu urbain et prennent en compte les interactions avec les surfaces bâties et les arbres, comme les phénomènes d'ombrage et l'absorption du rayonnement par la végétation (Lee & Park, 2008).

Dans les approches intermédiaires, les flux de chaleur latente issus des surfaces naturelles et de la végétation contribuent au flux total en fonction de la densité présente dans le domaine, sans que la végétation n'interagisse directement avec les autres surfaces.

Pour définir certaines lignes directrices de modélisation, une action de recherche internationale d'inter-comparaison de 33 modèles a été menée sur la base de 2 jeux de données expérimentales. Il ne s'agissait pas d'évaluer un modèle particulier par comparaison à des mesures sur site, mais d'identifier les « classes » d'approches les plus performantes pour représenter les échanges entre canopée urbaine et atmosphère, ainsi que les processus physiques qui ne peuvent être négligés dans la modélisation physique (Grimmond *et al.*, 2010 et 2011). Parmi les conclusions de cette étude, il est souligné que la prise en compte de la végétation et des surfaces naturelles, présentes même en faible pourcentage, améliore le résultat global du modèle, même s'il s'avère que les flux de chaleur latente associés sont les composantes du bilan les moins bien modélisées. Ceci peut être dû à la méconnaissance de la teneur en eau du sol, ainsi qu'à l'utilisation de modèles de végétation adaptés aux milieux ruraux.

▸▸ Les effets de différents types de végétation

Sols et pelouses

Les surfaces enherbées ont été étudiées dans le contexte de parcs ou comparées à des surfaces minérales. La température de ces surfaces peut être mesurée, mais l'impact des surfaces sur la température d'air à proximité est plus difficile à évaluer. Armson (2012) a comparé les températures de surfaces d'essai, composées de pelouse ou de béton, à Manchester (Royaume-Uni). Une des surfaces enherbées était pleinement ensoleillée tandis que l'autre bénéficiait de l'ombre d'un arbre. Pendant les étés 2009 et 2010, il relève des températures des surfaces de pelouse au soleil qui restent très proches de la température d'air en journée, souvent légèrement inférieures. Les surfaces enherbées ombragées sont elles à des températures de 1 à 4 °C inférieures à la température de l'air et les surfaces de béton ombragées ont une température supérieure à celle de l'air de quelques degrés alors que celles au soleil peuvent leur être supérieures de plus de 19 °C.

Ca *et al.* (1998) ont réalisé des mesures des températures d'air au-dessus d'une large surface enherbée d'un parc à Tama New Town, une ville à l'est de Tokyo. Ils obtiennent des températures inférieures de 2 °C à celles mesurées au-dessus des surfaces de bitume et de béton des parkings d'un centre commercial à proximité. Dans un autre contexte, celui d'un climat tropical, Nichol (1996) ne mesure pas d'effet de rafraîchissement significatif au-dessus de pelouses.

Takebayashi & Moriyama (2009) ont étudié l'impact sur le microclimat de la conversion de surfaces d'asphalte en surfaces enherbées, dans un parking du centre ville de Kobé (Japon), dans lequel plusieurs revêtements de sols ont été mis en place, avec des pourcentages d'enherbement variables. Ils ont procédé par observation des températures à l'aide d'une caméra infrarouge et les flux sensibles ont été déduits pour chaque surface du parking. Ils concluent à une diminution de la température moyenne de surface avec l'augmentation du pourcentage de végétalisation. Cette diminution dépend fortement du matériau utilisé pour la matrice : béton, béton poreux, bois... Par rapport à une surface d'asphalte, ils obtiennent un flux de chaleur sensible réduit d'environ 100-150 $W.m^{-2}$ pendant la journée et 50 $W.m^{-2}$ pendant la nuit. En conséquence, la valeur calculée de la réduction de la température de l'air due à la présence de végétation est d'environ 0,1 °C.

L'effet sur la température de l'air est à peine perceptible mais l'effet des températures de surfaces plus faibles est vérifié par la mesure de la température moyenne radiant.

Arbres

La contribution des arbres à l'atténuation des phénomènes d'ICU est en partie démontrée. Plusieurs phénomènes entrent en jeu : les échanges sensibles, l'évaporation, l'effet de brise-vent, les effets radiatifs (masque pour les échanges de grandes et courtes longueurs d'onde). Le poids relatif de chacun de ces effets dépend de nombreux paramètres locaux du climat, de l'arbre, dont l'action varie au cours du temps.

D'après McPherson (1994), dans la plupart des cas, l'impact direct des arbres sur la température de l'air est moindre que celui de l'effet indirect de l'ombrage qu'ils génèrent sur les surfaces minérales, car l'air frais produit dans le feuillage est rapidement dissipé dans l'air environnant par le vent. Ces résultats sont confirmés par Armson (2012) pour des mesures dans des rues, dans l'ombre de différents types d'arbres d'alignement. En revanche, le regroupement de plusieurs arbres et d'autres surfaces végétales crée un effet d'îlot de fraîcheur qui peut être diffusé aux alentours de la surface par advection. Hamada & Ohta (2010) comme Spronken-Smith & Oke (1998) ont montré qu'au cours de la journée l'effet de rafraîchissement d'un groupement d'arbres dans un parc résulte de la combinaison de l'effet de l'ombrage et de celui de l'évapotranspiration, ce dernier n'étant pas dans ce cas négligeable.

Cependant, les arbres résistants à la sécheresse limitent leurs échanges gazeux avec l'atmosphère de manière à limiter leur perte d'eau. Ils sont de ce fait bien adaptés aux conditions hydriques des milieux urbains où ils ont à pousser dans un sol artificiel peu irrigué. Ces types d'arbres ne transpirent pas quand le stress thermique est trop intense, de sorte que leur effet sur le climat urbain se limite alors à l'effet indirect de l'ombrage (McPherson, 1994).

En l'absence de stress hydrique, Kjelgren & Montague (1998) comparent la transpiration de différents types d'arbres selon qu'ils sont plantés au-dessus de surfaces enherbées ou pavées. Ils montrent que l'évapotranspiration dépend du type de sol. La réponse des arbres à une augmentation de la sollicitation due à des températures du sol plus élevées, dans le cas d'une surface minérale, varie selon les espèces. En effet, les stomates de certaines espèces se ferment quand la différence de pression de vapeur d'eau entre l'air et les feuilles atteint une valeur seuil. Cette fermeture réduit la perte d'eau mais a pour conséquence l'augmentation de la température du feuillage. Quand cette valeur seuil n'est pas atteinte, ou pour les arbres qui n'en ont pas, plus la température du sol est importante, plus l'arbre transpire car il reçoit plus de rayonnement de grandes longueurs d'onde en provenance du sol. C'est la raison pour laquelle il est probable qu'un arbre planté au-dessus d'une surface enherbée transpire moins que le même arbre planté au-dessus d'asphalte par exemple.

Grâce à cette capacité à transpirer, les arbres peuvent maintenir la température de leurs feuilles à des valeurs proches de la température de l'air. Leuzinger *et al.* (2010) ont mesuré la température du houppier de 11 espèces d'arbres fréquemment plantés dans les villes européennes : 3 types d'érables de formes ou de couleurs différentes (*Acer platanoides* 'Globosum', *A. platanoides* 'Reitenbachii' et *A. saccharinum*), 3 types de tilleuls avec des feuilles de tailles et de couleurs différentes (*Tilia cordata*, *T. platyphyllos*, *T. tomentosa*), le robinier (*Robinia pseudoacacia*), un marronnier commun (*Aesculus hippocastanum*), le févier d'Amérique (*Gleditsia triacanthos*), le pin sylvestre (*Pinus sylvestris*) et le platane commun (*Platanus acerifolia*).

Ils montrent que pour une température ambiante de 25 °C, les températures des houppiers mesurées varient entre 24 °C et 29 °C. La température de l'eau mesurée pendant cette période était 18 °C, celle des rues 37 °C et celle des toits supérieure à 45 °C. La température des arbres dépend de leur emplacement (dans une rue ou un parc) et de leur espèce. Les auteurs montrent que la température des conifères varie moins en fonction de leur emplacement. Ils conservent leur feuillage à une température proche de l'air. Ils relèvent également qu'aux arbres à grandes feuilles correspondent des températures plus élevées. La mesure des conductances stomatiques leur permet de valider que les différences de températures mesurées ne sont pas dues à des conditions hydriques différentes (un stress hydrique pourrait causer des températures de feuillage plus élevées). Ils concluent que les températures de houppiers les plus élevées, relevées pour les arbres situés dans des rues, sont dues à des sollicitations thermiques plus importantes de la part d'un environnement à température plus élevée : les arbres y sont alors entourés de surfaces à une température radiante moyenne de 37 °C, qui émettent du rayonnement de grandes longueurs d'onde vers eux. Ces résultats sont cohérents avec ceux de Kjelgren et Montague cités précédemment. Pour extrapoler leurs résultats pour des températures plus élevées, afin de déterminer comment ces arbres évolueraient lors de vagues de chaleur importantes, à partir des propriétés des différentes espèces, Leuzinger *et al.* calculent la température des feuilles pour des températures d'air supérieures à 40 °C. Pour leurs hypothèses et les espèces étudiées, ils prévoient des différences de température entre les feuilles et variant de 2 à 5 °C avec une sous-régulation stomatale de 50 %, et de 4 à 10 °C avec une sous-régulation stomatale plus drastique de 20 %. Ces valeurs sont plus élevées que la variation de − 1 à 4 °C obtenue pendant la campagne expérimentale avec une température d'air à 25 °C. Tous ces calculs et mesures ont été réalisés dans des conditions de vent faible (2 m/s). Dans le cas de vitesses de vent plus élevées, ces différences de température seraient plus faibles du fait d'échanges convectifs plus intenses.

Du fait de leurs températures, les houppiers des arbres constituent des surfaces radiatives et convectives fraîches. C'est la raison pour laquelle ils sont très intéressants du point de vue du confort de l'usager de la ville.

L'effet de brise-vent créé par les arbres diminue localement la vitesse du vent. De ce fait, les transferts convectifs des surfaces chaudes peuvent être réduits. Cet effet est plutôt bénéfique en hiver car il limite les pertes de chaleur des bâtiments mais en été, il réduit l'extraction de la chaleur des surfaces chauffées par le soleil.

Cependant, les conditions environnantes des arbres en milieu urbain modifient leur croissance et par conséquent leur performance de rafraîchissement. Ces impacts sont peu étudiés et, en général, dans les modèles utilisés pour évaluer les stratégies de rafraîchissement, ce sont des formes et densités de feuillage issues d'études d'arbres qui ont poussé dans des conditions « normales » qui sont utilisées. Rahman *et al.* (2011) ont étudié la croissance et la physiologie du feuillage d'un arbre couramment planté en ville, le poirier d'ornement (*Pyrus calleryana* 'Chanticleer'). Cette étude a été réalisée dans des rues de Manchester (Royaume-Uni) où les arbres ont poussé pendant six ans dans des conditions de sols différentes : en sol pavé, dans des bordures de pelouse, dans des sols drainants à base de sable (*Amsterdam soil*). Les résultats montrent que les arbres dans les sols drainants ont poussé presque deux fois plus vite que ceux plantés dans des sols pavés. Les auteurs concluent que la différence est due à la plus faible compaction, et de ce fait à des contraintes de cisaillement plus faibles. Les paramètres physiologiques des feuilles comme la conductance stomatique ont également été comparés et il a été trouvé que les arbres qui avaient poussé dans le sol drainant avaient aussi de meilleures performances. De ce fait, ils ont un potentiel de rafraîchissement évapotranspiratif qui va jusqu'à 7 kW, soit cinq fois supérieur à ceux dont la croissance s'est faite dans un sol compacté sous les pavés.

Toits végétalisés

Le fonctionnement d'une toiture végétale diffère de celui d'une surface plantée classique par plusieurs points : les conditions aux limites thermiques et hydriques sont particulières ainsi que les substrats et plantes utilisés.

Ce sont surtout les impacts des toitures végétales sur la consommation énergétique des bâtiments et le confort intérieur qui ont été étudiés (cf. chapitre 3, « Impacts sur la consommation énergétique et le confort dans les bâtiments », p. 63). Une des conclusions de ces études est que l'économie d'énergie réalisée grâce à ces toitures dépend de plusieurs paramètres dont :
- le climat, en termes de rayonnement, de température et de pluviométrie ;
- l'emplacement de la toiture par rapport aux autres bâtiments ;
- et la constitution de la toiture (espèces végétales et substrat).

Pour étudier l'impact de ce type de surface sur le climat urbain, c'est la distribution des flux de chaleur impliqués dans le bilan de surface qui importe. Feng *et al.* (2010) ont analysé le bilan énergétique de toitures extensives. Leurs expérimentations montrent que pendant les jours d'été, quand le sol est humide, le rayonnement participe à 99 % du gain énergétique de la toiture alors que la contribution du flux de convection est de l'ordre de 1 %. 58,4 % de cette énergie reçue est dissipée par évapotranspiration du complexe plantes-sol, 30,9 % par rayonnement de grandes longueurs d'onde vers la voûte céleste et 9,5 % est utilisé par les plantes pour la photosynthèse. Au final, seulement 1,2 % de l'énergie est stocké par les plantes et le sol, et alors transféré vers les pièces du dernier étage du bâtiment. En résumé, dans ces conditions, l'énergie solaire est presque entièrement arrêtée par la toiture végétale et ne participe ni au réchauffement de l'atmosphère, ni à celui du bâtiment.

Takebayashi & Moriyama (2007) ont observé la température de surface, le rayonnement net, le contenu en eau ainsi que d'autres variables d'une toiture verte, comparée à une toiture fortement réflective, dans le but de déterminer leur performance en en termes d'atténuation du phénomène d'ICU. Leurs résultats donnent des répartitions moins extrêmes que celles présentées ci-dessus, mais sont en accord sur le faible flux de chaleur sensible du fait de la forte dissipation du rayonnement par évapotranspiration dans le cas de la toiture végétale. Dans le cas de la toiture réflective, le flux de chaleur sensible est également faible, mais la raison est que le flux radiatif net l'est tout autant.

Façades végétales

Les façades végétales ont par certains points des comportements similaires à ceux des toitures végétales, mais il y a également des différences. Du point de vue de leur comportement thermique, elles ont trois effets sur le microclimat :
— un effet radiatif : les feuilles jouent le rôle de protection solaire du mur pendant la journée mais empêchent également son rafraîchissement en faisant obstacle au rayonnement de grandes longueurs d'onde pendant la nuit. Les feuilles absorbent une grande partie du rayonnement solaire sans monter en température, du fait de leur capacité à transpirer. Dans le cas d'un substrat humide, celui-ci peut également faire office de rafraîchissement passif par évaporation ;
— un effet conductif : la végétation et surtout son substrat peuvent isoler le mur et modifient son inertie. Cet effet dépend fortement du contenu en eau du substrat ;
— un effet convectif : les plantes limitent la vitesse de l'air à proximité de la paroi, et de ce fait, les échanges énergétiques par convection.

Ces effets vont prendre différentes proportions dans le bilan de surface, en fonction de la technique utilisée pour construire la façade. C'est pourquoi on propose de classer ces façades en trois familles :
— les façades constituées de plantes grimpantes sur une structure à distance de la paroi. Ces végétaux sont en général caducs et disposés devant des parois vitrées ;
— les façades constituées de plantes grimpant directement sur la paroi (fig. 2.4) ;
— les murs vivants, constitués des plantes et de leur substrat.

Dans le cas des deux premiers systèmes, les plantes prennent en général racine dans le sol. Un mur vivant est souvent réalisé à partir de panneaux assemblés qui contiennent le substrat et le système d'irrigation. Alors que le premier type de façade n'a que les effets radiatifs, le second combine effets convectifs et radiatifs et au troisième s'ajoutent les effets conductifs. Du point de vue thermique, les façades couvertes de plantes grimpantes ou d'un mur vivant diffèrent des grimpantes à distance, car avec ces dernières une couche d'air sous la couche de feuillage est créée, dont la température est différente de celle de l'air extérieur.

Figure 2.4. Façade de grimpantes directement sur le mur, Nantes. Photo : M. Léglise.

Les phénomènes physiques qui se produisent dans un mur vivant sont différents de ceux des toitures végétales en raison de la verticalité et des effets gravitaires associés, résultant en une distribution verticale de l'eau dans le substrat. C'est une des conclusions à laquelle arrivent Cheng *et al.* (2010) : du fait de cette distribution et d'un accès au soleil différent (surtout dans les villes denses où les parties basses des murs voient peu le soleil et la lumière), la croissance et le flux d'évapotranspiration des plantes peuvent varier le long de la façade (fig. 2.5).

Les études de ces façades sont relativement récentes et peu nombreuses. Comme les toitures végétales, les façades ont essentiellement été étudiées pour leurs impacts

Figure 2.5. Mur vivant à Nantes avec différentes variétés de plantes et un effet d'ombrage hétérogène. Photo : M. Musy.

énergétiques et peu pour leur impact climatique. Malys (2012) fait une synthèse des différentes études et paramètres associés.

Pérez *et al.* (2011) ont étudié par simulation numérique et par des mesures *in situ* le comportement climatique de façades comportant des plantes grimpantes palissées sur des structures placées devant, en Espagne. Ils ont mis en évidence une différence importante entre la température de surface des façades minérales sans « deuxième peau végétale » et celles couvertes en partie par le végétal. Une hausse de température moyenne de 5,5 °C, atteignant une valeur maximale de 15,2 °C en septembre, caractérisait les façades sans protection. La température dans l'espace intermédiaire entre la couverture végétale et le bâtiment était inférieure à celle de l'air en période estivale (de 3,8 °C en moyenne), et supérieure en période froide quand les plantes ne comportaient plus de feuilles (1,4 °C). Le taux d'humidité relative observé dans cet espace intermédiaire était supérieur à celui de l'air extérieur de 7 % pendant la période de feuillaison, et de 8 % inférieur hors période de feuillaison. Ils notent que ces tendances peuvent être modifiées par le vent.

Après avoir développé un modèle de rue canyon et réalisé des simulations, Alexandri & Jones (2008) ont comparé l'effet des façades végétalisées (de la deuxième famille) sous différents climats. Ils montrent que ces façades ont une capacité importante à diminuer les températures d'air dans les rues et que, dans le cas de climats très chauds et secs, les effets de la végétation sur les températures en ville peuvent être importants. Par exemple, pour Riyad (Arabie Saoudite), la température obtenue à l'intérieur du canyon est diminuée en moyenne sur la journée de 9,1 °C, avec des pics allant jusqu'à 11,3 °C. Dans le cas du climat humide de Hong-Kong (Chine), avec des murs et toits végétalisés, ils obtiennent une diminution de la température qui atteint 8,4 °C. D'après ces auteurs, l'effet de la végétation dépend essentiellement de sa quantité et la diminution de température est plus importante dans des rues étroites, du fait d'un confinement de l'air frais.

Une autre étude concerne les impacts climatiques urbains, celle réalisée par Wong *et al.* (2010). Les auteurs utilisent un modèle empirique, Steve, qui repose sur une méthode statistique développée à partir de l'observation longue durée des températures à Singapour. Ils évaluent à l'aide de ce modèle, l'impact climatique de plusieurs scénarios de végétalisation de l'ensemble des bâtiments d'un quartier. Les résultats montrent une réduction maximale de la température minimale de 0,9 °C dans le cas de bâtiments entièrement couverts de végétation. Cet écart est plus faible pour des cas plus réalistes (présence de surfaces vitrées). Il faut cependant noter que cette étude repose sur un modèle à base statistique et utilisable uniquement dans le climat et la ville pour lesquels il a été développé.

Huit systèmes différents de murs végétaux ont fait l'objet d'une investigation expérimentale à Singapour (Wong *et al.*, 2010). En plus des mesures comparatives de température de surface présentées pour chaque système, l'étude met l'accent sur l'impact de murs végétaux sur l'environnement proche. En effet, les mesures de température réalisées à différentes distances des murs végétaux montrent le pouvoir rafraîchissant mesurable jusqu'à 60 cm de ces systèmes.

Une étude expérimentale sur une maquette à échelle 1:10, réalisée à l'université de La Rochelle (Djedjig *et al.*, 2013b), a permis l'étude de l'impact hygrothermique d'un mur végétal sur son environnement immédiat. Plusieurs rues similaires en orientation et rapport de forme sont reproduites. Une rue sans façade ni toiture végétale sert de rue de référence. Les mesures réalisées sur la maquette expérimentale permettent de quantifier l'impact d'un mur végétal installé dans une rue canyon à travers des comparaisons avec la rue de référence (fig. 2.6). L'étude rapporte le potentiel de rafraîchissement du mur végétal qui se traduit, dans la rue comportant une façade végétalisée, par une atténuation de 0,3 °C pour chaque degré Celsius de surchauffe de la rue de référence par rapport à la température météorologique. Autrement dit, quand dans la rue de référence, la température est de 2 °C plus élevée que celle de la station météorologique, dans la rue végétalisée, elle ne l'est que de 1,4 °C. Il est important de noter que si les rues sont à échelle 1:10, la façade, elle n'a pas été réduite, de sorte qu'aux proportions de la rue, elle représente une surface et une épaisseur de feuillage importantes. Le substrat est également relativement épais.

Figure 2.6. Maquette d'une rue canyon avec façade végétale à échelle 1:10 (université de La Rochelle). Photos : E. Bozonnet.

Ces dernières années, un grand nombre d'études des éléments de façade eux-mêmes ont été menées. Elles donnent accès aux températures de surface de ces façades dans des climats différents. Mazzali *et al.* (2013), pour un climat tempéré méditerranéen (Italie) donnent des écarts de température de surface entre surface végétalisée et surface de référence non végétalisée allant jusqu'à 20 °C pour des journées très ensoleillées. Ce sont également les ordres de grandeur obtenus par Chen *et al.* (2013) pour un climat chaud et humide.

Parcs

Potchter *et al.* (2006) ont étudié trois parcs urbains contenant différentes quantités de sols végétalisés et de surfaces arborées, dans la ville de Tel Aviv (Israël), pendant l'été. Ils trouvent que la différence de température d'air au cours de la journée, entre la zone construite et le parc urbain contenant des grands arbres avec une canopée dense, atteint 3,5 °C, alors que dans les parcs avec uniquement de la végétation au sol, la température d'air était parfois plus élevée que dans les zones construites alentour. Sugawara *et al.* (2006) ont mesuré les températures d'air tout au long d'une année à Sinjyuku-Gyoen, un des plus grands parcs de Tokyo (Japon). Ils obtiennent que la moyenne de différence de température entre les zones construites environnantes et le parc, dans la période journalière allant de 9 h à 15 h, est d'environ 1 °C. C'est également cet ordre de grandeur qui est mesuré par Armson (2012) à Manchester dans le parc Whitworth (Royaume-Uni).

Chen-Yi (2012) a étudié le refroidissement de l'air ambiant par un petit parc urbain de 0,5 ha, dans la ville dense de Taipei (Taiwan), en utilisant deux stations de mesure situées dans le parc et sept dans les rues environnantes. La campagne de mesures a été menée pendant la journée et au mois de juin. Les données ont permis de mettre en évidence l'influence importante du petit parc communal sur les températures d'air : dans le parc, elles sont diminuées de 1,5 °C en moyenne et de 6,1 °C au maximum par rapport aux rues voisines. La réduction de température d'air maximale est obtenue pendant la journée. L'étude ne dit pas si l'effet de rafraîchissement est limité au parc ou se propage à ses alentours.

Oliveira *et al.* (2011) se sont intéressés à l'impact climatique d'un jardin de 0,24 ha situé dans le quartier Campo de Ourique dans la partie ouest de Lisbonne (Portugal). L'étude s'articulait autour de l'influence du végétal sur les caractéristiques atmosphériques, notamment sur les températures d'air et les températures radiantes moyennes. Les auteurs ont mené une campagne de mesure *in situ* pendant six jours au total, pendant les étés 2006 et 2007. Les températures mesurées dans le jardin ont été comparées à celles mesurées dans des rues canyons environnantes. Les températures inférieures ont été observées dans le jardin pendant les six jours de mesure. Une différence maximale de 6,2 °C a été observée entre la température d'air du jardin et celle d'une des rues voisines. Les auteurs relèvent que l'écart de température est moins important avec les rues les plus proches du parc. Quant aux températures radiantes moyennes, elles sont plus difficiles à comparer, car entre un point à l'ombre et un point au soleil, un écart de plus de 30 °C est mesuré, de sorte que c'est surtout l'impact de l'ombrage qui est mesuré. Pour des lieux à l'ombre, dans le parc et dans les rues, l'écart varie entre 3 et 5 °C, les températures moyennes radiantes (TMR) maximales étant mesurées dans les rues.

De nombreuses autres études portant sur l'impact climatique de solutions de végétalisation de la ville sont présentées par Bowler *et al.* (2010) qui en ont réalisé une synthèse bibliographique. Ils montrent que les zones vertes ont un effet sur le climat urbain, qui varie fortement en fonction de nombreux paramètres de site et qu'il est difficile de transposer les résultats d'un parc dans une ville avec une forme urbaine spécifique à un autre parc ailleurs, de même d'un climat à un autre.

▸▸ Effet de la configuration spatiale de la végétation

Étudier l'effet des configurations spatiales est difficile sur des formes urbaines réelles et ce sont le plus souvent des formes standard (ou académiques) qui sont analysées : rues canyon ou formes urbaines régulières. Au final, peu de configurations ont été étudiées de manière systématique.

Études de rues

À partir de mesures et de simulations avec le modèle Green CTTC développé par les auteurs Shashua-Bar & Hoffman (2002), Shashua-Bar *et al.* (2010) ont étudié les causes de la variabilité de la distribution de température de l'air dans des rues arborées d'Athènes, situées soit dans la zone péri-urbaine, soit dans le centre ville. Les variables étudiées sont : le taux de couverture de la végétation, la charge de trafic, l'albédo des surfaces, le rapport d'aspect de la rue et sa ventilation.

Les auteurs calculent l'effet de rafraîchissement des arbres en faisant la différence entre la température de l'air calculée dans la rue avec des arbres à leur taux de couverture réel, et celle calculée dans la même rue sans arbre. En centre ville, ils obtiennent des effets maximaux de 2,2 °C, à 15 h (en octobre), dans une rue dont le taux de couverture est de 35 % et un effet minimal de 0,3 °C dans une rue couverte à 22 %. Dans la zone péri-urbaine, en juin, également à 15 h, l'effet de rafraîchissement maximal est de 4,2 °C dans une rue couverte à 67 % et le plus faible de 0,3 °C dans une rue couverte à 8 %. Pour les rues étudiées, la comparaison entre l'effet de rafraîchissement des arbres estimé et le taux de couverture de la canopée montre une corrélation importante. Plus le taux de couverture est important, plus l'effet de rafraîchissement l'est. Cependant, cet effet est également à relier à l'espèce des arbres, à leurs propriétés thermiques et à la géométrie de la rue. La comparaison de rues de taux de couverture similaires et de rapports de forme différents montre que l'effet des arbres diminue avec l'augmentation de l'ouverture de la rue.

Études à l'échelle du quartier

Shashua-Bar & Hoffman (2004) ont dans un premier temps montré que l'influence de la végétation était moins importante dans le cas d'espaces ouverts. Ils ont ensuite étudié trois types de tissus urbains génériques : ceux constitués de parallélépipèdes rectangles (forme dite pavillonnaire), de rues canyon et de cours (Shashua-Bar *et al.*, 2006). Les calculs sont faits à l'aide du modèle Green CTTC, pour l'été dans un climat chaud et humide (proche de la côte méditerranéenne ; Tel-Aviv, 31-32° N). Un grand nombre de configurations ont été simulées, et certaines comparées à des mesures sur site. Le taux de couverture des arbres est soit nul, soit de 70 %. Quelles que soient les formes étudiées, les auteurs trouvent une relation linéaire entre l'effet des arbres et le ratio d'enveloppe. L'effet des arbres est caractérisé par la différence entre la température de l'air dans le quartier avec et sans arbre, à 15 h, moment du pic de température (ΔT). Le ratio d'enveloppe est la surface de sol libre de toute emprise de bâtiment, divisée par la somme de cette surface et de la surface totale de parois verticales du quartier. En caractérisant les formes urbaines par ce ratio, les auteurs trouvent que pour un même ratio, quelle que soit la forme urbaine, l'effet des arbres est similaire et ils proposent la relation suivante :

$$(2)\ \Delta T = (-1,66 - 14,51V)f(1-C)PSA_{TR}$$

où :
- V le ratio d'enveloppe ;
- $(1-f)$ est le coefficient de transmitivité de la canopée ;
- C le coefficient d'échange convectif des arbres ;
- PSA_{TR} le taux de couverture de la végétation.

Études à l'échelle des villes

Ces dernières années, les modèles météorologiques et de canopée urbaine ont été utilisés pour évaluer l'impact de différentes stratégies sur le climat urbain, et notamment du verdissement. Pour la consultation du Grand Pari(s), le groupe Descartes (Descartes, 2009) a évalué une stratégie d'aménagement de la région parisienne basée sur une combinaison de cultures maraîchères, de zones forestières auxquelles s'ajoutaient l'aménagement de lacs et l'utilisation de peintures réfléchissantes en zones périurbaines. Cette stratégie ne touchait que la périphérie de la ville, mais les résultats des simulations ont montré une atténuation de l'ICU sur Paris de l'ordre de 2 à 3 °C. D'autres études, sur Toronto (Bass *et al.*, 2003) et Paris (De Munck, 2013) obtiennent que l'utilisation massive de toitures végétalisées irriguées ainsi que l'arrosage des espaces verts existants engendreraient une diminution de quelques degrés de l'ICU. Ces deux travaux de recherche mettent en évidence que les mêmes taux de verdissement, sans arrosage, n'entraîneraient que de faibles diminutions locales de la température. Par ailleurs, De Munck insiste sur le fait que c'est la végétation au sol, avec des arbres, qui permet une diminution importante des températures dans les rues, au niveau des piétons, alors que les toitures végétales ont peu d'impact à cette hauteur.

Cependant, nous n'avons pas trouvé dans la bibliographie d'étude sur l'impact de la répartition spatiale de la végétation, qui nous permette de statuer sur un intérêt à regrouper la végétation en grandes surfaces ou au contraire à la disperser.

▸▸ Conclusion

La prise en compte du rôle du végétal dans la compréhension du fonctionnement climatique des villes en est à ses débuts. Les phénomènes sont relativement bien compris, mais leur quantification expérimentale est ardue car la source elle-même (la végétation) est difficile à qualifier précisément et il est complexe d'isoler les flux propres à la présence de végétation de ceux liés aux autres composants de la ville.

La modélisation et la simulation amènent des éléments de réponse, mais le système qui devrait être modélisé pour bien représenter la végétation est très complexe car il implique de nombreux phénomènes, qui ont lieu à la surface de la ville, dans l'atmosphère, le sol, les bâtiments… De ce fait, même si de nombreux développements ont été réalisés ces dernières années, en particulier dans le projet VegDUD et dans les modèles Solene-Microclimat, TEB, Arps-canopée, la représentation de la végétation y est encore très partielle.

En gardant bien à l'esprit les hypothèses et limites des modèles, nous avons pu, dans cet état de l'art, dégager un grand nombre de résultats et constater que les ordres de grandeur donnés sont très variables. En effet, de nombreux autres paramètres entrent en jeu, dont ceux du climat et de la forme urbaine, qui viennent moduler les effets de la végétation.

Chapitre 3

Impacts sur la consommation énergétique et le confort dans les bâtiments

Emmanuel Bozonnet

et Rafik Belarbi, Rabah Djedjig, Adrien Gros,
Laurent Malys, Christian Inard, Marjorie Musy

▸▸ Introduction

Le confort thermique à l'intérieur des bâtiments dépend de la conception de leur enveloppe et de leurs usages. Les exigences des occupants en la matière impliquent une demande croissante d'énergie pour alimenter les systèmes de conditionnement des ambiances.

En ville, la situation est complexe, puisque chaque bâtiment est soumis à des conditions microclimatiques particulières liées à son environnement, auxquelles les charges produites par les systèmes de conditionnement participent, en particulier en période estivale.

Les effets du microclimat présentés au chapitre précédent, sont ici analysés du point de vue de leurs impacts sur les consommations d'énergie nécessaires au conditionnement des espaces intérieurs. Ceci nécessite d'étudier les interactions thermiques entre l'environnement extérieur et les ambiances intérieures. Il est nécessaire de distinguer deux échelles d'appréhension, celle du bâtiment et de son enveloppe, et celle du bâtiment dans son environnement. En effet, la végétalisation des enveloppes bâties agit à ces deux échelles : des effets directs, liés à la modification de l'enveloppe, et des effets indirects, induits par la modification de l'environnement plus ou moins proche du bâtiment.

Ces effets ont été étudiés par de nombreux auteurs présentés ici, tant par des moyens expérimentaux que numériques, et à différentes échelles, allant du matériau à la rue et jusqu'au quartier ou à la ville.

▸▸ Les phénomènes physiques en jeu

Les phénomènes physiques impliqués dans le bilan thermique d'un bâtiment sont ceux déjà vus au chapitre précédent. Ce qui différencie le bâtiment de la ville est le principe d'enceinte fermée (aux infiltrations et à la ventilation près) permettant de délimiter facilement un volume sur lequel faire des bilans, la présence de surfaces transparentes et de systèmes permettant de contrôler les ambiances. Il faut cependant préciser que cette notion de contrôle reste toute relative car les usages des bâtiments (ouverture des fenêtres, activités produisant de l'énergie…) viennent perturber ce contrôle. Tout comme leurs usages, les bâtiments réels sont dans les faits très différents des modèles que l'on utilise pour les représenter : ils comportent des défauts de construction (ponts thermiques, défauts d'étanchéité…), liés au vieillissement ou à des modifications faites par les usagers. Les exercices de calcul de consommation énergétique, s'ils tentent de s'approcher de la réalité restent donc très théoriques.

Il est plus aisé, pour expliquer les effets de la végétalisation sur les consommations énergétiques des bâtiments et sur le confort dans les espaces intérieurs, de distinguer effets directs et indirects, même si dans la pratique, ces effets sont difficilement dissociables.

Effets directs

L'enveloppe du bâtiment a pour fonction de protéger les espaces de vie des conditions météorologiques extérieures variables. Des systèmes de contrôle des ambiances, actifs (chauffage, climatisation) ou passifs sont souvent adjoints pour le confort et le bien-être des occupants à l'intérieur.

Les procédés de végétalisation de l'enveloppe du bâtiment, comme l'utilisation de toitures végétalisées extensives ou intensives et l'usage de murs et de façades végétalisés, modifient les caractéristiques thermiques des enveloppes par l'ajout de nouveaux composants, dont la couverture végétale. Cela influe sur une partie des transferts entre l'environnement extérieur et les zones intérieures. Il s'agit là de ce qu'on appelle les effets directs.

Effets indirects

Les effets de la végétation sur la consommation énergétique des bâtiments sont dits indirects lorsqu'elle agit par l'intermédiaire de la modification des variables physiques de l'environnement à l'échelle locale (celle de la rue, du fragment urbain) ou à l'échelle de la ville. Il peut alors s'agir soit de la modification de l'environnement thermo-aéraulique, soit de l'environnement thermo-radiatif, avec lequel le bâtiment est en contact, par exemple par la modification des caractéristiques radiatives des façades avoisinantes.

Du point de vue du bâtiment, les interactions avec l'extérieur se font soit par l'intermédiaire du bilan thermique sur les surfaces extérieures de l'enveloppe, soit par l'apport d'air neuf par le système de ventilation ou par les fuites de l'enveloppe.

Effets radiatifs

Si on veut prendre en compte les caractéristiques radiatives des surfaces de la scène qui peuvent être modifiées par la présence de la végétation, il faut considérer les réflexions multiples auxquelles les rayons sont soumis au sein de la scène urbaine.

Le rayonnement solaire auquel est soumise une surface urbaine dépend donc de ses caractéristiques solaires mais également de celles de toutes les surfaces en vis-à-vis. L'approche est la même en ce qui concerne le rayonnement infrarouge sauf que chaque surface est également émettrice et que ce flux émis est fonction de la température de surface.

Les impacts des échanges thermoradiatifs sont d'autant plus importants que le tissu urbain est dense. De la même manière, les surfaces qui vont avoir un effet prépondérant sont celles dont la visibilité avec le bâtiment étudié est la plus importante, c'est-à-dire les façades en vis-à-vis et les sols. Du fait de leur faible visibilité avec la scène urbaine, les toitures végétalisées ont donc peu d'effets indirects par rayonnement. Leur action indirecte concerne donc principalement les effets convectifs, sauf pour des toitures de faible altitude, entourées de bâtiments, qui sont en outre celles pour lesquelles la végétalisation représente le plus de bénéfices esthétiques.

Effets convectifs

La modification des effets convectifs concerne les échanges à la surface des parois, la ventilation et les infiltrations. Les modifications influentes sont donc celles de la vitesse de l'air, de sa température et de son humidité.

Pour le rayonnement, les surfaces environnantes qui influent sur la thermique d'un bâtiment étant celles directement visibles par ce bâtiment, l'échelle à prendre en compte est celle du fragment urbain. S'agissant de la modification locale de la vitesse, l'humidité ou la température de l'air, on est confronté à un cumul d'effets à différentes échelles, tel qu'abordé au chapitre précédent.

Le vent favorise les échanges convectifs sur les surfaces extérieures de l'enveloppe. Un des effets indirects des arbres sur la consommation énergétique des bâtiments est dû à la diminution de la vitesse de l'air à proximité des parois.

De même, la présence d'un grand nombre de surfaces végétales plus fraîches que les surfaces minérales conduit à réduire l'échauffement de l'air lors des échanges avec les surfaces. Ainsi, la température de l'air environnant des bâtiments, qui est la sollicitation convective au niveau des parois et qui conditionne les apports ou pertes de chaleur par ventilation, est globalement plus faible.

La présence importante de végétation dans une ville, puis autour des bâtiments, peut également provoquer une augmentation locale de l'hygrométrie. Dans le cas de bâtiments climatisés, les charges de climatisation pour la déshumidification peuvent alors être accrues.

▸▸ Approches expérimentales

Tout comme à l'échelle de la ville, la mesure et l'analyse du comportement thermique d'un bâtiment sont complexes, tant en raison de sa nature composite qu'en raison des usages qu'il accueille.

S'agissant de l'impact direct de la végétation, une approche simplifiée est proposée par l'étude des éléments de parois indépendamment de leur support bâti, ou par l'étude des transferts dans une paroi en présence de la façade ou de la toiture végétalisée. Un bâtiment peut également être partiellement recouvert de végétation et les résultats dans les pièces avec et sans écran végétal comparés. Les études à plus grande échelle sont difficiles à mener car il est peu probable de trouver dans un quartier des bâtiments identiques, y compris dans leur usage, mais avec des environnements végétaux différents. C'est pour cela que des modèles à échelle réduite ont été mis en place, permettant de reproduire des rues, avec des volumes bâtis simplifiés qui font l'objet de mesures thermiques.

Il est difficile de séparer les différents processus de transfert pour une analyse plus fine des impacts afin de séparer les effets radiatifs et convectifs, les effets directs et indirects.

▸▸ Modélisation et simulation des impacts thermiques

La modélisation du comportement thermique des bâtiments est réalisée différemment en fonction de l'échelle concernée. On retrouve ainsi trois familles d'approches correspondant à trois échelles (Bozonnet *et al.*, 2013) :

– à l'échelle du bâtiment, les approches sont basées sur son « isolement » et des bilans de masse et de chaleur en sont réalisés afin d'évaluer soit la quantité d'énergie nécessaire pour obtenir une température de confort imposée, soit la température dans les différents espaces du bâtiment. C'est sur cette approche que reposent un très grand nombre de modèles dont TRNSYS (http://www.trnsys.com/), Comfie (http://www.izuba.fr/logiciel/comfie) et EnergyPlus (http://www.eere.energy.gov/buildings/energyplus) ;

– à l'échelle du bâtiment et de son environnement proche, on étudie également la zone autour qui a une influence sur sa consommation d'énergie (Sanchez de la Flor & Dominguez, 2004 ; Bozonnet, 2005 ; Bouyer *et al.*, 2011) ;

– à l'échelle du quartier, il s'agit par exemple d'évaluer l'impact de politiques urbaines sur sa consommation énergétique (Robinson *et al.*, 2007 et 2009).

Simulation du comportement énergétique du bâtiment

S'agissant d'évaluer l'impact direct de toitures ou façades végétales sur des bâtiments, l'adjonction de modèles de parois spécifiques aux modèles dédiés à l'étude du comportement énergétique des bâtiments est possible. Pour l'évaluation de l'impact direct d'arbres, ce sont en général les sollicitations climatiques qui sont modifiées dans ces modèles, afin de représenter l'effet de masque solaire et la modification des coefficients de convection liée à la réduction de la vitesse du vent.

Il est cependant important de noter que dans ces outils, le plus souvent, les conditions météorologiques utilisées pour l'estimation de la consommation énergétique des bâtiments proviennent de données statistiques annuelles, issues de stations météorologiques généralement situées à l'écart des villes. Les conditions aux limites sont alors homogènes sur toute l'enveloppe du bâtiment et ignorent la particularité de l'environnement urbain proche. Les impacts indirects de l'aménagement sont assez difficiles à prendre en compte dans ces conditions, sauf à considérer les modifications des conditions climatiques proches dues à la situation géographique du bâtiment étudié, par exemple à partir de résultats issus de modèles climatiques à méso-échelle qui permettent d'évaluer l'ICU. Cette approche est adaptée à l'étude des effets indirects des dispositifs utilisés à grandes échelles, par exemple les parcs urbains ou l'utilisation systématique de toitures végétales. Les conditions aux limites restent cependant homogènes, ce qui ne permet pas d'estimer l'impact de dispositifs particuliers adaptés à la disposition urbaine locale. De plus, les interactions entre le bâtiment et l'environnement ne sont toujours pas prises en compte.

La représentation de modules de végétalisation (toitures ou façades) nécessite de modéliser les différents phénomènes de transferts dont l'intensité dépend en plus des conditions météorologiques, des propriétés thermophysiques de ces modules. Selon le moyen de végétalisation utilisé, il s'agit des propriétés thermiques et radiatives de la végétation, des propriétés du substrat de culture et/ou du support de fixation. Par ailleurs, certaines propriétés varient en fonction de la teneur en eau du substrat qui dépend à son tour des précipitations et éventuellement des cycles d'arrosage, mais aussi des plantes qu'il nourrit. Tous ces phénomènes sont liés aux conditions météorologiques propres à l'emplacement géographique.

Plusieurs publications scientifiques traitent de la modélisation d'enveloppes végétales. Il s'agit notamment d'établir un bilan énergétique pour chaque composant de la paroi végétalisée. Celle-ci est souvent décomposée en deux parties : le substrat et la végétation. Les modèles existants diffèrent cependant les uns des autres par l'approche de modélisation et leurs hypothèses :
— certains considèrent l'air dans la canopée végétale comme une zone thermique à part entière et d'autres l'approchent comme un mélange d'air à proportions constantes aux températures du feuillage, du substrat et de l'air ambiant ;
— d'autres focalisent toute la modélisation sur la transmitivité du couvert végétal, d'autres le considèrent complètement opaque au rayonnement solaire.

Le tableau 3.1 récapitule les principaux modèles d'enveloppes végétales disponibles, principalement pour des toitures végétalisées.

L'intégration de ces modèles s'est faite dans différents codes de simulation de la thermique du bâtiment. Une version très simple de végétalisation de façade a été proposée par Niachou *et al.* (2001) dans TRNSYS, celle-ci a été suivie par d'autres (Niachou *et al.*, 2001 ; Djedjig *et al.*, 2012 ; Kotsiris *et al.*, 2012 ; Djedjig *et al.*, 2013b). Sailor (2008) a intégré son modèle dans l'outil de simulation EnergyPlus. Ces outils permettent d'évaluer l'incidence de la végétalisation sur les besoins énergétiques de chauffage et de climatisation, indépendamment des conditions microclimatiques de l'environnement urbain. Pourtant dans certaines villes denses, le confinement aéraulique des rues et leur faible facteur de vue du ciel, en plus des sources thermiques anthropiques, rendent peu précise l'utilisation de données météorologiques standard pour simuler les sollicitations externes du bâtiment.

Simulation du comportement thermique du bâtiment dans son environnement

Afin d'estimer l'effet indirect de dispositifs à l'échelle locale, il est nécessaire d'utiliser des modèles couplés qui font appel à la fois à la thermique du bâtiment et à la modélisation du microclimat. Cela peut se faire à l'aide d'outils intégrés ou bien en utilisant plusieurs modèles en interaction les uns avec les autres. Malys (2012) classe les modèles existants en trois familles suivant qu'ils sont issus de modèles atmosphériques (Envi-Met), de modèles radiatifs (Dart-EB, CitySim) ou de modèles paramétriques (TEB). Chacun de ces modèles a ses limites, notamment en ce qui concerne la représentation de la végétation.

Bouyer (2009) a intégré un modèle thermique de bâtiment multizone dans l'outil de simulation microclimatique Solene-Microclimat, qui consiste en un couplage entre un logiciel de simulation thermoradiative (Solene) et un logiciel de mécanique des fluides numérique (Code_saturne). Cet outil prend en compte les effets thermoradiatifs et aérauliques des arbres et des sols enherbés. Malys (2012) y a ajouté un modèle d'enveloppe végétale couplé au modèle nodal de bâtiment, qui peut être utilisé pour étudier les impacts directs et indirects des façades et des toitures végétales (fig. 3.1).

Ce modèle a été mis au point à partir des données expérimentales de trois façades végétales instrumentées sur le toit de l'Hepia à Genève (fig. 3.2).

Tableau 3.1. Principaux modèles d'enveloppes végétalisées.

Référence	Description
Del Barrio, 1998	Le modèle décrit le couvert végétal par 3 variables : température du feuillage, température et humidité de l'air interfoliaire. La végétation, d'inertie thermique non négligeable, est considérée comme une couche semi-transparente au rayonnement solaire. L'étude paramétrique présentée dans l'article fixe la température et la teneur en eau du substrat.
Stec *et al.*, 2005	Il s'agit d'un modèle nodal pour la simulation de la performance d'un mur trombe contenant de la végétation. Les simulations sont réalisées à l'aide de Simulink™ et les résultats numériques sont comparés à des mesures au laboratoire.
Alexandri & Jones, 2007	Le modèle considère que les flux verticaux de chaleur et d'humidité sont proportionnels aux différences verticales de température et d'humidité dans la canopée végétale. Ainsi, le couvert végétal dont l'homogénéité spatiale n'est qu'horizontale, est discrétisé selon la verticale. Précipitations et irrigation ne sont pas prises en compte. Le modèle est validé par des mesures expérimentales.
Frankenstein & Koenig, 2004 ; Sailor, 2008	Le modèle considère le couvert végétal comme une couche complètement opaque au rayonnement, dont l'inertie thermique est négligeable. Les échanges hygrothermiques au niveau du feuillage et du substrat sont exprimés en fonction de leurs différences de température et d'humidité par rapport à l'air dans la canopée végétale. Le modèle de conduction dans le substrat n'est pas détaillé et son inertie thermique est négligée. Le modèle a été intégré dans EnergyPlus et des résultats numériques ont été comparés à des données expérimentales.
Feng *et al.*, 2010	Le modèle établit un bilan énergétique global pour toute la toiture végétale. Le calcul est alimenté par la température du feuillage mesurée à l'aide d'un thermocouple. La photosynthèse n'est pas négligée et compte pour près de 10 % de l'énergie solaire absorbée.

He & Jim, 2010	Il s'agit d'un modèle d'efficacité d'ombrage pour le couvert végétal et son utilisation dans le bilan énergétique d'une toiture végétalisée, pour l'analyse des flux, conjointement avec la méthode du rapport de Bowen basée sur des mesures expérimentales réalisées *in situ*.
Ouldboukhitine *et al.*, 2011	Basé sur Sailor (2008), avec prise en considération des effets de transferts hydriques sur la conductivité thermique du substrat, le modèle néglige l'inertie thermique et corrige, *via* des données de pesées d'échantillons particuliers, l'équation de Penman Monteith, utilisée pour modéliser l'évapotranspiration.
Tabares-Velasco & Srebric 2012	Il s'agit d'un modèle stationnaire, établi sur la base d'observations expérimentales en laboratoire, obtenues sur un module de toiture végétalisée. L'article propose de nouvelles relations qui pourraient être utilisées dans la modélisation des enveloppes végétalisées.
Djedjig *et al.*, 2012	Le modèle a été développé dans le cadre du projet VegDUD. Il considère le couvert végétal comme une couche semi-transparente au rayonnement solaire. L'inertie thermique de l'ensemble de la paroi végétalisée est prise en compte et les transferts de masse et de chaleur sont fortement couplés. L'article présente une validation expérimentale des résultats numériques des évolutions journalières de la température et de la teneur en eau dans le substrat.

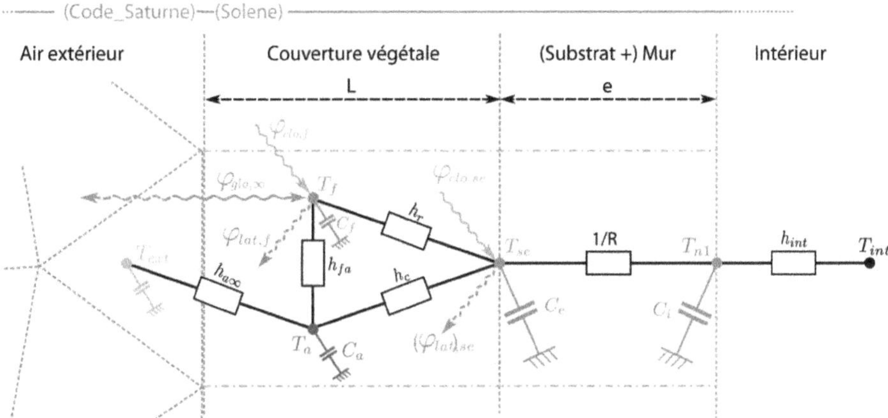

Figure 3.1. Modélisation de la façade végétale dans le modèle Solene-Microclimat. Source : Malys *et al.* (2014), avec la permission d'Elsevier.

Figure 3.2. Éléments de façade expérimentés sur le toit de l'Hepia (Genève). Source : Malys *et al.* (2014), avec la permission d'Elsevier.

Alexandri & Jones (2008) utilisent le modèle décrit dans le tableau 3.1 pour simuler l'impact thermique de la végétalisation des trois facettes d'une rue canyon. Le modèle a été mis en œuvre conjointement avec Ecotect pour les calculs radiatifs et un code CFD (*Computational Fluid Dynamics*, pour WinAir 4) pour la simulation du transport aéraulique. Le calcul des impacts énergétiques se fait par l'utilisation d'un coefficient de transfert et un calcul stationnaire. Il n'y a pas de réel bilan énergétique des bâtiments.

Simulation du comportement énergétique d'un parc de bâtiments

Quand il s'agit d'évaluer la consommation énergétique d'un quartier, il est difficile de réaliser des simulations de thermique dynamique d'un grand nombre de bâtiments sur des périodes temporelles longues (année, périodes de chauffe), ceci pour des raisons de disponibilité des données (usages, composition du bâti) et de capacité de calcul. On peut classer les approches d'évaluation de la consommation énergétique à l'échelle du quartier en trois familles : les modèles statistiques, les modèles paramétriques et les modèles thermiques.

Les premiers consistent à estimer les consommations des bâtiments à partir de typologies et de bases de données dans des outils de types SIG (système d'information géographique). Les estimations sont éventuellement modifiées pour prendre en compte des paramètres locaux comme les effets d'ICU, mais cela est rarement fait. De même, la prise en compte des effets directs et indirects de la végétation dans ces modèles n'est pas encore réalisée.

Les modèles de la seconde famille sont basés sur la réalisation d'analyses de sensibilité des consommations énergétiques aux variations des données d'entrées, avec des modèles de thermique détaillés. Celles-ci permettent de cibler les données sources indispensables à une modélisation simplifiée correcte. Le calcul des consommations peut alors être fait à l'aide de modèles simplifiés, basés sur ces données d'entrées. Pour le moment, ce sont essentiellement les paramètres du bâti dont la sensibilité a été testée et de telles études n'ont pas été réalisées pour l'impact de la végétation. Si la prise en compte d'un environnement végétal s'avérait indispensable pour une bonne évaluation des consommations énergétiques des bâtiments en ville, on pourrait alors voir apparaître dans ces données des caractéristiques de la végétalisation soit du bâtiment, soit de la ville, afin de prendre en compte effets directs et indirects.

Les modèles de thermique dynamique sont basés sur une modélisation simplifiée du comportement thermo-aéraulique des bâtiments. Dans le cas de CitySim (Robinson *et al.*, 2009), la modélisation thermique est soit monozone soit multizone. Ce qui distingue ce modèle des modèles dédiés à l'évaluation du confort et de la consommation énergétique d'un bâtiment, c'est la globalisation de l'ensemble des vitrages d'une part et des parois opaques d'autre part, alors que les modèles thermiques classiques décomposent généralement une enceinte en plusieurs faces correspondant aux différentes orientations.

Gros (2013) propose également une approche simplifiée de la thermique des bâtiments, qu'il couple avec une représentation des conditions climatiques. Le modèle développé lui permet d'estimer l'impact indirect des surfaces végétales.

D'autres approches de modélisation proposent de croiser approches statistiques et approches physiques (cf. état de l'art de Swan & Ugursal, 2009 ; Kavgic *et al.*, 2010). Il s'agit d'un compromis de simplification du modèle thermique en fonction de la disponibilité de l'information sur le bâti et ses usages. Pour renseigner ces paramètres, différents types de données sont croisés : enquêtes, relevés sur le quartier... Ces croisements sont facilités par les SIG (Gasden *et al.*, 2003 ; Heiple & Sailor, 2008). Les bâtiments sont alors classés en fonction des paramètres retenus. La discrétisation typologique repose sur la définition de classes de bâtiments aux comportements thermiques assimilés comme semblables (Graulière, 2007), en général basées sur des périodes de construction (les réglementations thermiques locales peuvent être les bornes de ces classes), les modes constructifs et les usages. La principale difficulté de la connaissance de la composition des bâtiments et de ses usages est ainsi contournée par la mise en place des typologies. Reste cependant à les établir pour chaque site, car elles sont difficilement transposables d'une région (voire d'une ville) à l'autre, notamment pour des périodes de construction antérieures à l'industrialisation du bâti et aux réglementations thermiques. Les formes des constructions et surtout les matériaux utilisés sont souvent liés à des pratiques et productions locales. Pour le moment, ces modèles ne prennent pas en compte les effets de la végétation.

Représentation de la végétation dans les modèles

À l'échelle du bâtiment, une représentation géométrique fine de la végétation reste peu envisageable et, en général, façades et toitures sont représentées par des caractéristiques moyennes qui tiennent compte, au mieux, de la densité et de l'arrangement du feuillage.

Les caractéristiques les plus importantes à prendre en compte, s'agissant de l'impact énergétique de la végétation, sont les paramètres de transmission, d'absorption et de réflexion de l'ensoleillement. Malys (2012) fait un état de l'art des valeurs de transmitivité mesurées et utilisées pour les couvertures végétales (façades et toitures). Celles-ci varient entre 0 et 50 %. La difficulté est que cette transmitivité varie fortement d'une saison à l'autre. Il souligne par ailleurs, que ces caractéristiques sont directement liées à la densité foliaire du couvert et que l'on trouve ainsi des relations avec le LAI (*Leaf Area Index*), sous forme de loi d'extinction.

L'autre paramètre important n'est pas directement lié à la géométrie, il s'agit de l'état hydrique des plantes, et par extension de leur support, comme le montre De Munck (2013).

▸▸ Les effets de différents types de végétation

Arbres

Les arbres agissent sur la consommation énergétique des bâtiments par plusieurs mécanismes. L'hiver, ils ont l'intérêt de limiter les vitesses de vent à proximité des parois et de ce fait, les flux convectifs et les infiltrations d'air. Ils font également obstacle à la vue du ciel et donc réduisent les pertes de chaleur par rayonnement de grandes longueurs d'onde. Ils réduisent également les apports solaires s'ils sont plantés devant les parois vitrées, ce qui est négatif en hiver mais favorable en été. Le bilan global, à chaque saison, dépendra de la manière dont pertes et gains s'équilibrent (Akbari, 2002). Ces impacts ont été étudiés par de nombreux auteurs.

Pour évaluer l'impact lié à l'effet de brise-vent, Liu & Harris (2008) commencent par reposer la problématique du calcul du coefficient de transfert de chaleur par convection, qui peut être calculé à partir de la vitesse du vent en un point de référence. Suite à une étude expérimentale, ils proposent des lois pour le calcul de ce coefficient pour les faces et toitures au vent et sous le vent. Ils simulent un bâtiment, dans la direction des vents dominants, protégé par une rangée d'arbres avec des arbustes à leurs pieds, d'une porosité d'ensemble de 40 %. Ces arbres sont plantés à une distance de la façade égale à 5 fois leur hauteur (cette distance permet de réduire les masques solaires et lumineux), qui est 1,2 fois la hauteur du bâtiment. Quand le vent vient perpendiculairement à la rangée d'arbres, les auteurs supposent que l'effet de réduction de sa vitesse atteint 60 % ; cette réduction décroît quand l'orientation du vent s'éloigne de la normale de l'écran. Le bâtiment étudié est un bâtiment de bureaux, très vitré (46 % de la façade), ventilé naturellement et peu partitionné, situé à Édimbourg (Royaume-Uni). La perméabilité du bâtiment étant assez élevée, les simulations conduisent à montrer que l'effet brise-vent permet une réduction de 18 % des pertes de chaleur par infiltrations, et de 8 % de celles par convection sur les parois vitrées.

En utilisant les résultats du modèle Steve, qui permet une approche microclimatique à l'échelle du quartier, dans l'outil TAS, utilisé pour le bilan thermique d'un bâtiment, Wong *et al.* (2011) simulent, entre autres cas, celui d'un bâtiment avec un environnement dont ils font varier le *Green Plot Ratio* (Ong, 2003) en augmentant le nombre d'arbres. Ils obtiennent ainsi une réduction de la consommation énergétique d'été du bâtiment étudié allant jusqu'à 6 %. Notons que ce bâtiment n'est pas isolé, donc sensible aux modifications de l'environnement.

Pour évaluer l'effet de l'ombrage des arbres sur les consommations électriques d'été de 460 maisons individuelles à Sacramento, en Californie, Donovan & Butry (2009) ont analysé les factures des propriétaires. Ils montrent que si l'effet d'ombrage est bénéfique pour les arbres plantés au sud et à l'ouest des maisons, ceux plantés au nord augmentent les consommations d'électricité en été. D'autres analyses à grandes échelles ont également été réalisées à l'aide de modèles statistiques (Akbari, 2002 ; Pandit & Laband, 2010).

Toits végétalisés

Une toiture végétalisée est constituée, depuis la sous-face :
— d'une membrane d'étanchéité qui empêche le transfert d'eau liquide ou de vapeur dans la structure portante du toit ;
— d'une couche de drainage qui permet la rétention d'une partie d'eau et l'évacuation du surplus lors de fortes précipitations ;
— d'un filtre qui permet d'empêcher la pénétration des racines et du substrat dans la couche de drainage et d'éviter la détérioration de la membrane d'étanchéité ;

– éventuellement d'une couche de laine de roche pour améliorer la rétention d'eau ;

– enfin, d'une couche de substrat allant de 4 à 15 cm qui constitue le milieu de plantation et accueille la végétation.

Ces différents éléments ont tous des effets thermiques plus ou moins importants. La couche de drainage, formée principalement de poches d'air inter-communicantes, constitue un bon isolant thermique et le rajout éventuel de laine de roche augmente l'inertie thermique en plus de la capacité de rétention hydrique (Jim & Tsang, 2011). La figure 3.3 illustre les principaux modes de transfert thermique au sein d'un élément de toiture végétalisée. Le feuillage réfléchit une partie de l'éclairement solaire reçu par la surface végétalisée. Si la végétation est dense, la quasi-totalité du rayonnement solaire non réfléchi est absorbée par le tissu foliaire. Dans le cas contraire, une part de cette énergie atteint la surface du substrat et y est partiellement absorbée. L'atténuation du rayonnement traversant le couvert végétal est souvent supposée suivre la loi de Beer-Lambert (Kasanga & Monsi, 1954 ; Marshall & Willey, 1983). Une partie de cette atténuation résulte du processus de la photosynthèse qui consomme une fraction du rayonnement photosynthétiquement actif (PAR) dont la longueur d'onde s'étend dans la gamme 400-700 nm. Lorsque le taux de chlorophylle est faible, la réflectivité peut largement dépasser les valeurs généralement utilisées pour les surfaces végétales idéalisées (Guyot, 1999). Les propriétés radiatives d'une feuille — sa réflectivité spectrale ($\rho\lambda$), sa transmitivité spectrale ($\tau\lambda$) ainsi que son absorptivité spectrale ($\alpha\lambda$) — dépendent, en plus de la longueur d'onde, de ses caractéristiques chimiques et structurales. Par ailleurs, la disposition relative de l'ensemble des feuilles agit sur la réflectivité apparente de la canopée végétale (Jones & Vaughan, 2010).

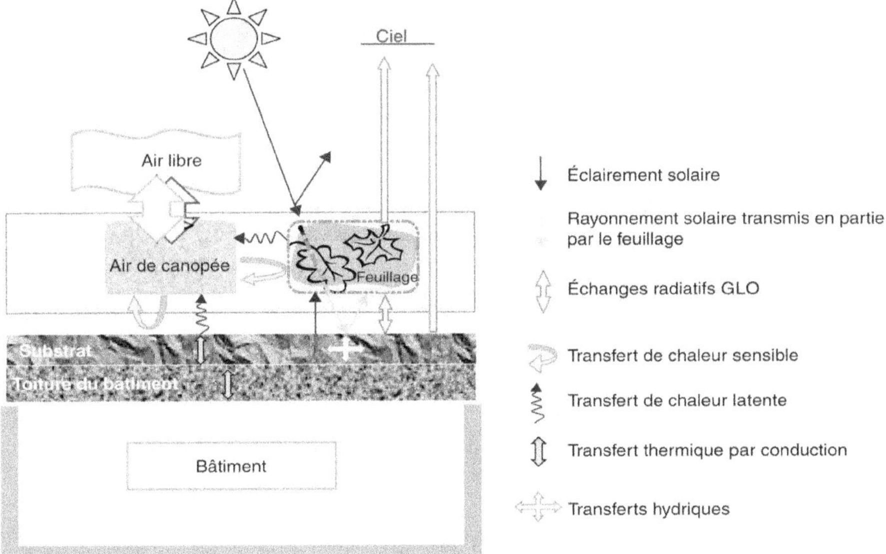

Figure 3.3. Les modes de transfert thermique et hydrique dans une paroi végétalisée. Source : R. Djedjig.

Les différences de température entre les feuilles, le substrat et l'atmosphère induisent un transfert radiatif de grandes longueurs d'onde (GLO) entre le feuillage et le ciel, entre le feuillage et le substrat, et entre le substrat et le ciel. D'autre part, l'écoulement de l'air au-dessus de la paroi végétalisée accentue les transferts convectifs induits par ces différences de températures à l'interface foliaire et à la surface du substrat. Conjointement, le déficit en pression de vapeur dans l'air, par rapport aux valeurs saturantes dans le tissu foliaire et dans le substrat, entraîne l'évaporation de l'eau contenue dans les pores du substrat et la transpiration par les stomates. Cette dernière est d'autant plus importante que les gains énergétiques, majoritairement solaires, sont importants. D'autres processus, liés aux effets thermiques des microorganismes du sol et au métabolisme des plantes, moins importants, sont souvent négligés. Parmi ces processus, la photosynthèse est l'effet le plus significatif d'après Feng *et al.* (2010). En résumé, la couche de substrat procure à la paroi une résistance et une inertie thermiques supplémentaires. Le feuillage ombrage la paroi et sa température reste voisine de celle de l'air ambiant. Elle dépend de l'intensité de la transpiration végétale en plus de l'écoulement d'air. Du fait de son opacité au rayonnement GLO, le feuillage réduit aussi les déperditions thermiques des parois vers des surfaces de température plus faibles, dont le ciel.

On observe, en été, pour la végétalisation d'une toiture que les transferts thermiques à la surface extérieure sont réduits. Par conséquent, les pics de température en surface sont réduits, et l'amplitude du flux thermique traversant est diminuée. Les résultats et conclusions de plusieurs études expérimentales ont été publiés par de nombreux chercheurs depuis le début des années 2000 : Niachou *et al.* (2001), Onmura *et al.* (2001), Wong *et al.* (2003a et b), Santamouris *et al.* (2007), Fioretti *et al.* (2010), Lin & Lin (2011). Des mesures de thermographie infrarouge ont montré que la température de surface dépend fortement du type et de la couleur de la végétation utilisée, en plus du niveau d'isolation de la structure portante (Niachou *et al.*, 2001). Le grand avantage des toitures végétales, tel que le soulignent Santamouris *et al.* (2007), est qu'elles réduisent les besoins de climatisation en été sans augmenter les besoins de chauffage en hiver. Ils obtiennent dans cette étude que la charge de climatisation a été abaissée de 6-49 % dans une école maternelle à Athènes, notamment au dernier étage. Les figures 3.4 et 3.5 sont deux photographies prises par thermographie infrarouge sur des bâtiments localisés à Athènes. On y identifie les surfaces végétalisées par leur basse température par rapport à l'environnement proche. Les différences de température entre les variétés d'espèces végétales, le substrat et la toiture gravillonnée y sont mises en évidence.

La réduction de température de surface du toit peut atteindre 30 °C, au niveau de la membrane d'étanchéité par l'application de modules de toitures végétalisées, selon les résultats d'une campagne expérimentale qui a eu lieu au Japon en 1991 (Onmura *et al.*, 2001), confirmés par une étude expérimentale réalisée en Estonie entre juin 2004 et avril 2005 (Teemusk & Mander, 2009).

Liu (2003) détaille l'évolution journalière des températures des différents constituants d'une toiture végétale et des flux traversant ces constituants. Il montre que la réduction de la température au cours de la journée est suivie par une température légèrement plus haute durant la nuit. Ceci peut être expliqué par le fait que la couche foliaire limite par son opacité les déperditions nocturnes par rayonnement GLO. Le flux traversant la toiture est aussi bien réduit au cours de la journée (gains thermiques) qu'au cours de la nuit (déperditions thermiques). La baisse des gains est cependant plus marquée que la réduction des déperditions. Ceci est dû à l'évapotranspiration et aux effets d'ombrage qui opèrent plus le jour que la nuit. Les couches supplémentaires des modules de végétalisation permettent donc d'atténuer l'amplitude des variations diurnes de la température et du flux dans la partie végétalisée de l'enveloppe du bâtiment. Ceci a pour conséquence la baisse des besoins énergétiques de climatisation en été, en plus de l'allongement de la durée de vie des membranes d'étanchéité et de la protection de la structure portante du toit.

L'impact de la végétalisation du toit sur les besoins énergétiques et le confort des occupants est moins important lorsque la surface représentée par le toit par rapport à l'enveloppe totale du bâtiment est faible. Les simulations numériques présentées dans Martens *et al.* (2008) montrent que l'effet du toit végétalisé sur l'ensemble du bâtiment est plutôt faible dans des immeubles multi-étages et qu'il n'est ressenti qu'au dernier étage. Pour de tels bâtiments, la végétalisation des façades conduirait à de plus forts impacts thermiques. D'autant plus que, selon la position géographique et l'orientation, le flux thermique mesuré sur une façade d'un bâtiment peut dépasser le flux thermique mesuré sur son toit (Cheng *et al.*, 2010). Les impacts seront également plus faibles dans le cas de toitures déjà fortement isolées sous le substrat.

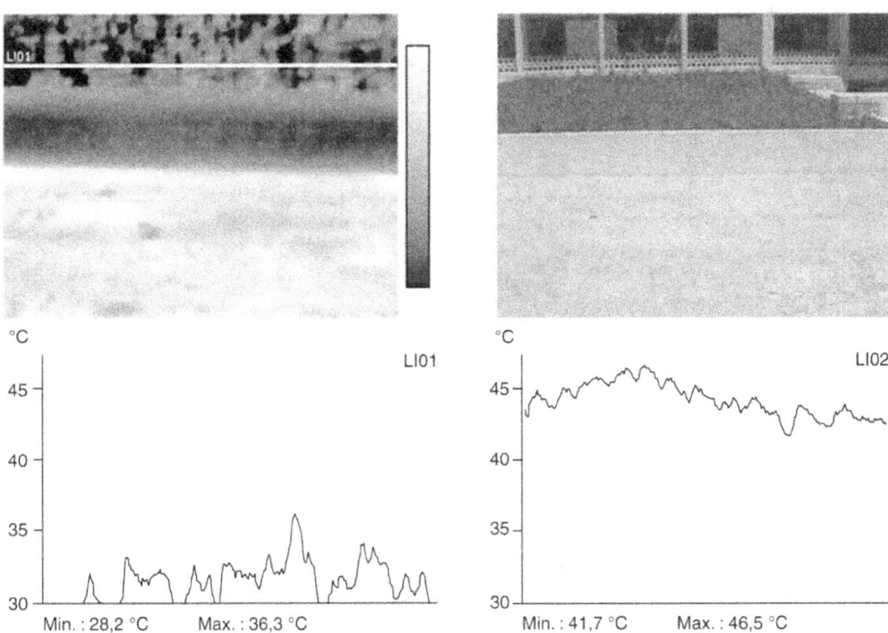

Figure 3.4. Températures des deux parties d'une toiture minérale et végétalisée. Source : Niachou *et al.* (2001), avec la permission d'Elsevier.

Photographies dans le visible (**à dr.**) et l'infrarouge (**à g.**) de deux parties d'une toiture minérale (en haut de la photo) et végétalisée (en bas de la photo). Les graphiques représentent les températures de surface le long d'une ligne horizontale sur la toiture végétale (**à g.**) ou sur la partie de toiture sans couverture végétale (**à dr.**). Il s'agit d'un bâtiment non isolé.

Figure 3.5. Température d'une toiture végétalisée. Source : photos de décembre 2002, Santamouris *et al.* (2007), avec la permission d'Elsevier.

Photographies dans le visible (**en bas**) et l'infrarouge (**en haut**) de deux parties d'une toiture partiellement végétalisée.

Ce sont essentiellement les effets directs des toitures végétales qui sont étudiés car peu de modèles permettent d'obtenir en même temps les effets directs et indirects. De Munck (2013) obtient, sur la ville de Paris, une réduction de consommation de climatisation de 12 % sur une semaine de canicule similaire à celle de 2003, par l'adjonction de toitures végétales irriguées sur tous les toits qui le permettent. L'économie dans le cas de toitures non irriguées est beaucoup plus faible (4 %). Il s'agit dans ces simulations de la somme des effets directs et indirects. Cependant, la réduction de la température d'air par la présence de toiture étant très limitée (0,5 °C dans les rues), on peut supposer que les effets indirects à part entière sont très faibles.

Façades végétales

Les façades végétales peuvent comporter, en plus d'une couche de végétation, une lame d'air et/ou une couche de substrat. Les plantes grimpantes peuvent s'ancrer directement sur le mur considéré ou s'accrocher à des supports en grilles métalliques parallèles et peu distantes des façades. Les systèmes de murs vivants requièrent un arrosage régulier sous réserve de sécheresse entraînant la mort de la végétation. Le substrat est souvent d'origine organique, il peut être collé au mur sur une membrane d'étanchéité ou fixé sur un support métallique.

L'étude du comportement thermique et hydrique de murs végétaux doit prendre en compte d'autres aspects liés à la forme des bâtiments et à la morphologie urbaine. L'orientation des façades modifie l'ampleur des effets énergétiques de la végétalisation, dès lors que l'intensité des sollicitations météorologiques, notamment l'éclairement solaire et le vent, en dépend. Les façades orientées vers l'est et l'ouest sont respectivement plus éclairées avant et après midi. Les façades sud reçoivent, en hémisphère nord, le maximum journalier d'éclairement solaire, en particulier en hiver. Par conséquent, il est prévisible que la végétalisation d'une façade orientée vers le nord conduirait, de par son éclairement solaire limité, aux plus faibles incidences thermiques (Kontoleon & Eumorfopoulou, 2010). Selon la hauteur du mur, la façade doit être arrosée à différentes hauteurs, afin d'assurer au mieux l'homogénéité spatiale de la teneur en eau au cours du temps, et d'assurer le minimum d'humidité requis dans le substrat pour la survie de la végétation. En effet, l'eau s'écoule rapidement vers le bas sous l'effet de la gravité, dès que la capacité maximale de rétention est atteinte (Djedjig *et al.*, 2013a).

Une étude expérimentale réalisée à Hong Kong (Chine), sur un revêtement végétal composé d'un milieu hydroponique en laine de roche avec plantation de graminées, montre que la gravité joue un rôle important sur la distribution verticale de teneur en eau dans le substrat, dont les panneaux inférieurs sont deux fois plus humides que ceux d'en haut (Cheng *et al.*, 2010). L'étude établit par ailleurs des relations linéaires entre, d'une part la différence de température entre le substrat et l'air ambiant, et d'autre part le taux de couverture végétale et la teneur en eau du substrat.

Ainsi, les mécanismes de transfert de masse et de chaleur à prendre en compte dans les façades végétalisées sont relativement complexes. Par rapport aux études sur les toitures végétalisées, celles traitant des façades végétales sont peu nombreuses.

Les effets thermiques des plantes grimpantes ont fait l'objet de suivis expérimentaux sur des bâtiments réels en Grèce. Des mesures de température ont été réalisées sur une paroi orientée vers l'ouest et partiellement recouverte de plantes grimpantes (Tsoumarakis *et al.*, 2008). Elles montrent que la couverture végétale réduit les pics de température. L'expérimentation présentée par Eumorfopoulou & Kontoleon (2009), concerne l'étude d'un bâtiment de cinq étages dont les trois premiers niveaux de la façade orientée vers l'est sont partiellement recouverts de végétation. La baisse des pics de température enregistrée sur la face extérieure de la façade végétalisée est d'environ 5 °C, tandis qu'une différence d'environ 1 °C est relevée sur la face intérieure. La baisse de l'amplitude des fluctuations est accompagnée par une réduction du flux thermique traversant la paroi végétalisée. En effet, la couche de végétation ombrage la façade au cours de la journée et réduit l'éclairement solaire reçu par la paroi. Les déperditions thermiques sont atténuées aussi par cette couche foliaire. Ce dernier effet est plus perceptible au cours de la nuit où l'échange thermique par rayonnement GLO, qui s'établit entre la paroi et son environnement y compris le ciel, est réduit par les feuilles dont la température avoisine celle de l'air ambiant.

On peut également attendre une réduction importante des consommations énergétiques d'été (ou une amélioration du confort) par effet indirect. En effet, les façades couvertes de végétation atteignent des températures beaucoup moins élevées, et émettent des flux radiatifs GLO plus faibles. Malys (2012) montre l'importance de cet effet à l'échelle d'un quartier. Il est d'autant plus important que les façades des bâtiments sont en regard. L'effet indirect par le biais de la modification de la température de l'air n'a pas été étudié.

Sols

L'effet de sols naturels ou enherbés sur la demande énergétique des bâtiments repose uniquement sur un effet indirect, essentiellement lié au rayonnement de grandes longueurs d'onde, comme pour les façades. Cette solution de réduction des consommations énergétiques a été très peu étudiée. Malys (2012) obtient, dans la configuration qu'il étudie, des impacts sur le confort intérieur similaires en appliquant des sols végétalisés autour du bâtiment étudié, ou des façades végétalisées sur les bâtiments environnants. La réduction de température dans les logements est de 1 à 2 °C dans l'après-midi et atteint 3 °C lorsque sols et façades environnants sont végétalisés.

▸▸ Conclusion

Pour un bâtiment non isolé de cinq niveaux, en site urbain, Malys (2012) montre que les stratégies qui améliorent le plus le confort intérieur (référence au 2ème étage) sont dans l'ordre d'impact décroissant :
— toit et façades végétalisés sur le bâtiment étudié et façades végétales sur les bâtiments environnants ;
— toit et façades végétalisés sur le bâtiment étudié ;
— façades végétales sur le bâtiment étudié ;
— façades et sols environnants végétalisés ;

– sols environnants végétalisés ;
– façades végétales sur les bâtiments environnants ;
– toits végétalisés sur les bâtiments environnants.

Il est cependant difficile de généraliser ce type de hiérarchie des impacts des différents dispositifs : en effet, la construction (isolation, pourcentage de vitrage...) et l'usage des bâtiments (tertiaire, résidentiel), l'insertion urbaine (densité, orientation) sont aussi des paramètres importants qui viennent modifier les effets directs ou indirects.

Chapitre 4

Gestion des eaux pluviales en milieu urbain et végétation

Fabrice RODRIGUEZ

⏩ Introduction

L'urbanisation rapide des 50 dernières années s'est traduite par une artificialisation progressive des zones urbaines, modifiant la surface (imperméabilisation des sols) et le proche sous-sol (constructions de réseaux enterrés et tunnels). Cette artificialisation du milieu a ainsi des impacts sur l'hydrologie des zones urbaines, qui se manifestent d'une part par une augmentation du ruissellement urbain (débits de pointe et volumes) et une diminution de l'infiltration dans le sol (Jacobson, 2011), et d'autre part par une pollution potentielle des milieux récepteurs (nappes et rivières) par l'activité anthropique, en particulier celle liée au trafic automobile (hydrocarbures, métaux lourds...) [Weng, 2001 ; Fletcher *et al.*, 2013].

La présence de végétation en ville peut contribuer à limiter ces impacts constatés de l'urbanisation. Le rôle positif des forêts urbaines sur l'hydrologie est mentionné par Dwyer *et al.* (1992) parmi d'autres bénéfices. Ces auteurs soulignent la capacité des arbres à réduire le ruissellement à travers le phénomène d'interception de la pluie. La littérature scientifique évoque plutôt ce rôle en notant que la réduction de végétation en milieu urbain contribue à modifier le bilan hydrologique, en diminuant l'évapotranspiration et les capacités d'infiltration du sol (Fletcher *et al.*, 2013). Weng (2001) mentionne également que dans la première phase de l'urbanisation, la suppression des arbres et de la végétation contribue à diminuer l'évapotranspiration et l'interception, et peut également augmenter les phénomènes de sédimentation dans les rivières.

Ce rôle de la végétation a cependant longtemps été peu abordé dans l'hydrologie urbaine standard, qui concentrait jusqu'à récemment ses efforts de recherche sur la représentation des phénomènes physiques relatifs à l'écoulement de l'eau de pluie sur les surfaces revêtues (toitures, voiries), et dans les réseaux artificiels (réseaux d'assainissement) [Andrieu & Chocat, 2004]. L'intérêt porté au rôle de la végétation sur l'hydrologie grandit avec les évolutions actuelles de l'aménagement urbain. En effet, cet aménagement s'inscrit souvent dans une démarche de développement urbain durable, dans lequel la place de la végétation est importante. Dans ce cadre, la végétation est fortement présente dans les nouvelles techniques de gestion des eaux pluviales, dites « alternatives », et dont l'objectif est de compenser les effets de l'urbanisation mentionnés plus haut.

Ces techniques d'aménagement combinent souvent les fonctions de rétention/stockage et d'infiltration, qui permettent de réduire le ruissellement et de limiter la pollution liée à ce ruissellement : noues, bassins de rétention/infiltration, toitures végétalisées. Les bassins appelés *bio-retention basins* dans la littérature anglo-saxonne sont un cas typique de ce type d'aménagement végétalisé et combinent les effets biologiques du système « arbre & sol » et la fonction d'infiltration et de rétention à court terme (Endreny, 2008).

▶▶ Les phénomènes physiques en jeu

Le bilan hydrique d'un bassin versant urbain élémentaire peut s'écrire de façon schématique :

$$(3)\ P+A=ETR+R+\Delta S$$

où :
- P est la pluie ;
- A un éventuel approvisionnement extérieur (eaux souterraines…) ;
- ETR l'évapotranspiration ;
- R le ruissellement ;
- ΔS la variation de stock d'eau du système.

Appliqué à la surface du sol, ce bilan peut se simplifier (i) en négligeant le terme d'approvisionnement, (ii) en séparant la composante d'évapotranspiration en évaporation de la surface E et en transpiration de l'eau du sol TR, et (iii) en déterminant l'infiltration dans le sol I.

$$(4)\ P=E+R+I$$

L'hydrologie urbaine s'est longtemps concentrée sur la seule représentation des processus liés au ruissellement de l'eau de pluie sur les surfaces revêtues, dans une approche qui avait pour objectif principal l'évacuation des eaux pluviales, la protection contre les inondations et plus récemment la protection de l'environnement. Cette approche était donc orientée tout d'abord vers le dimensionnement des ouvrages d'assainissement et la représentation adéquate de l'hydraulique de l'écoulement de l'eau dans les réseaux d'assainissement. Or les travaux de recherche consacrés à l'observation du fonctionnement hydrologique des zones urbaines en France (Breil *et al.*, 1993 ; Belhadj *et al.*, 1995 ; Berthier *et al.*, 2004) ont montré que d'autres processus hydrologiques jouaient également un rôle dans ce fonctionnement, en particulier sur les surfaces non revêtues des zones urbaines. La prise en compte de nouveaux objectifs dans l'aménagement urbain, mentionnés en introduction et faisant souvent appel à des aménagements végétalisés, incite également à revisiter l'hydrologie urbaine en portant une attention nouvelle à des variables et des processus peu explorés jusqu'à présent.

Parmi ces processus peu explorés figurent en premier lieu les processus liés à la présence de végétation en milieu urbain : *l'interception* de la pluie par la canopée arborée, dont Guevara-Escobar *et al.* (2007) mentionnent qu'elle est l'effet le plus marqué de la végétation en hydrologie urbaine et à l'échelle de l'événement pluvieux, et les phénomènes de *transpiration* des plantes.

L'interception des précipitations par les arbres

Elle fait plutôt l'objet de travaux portant sur les milieux rural ou forestier. L'interception est généralement estimée en séparant la pluie brute en une partie de pluie qui traverse le feuillage (phénomène d'égouttage des feuilles ou *throughfall* en anglais), et une partie qui s'écoule le long des branches et du tronc avant d'atteindre le sol (*stemflow* en anglais) ; les pertes d'eau liées à l'interception et à l'évaporation en sont donc déduites ; elles correspondent au mouillage des feuilles ou à l'évaporation de l'eau interceptée (Rutter *et al.*, 1972 ; Calder, 1977).

La transpiration

Elle se définit comme l'émission de vapeur d'eau par les plantes vivantes. La plante prélève l'eau du sol par l'intermédiaire de ses racines. L'absorption de l'eau est réalisée par osmose ou par imbibition. L'eau circule à l'intérieur des canaux du système vasculaire de la plante pour atteindre les feuilles. Le siège de l'évaporation se situe alors essentiellement au niveau des parois internes des stomates. La quantité d'eau transpirée par la végétation dépend de facteurs météorologiques (les mêmes que pour le processus physique d'évaporation — étudiés ci-après), de l'humidité du sol dans la zone racinaire, de l'âge et de l'espèce de la plante, ainsi que du développement de son feuillage et de la profondeur des racines. La transpiration a également le rôle de véhicule des éléments nutritifs dans la plante et de système de refroidissement des feuilles (Musy & Higy, 2004).

Les phénomènes d'évaporation de l'eau interceptée par les plantes et de transpiration sont difficilement dissociables, ce qui explique que l'on emploie bien souvent le terme d'évapotranspiration pour regrouper ces deux phénomènes.

Enfin, la présence d'un arbre modifie également potentiellement l'infiltration de l'eau dans le sol, car le système racinaire de la plante peut créer un passage préférentiel pour les eaux de ruissellement, qui s'infiltrent à proximité de ses racines. La croissance des racines et leur décomposition peut ainsi augmenter la capacité des sols à infiltrer (Xiao *et al.*, 2000).

Bien que ces phénomènes soient peu étudiés en milieu urbain (Inkiläinen *et al.*, 2013), la présence croissante de la végétation et en particulier des arbres en ville, incite à s'intéresser au rôle de ces phénomènes sur le bilan hydrologique de la ville. En particulier, le rôle de l'interception des eaux de pluie par les arbres a été étudié principalement dans des forêts naturelles. Plusieurs études ont montré le lien direct entre l'âge, l'espèce et la structure de l'arbre avec le volume intercepté. Dans les zones forestières, l'eau interceptée peut se mesurer jusqu'à 50 % de la pluie nette (Scatena, 1990 ; Schellekens *et al.*, 1999). Zinke (1967) a estimé que les pertes par interception et évaporation par les arbres peuvent représenter entre 20 et 30 % des précipitations totales pour une forêt de conifères et entre 10 et 20 % pour une forêt de feuillus. La relation entre la pluie et l'interception dépend bien entendu de l'échelle de temps considérée. Comme le rappellent Xiao *et al.* (2000), le comportement des arbres est différent en milieu naturel et en milieu urbain, où l'emprise de chaque arbre est souvent plus large qu'au sein d'une forêt et surtout où les arbres sont soumis à des conditions microclimatiques très variables. Cependant, les processus physiques intervenant dans l'interception des précipitations par la végétation sont identiques dans les deux milieux. Ainsi, Grimmond & Oke (1991) précisent que les modèles développés pour des forêts naturelles composées de différentes essences d'arbres sont certainement applicables aux arbres du milieu urbain. L'interception de la pluie par la végétation est souvent mentionnée comme un moyen de pallier les impacts négatifs de l'artificialisation des surfaces, évoqués en introduction, car ce phénomène permet d'atténuer et de retarder l'effet du ruissellement urbain pour des événements pluvieux peu intenses ; en ce sens, la végétation arborée peut être considérée comme une technique de gestion à la source des eaux pluviales (Rodriguez *et al.*, 2007).

▸▸ Approches expérimentales

Les travaux d'observation de la réponse hydrologique des bassins versants urbains à la pluie se sont consacrés traditionnellement aux observations de pluie et de débit. Ces flux sont les variables essentielles permettant d'étudier la réaction des surfaces urbaines aux pluies, mais ne sont pas toujours suffisants pour comprendre les variations de comportement hydrologique des zones urbaines (Becciu & Paoletti, 1997 ; Berthier *et al.*, 1999). Le rôle des processus hydrologiques, souvent négligés en milieu urbain, comme le rôle du sol dans la contribution au débit ou l'évapotranspiration, est également un facteur qui impacte cette réponse hydrologique, à l'échelle temporelle des chroniques météorologiques (succession de périodes humides et sèches). La pertinence du croisement de données de différentes natures comme les débits, l'état hydrique du sol et les observations des flux de chaleur latente, a été démontrée pour améliorer la représentation du bilan hydrique et la détermination des infiltrations parasites dans les réseaux enterrés (Rodriguez, 2013). Cette observation revisitée des processus hydrologiques en milieu urbain s'intéresse de fait au fonctionnement des zones végétalisées, qui sont des surfaces urbaines qui contribuent à alimenter le sol à travers l'infiltration. Mais peu d'études qualifient par l'expérimentation le fonctionnement spécifique de ces zones en ville. Cet effet peut éventuellement être déduit par un suivi à long terme de zones urbaines dont l'aménagement évolue, et en reliant la réponse hydrologique au taux d'occupation du sol (Rose & Peters, 2001), ou par le suivi d'un transect radial urbain-rural à partir d'un centre urbain (McDonnell *et al.*, 1997).

La mesure de l'évapotranspiration

Elle est évidemment primordiale pour qualifier le rôle de la végétation sur l'hydrologie urbaine. Pourtant, la question de l'observation de cette variable est peu explorée dans le domaine urbain : l'hétérogénéité de la répartition de la végétation rend l'estimation de cette composante délicate. Les méthodes traditionnelles de mesure des flux de chaleur sont généralement utilisées par les climatologues et sont détaillées dans le chapitre 2 « Impacts sur les microclimats urbains » (p. 35), qui précise les difficultés liées à ces mesures. Celles-ci s'appuient sur des tours de flux qui utilisent des capteurs mesurant les variations rapides de la tempé-rature et de l'humidité, en général à la hauteur de la canopée urbaine. Elles sont représentatives d'une zone source dont la taille et l'emprise géographique varient en fonction des conditions d'écoulement turbulent. Il est donc assez difficile de qualifier le rôle individuel de la végétation dans cette mesure. Grimmond & Oke (2002) regroupent un échantillon de mesures d'évapotranspiration, réalisées pour différentes campagnes expérimentales dans des villes américaines, et notent le lien assez net entre la présence de végétation et les flux d'évapotranspiration. Cette analyse montre également que ces flux sont aussi liés à la présence ou non d'un système d'irrigation de la végétation. Les mesures scintillométriques (Evans *et al.*, 2012) pourraient être une alternative intéressante pour qualifier le rôle de la végétation le long de trajets optiques (par exemple au-dessus d'une rue possédant des arbres d'alignement), mais elles sont encore aujourd'hui au stade du développement, tout du moins pour la mesure des flux de chaleur latente sur des courts trajets. Les mesures de référence pour l'estimation de l'évapotranspiration de surfaces végétalisées individuelles restent des mesures locales réalisées avec des chambres à transpiration, en tous cas pour de la végétation basse. Cette technique locale initialement développée par les chercheurs en agronomie forestière (Loustau *et al.*, 1991) continue d'être utilisée pour des milieux ruraux, avec parfois des systèmes automatisés (Steduto *et al.*, 2002 ; Stannard & Weltz, 2006), y compris pour qualifier le rôle d'aménagements végétalisés vis-à-vis de l'infiltration des eaux pluviales en milieu urbain (Hamel *et al.*, 2013). Outre le fait que cette mesure est difficile à mettre en œuvre sur de longues chroniques, la question de la représentativité spatiale de ce type de mesure est évidemment un obstacle pour sa diffusion en milieu urbain, étant donnée l'hétérogénéité de ce milieu.

La mesure de l'interception de la pluie par la végétation

Les travaux les plus aboutis ont été établis par des hydrologues travaillant sur le milieu forestier. En milieu urbain, Inkiläinen *et al.* (2013) mentionnent que peu de travaux expérimentaux permettent de qualifier le bénéfice de la végétation sur la régulation du ruissellement grâce à ce processus d'interception. Étant donné le dispositif expérimental nécessaire pour estimer l'interception, les expérimentations réalisées concernent en général des arbres isolés correspondant à une espèce végétale dominante dans l'agglomération. Ainsi, Xiao *et al.* (2000) analysent les observations réalisées sur des espèces à feuilles persistantes et à feuilles caduques dans la région californienne. De même, Guevara-Escobar *et al.* (2007) s'intéressent à un type spécifique d'arbre présent dans l'agglomération de Mexico. Les systèmes de mesures mis en place dans tous les cas consistent à mesurer la pluie à proximité de l'arbre, sous l'arbre et le long du tronc (fig. 4.1), afin de faire le bilan le plus approprié possible du système « arbre » pour ce processus. Guevara-Escobar *et al.* (2007) mentionnent tout de même que les conditions d'écoulement turbulent peuvent être modifiées par la présence d'un arbre ou d'obstacles à proximité, ce qui peut rendre l'interprétation des mesures de pluie à proximité ou sous l'arbre plus délicate. Un système de mesures plus élaboré peut être mis en place en multipliant les pluviomètres installés sous l'arbre (David *et al.*, 2006), mais une telle installation est difficilement imaginable en milieu urbain. Bixby (2011) qualifie le rôle différent des configurations arborées sur ce processus, pour des arbres en milieu urbain, en situation de canopée continue (*closed canopy*) ou d'arbres isolés (*open-grown*). Des travaux expérimentaux menés en Caroline du Nord permettent de qualifier le rôle de l'interception pour différents types de végétation arborée (Inkiläinen *et al.*, 2013). D'après ces auteurs, les facteurs explicatifs qui influencent la pluie traversant les feuilles sont la couverture arborée et le pourcentage de conifères dans cette couverture, ce qui montre l'intérêt de pouvoir disposer de données fiables vis-à-vis de la végétation urbaine ; l'indice de surface foliaire (LAI) ne semble étonnamment pas une variable explicative de l'interception.

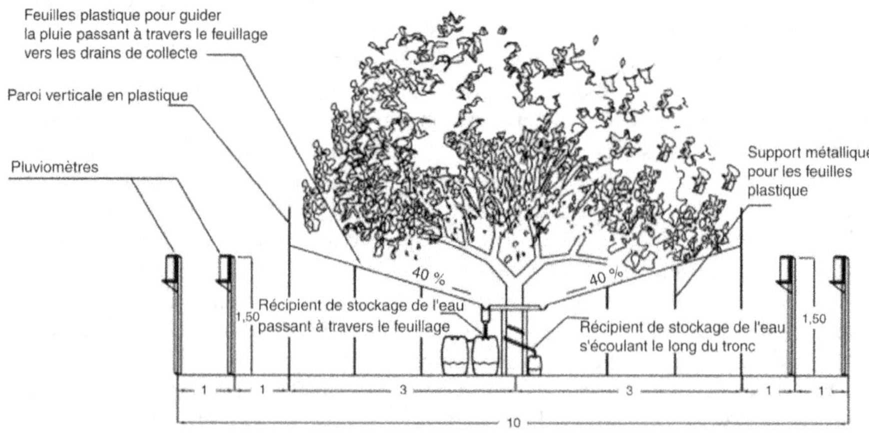

Figure 4.1. Système de mesure de l'interception de la pluie par un arbre. Source : Guevara-Escobar *et al.* (2007), avec la permission d'Elsevier.

Différents dispositifs de gestion à la source des eaux pluviales

La végétation en ville est au cœur de ces dispositifs mis en œuvre aujourd'hui dans le cadre de l'aménagement ou de la rénovation de quartiers urbains. Parmi ceux sur lesquels des travaux expérimentaux ont été mis en place ces dernières années, figurent les toitures végétalisées et les jardins de pluie.

Les toitures végétalisées

Les expérimentations portent généralement sur le comportement d'une seule toiture végétalisée (Villarreal & Bengtsson, 2005 ; Stovin, 2010) ou de bancs d'essai regroupant plusieurs types de toitures végétalisées, souvent comparées à un système de toiture terrasse de référence non végétalisée (VanWoert *et al.*, 2005 ; Ramier *et al.*, 2012). Palla *et al.* (2010) font une revue intéressante de ces dispositifs expérimentaux, en synthétisant les résultats en termes de rétention des toitures, dans différents contextes géographiques et climatiques. L'estimation des performances des toitures végétalisées est souvent mise en œuvre en mesurant au minimum le débit de sortie de ces ouvrages, afin de qualifier la rétention du ruissellement, face à des pluies « naturelles » ou forcées (Palla *et al.*, 2010). Certaines expérimentations complètent ces mesures en identifiant l'état hydrique du substrat, en étudiant la qualité des eaux pluviales en sortie de toiture ou dans le substrat (Hathaway *et al.*, 2008 ; Gromaire *et al.*, 2013 ; Seidl *et al.*, 2013 ; Schwager *et al.*, 2013), ou les propriétés thermiques voire microclimatiques de ces ouvrages (Voyde *et al.*, 2010 ; Ouldboukhitine *et al.*, 2011 ; Bouzouidja *et al.*, 2013). L'instrumentation doit cependant être adaptée selon le type de performance visée, comme cela est mentionné dans le chapitre 2 « Impacts sur les microclimats urbains » (p. 35).

Les jardins de pluie, ou jardins bio-filtrants

Utilisés dans l'aménagement urbain actuel dans l'objectif d'améliorer la qualité des flux d'eau pluviale, altérée par l'urbanisation (DeBusk *et al.*, 2010), ces systèmes peuvent être installés dans des dépressions du sol, et plantés en utilisant de la végétation susceptible d'optimiser la rétention des polluants (Davis *et al.*, 2009 ; Hamel *et al.*, 2013). Cette pratique peut aider à protéger les milieux aquatiques de la dégradation liée à la pollution des eaux de ruissellement, qui sont alors dirigées vers ces systèmes tampons (Fletcher *et al.*, 2013). Les effets réels de ces systèmes ont été peu étudiés dans la littérature scientifique (Hamel *et al.*, 2013) ; il est généralement accepté que la diffusion dans le sol de l'eau acheminée dans un système infiltrant augmente l'humidité environnante (Duchene *et al.*, 1994 ; Li *et al.*, 1999). Toutefois, l'effet de l'infiltration est souvent considéré de façon globale, y compris au travers de l'évapotranspiration (Li *et al.*, 1999 ; Hatt *et al.*, 2009), sans qu'il y ait une réelle estimation de chacun des flux et de l'impact détaillé sur l'humidité du sol ou les niveaux de nappe. L'effet de la végétation sur le bilan hydrique au sein de ces systèmes n'est donc pas évalué de façon individuelle, mais souvent intégré dans la fonction de rétention de l'eau pluviale. Hamel *et al.* (2013) ont réalisé récemment une étude expérimentale plus poussée visant à qualifier l'effet de cette infiltration en estimant séparément les flux d'eau infiltrée, à travers un suivi de l'humidité du sol autour du système infiltrant et un suivi des flux d'eau évapotranspirée, avec une mesure réalisée par des chambres à transpiration positionnées à différentes distances du jardin de pluie.

▸▸ Modélisation et simulation des effets de la végétation

La modélisation hydrologique en milieu urbain s'est longtemps concentrée sur la représentation des écoulements dans les réseaux d'assainissement, avec un objectif de dimensionnement de ces ouvrages. Or, l'évolution de la gestion des eaux pluviales, évoquée en introduction, s'accompagne de nouveaux aménagements urbains, souvent végétalisés, dont le fonctionnement hydrologique et l'impact à l'échelle du quartier ou de la ville ne sont pas très bien connus. Ce type de questionnement impose donc de changer de paradigme vis-à-vis de la modélisation de l'hydrologie urbaine : l'hydrologie des milieux urbanisés ne peut plus être réduite au ruissellement des surfaces imperméabilisées, même si celui-ci constitue la composante la plus impactante sur le milieu lors de forts événements.

L'hydrologie de bassins versants distingue classiquement les processus décrivant la production du ruissellement ou de l'écoulement (fonction de production), des processus de transfert dans le réseau hydrographique. La végétation, si elle est appréhendée, est par conséquent présente dans la fonction de production. En hydrologie urbaine, cette fonction est modélisée dans les modèles opérationnels avec plusieurs approches, parfois complémentaires au sein d'un même modèle : (i) le concept de pertes initiales et coefficient de ruissellement constant comme dans Canoe[3], (ii) le concept de ruissellement hortonien, qui traduit un ruissellement par dépassement de la capacité d'infiltration (SWMM)[4] [Lewis & Rossman, 2004] ; ou (iii) le concept d'un réservoir à capacité fixe, qui peut représenter l'interception de la pluie par le type de sol considéré comme dans le logiciel Mouse[5]. Le rôle des zones perméables est éventuellement pris en compte en identifiant un fonctionnement spécifique pour ces zones, à travers des paramètres différents en termes de capacité d'infiltration ou de stockage du sol. Les modèles hydrologiques de recherche récemment développés dans la communauté scientifique explorent plus la description du fonctionnement du sol et de l'interface sol-plante-atmosphère, soit à partir d'approches essentiellement basées sur les processus hydrologiques (Xiao *et al.*, 2007), soit à partir d'approches couplant les bilans énergétique et hydrique (Jia *et al.*, 2001 ; Dupont & Mestayer, 2006). On y retrouve toutefois la notion d'un réservoir de surface qui intercepte les précipitations avant leur ruissellement, et qui peut avoir une capacité plus importante si la surface est végétalisée (Berthier *et al.*, 2004 ; Rodriguez *et al.*, 2008).

Représentation du rôle de la végétation dans les modèles hydrologiques urbains

Les approches dans lesquelles une attention particulière est portée à la représentation de la végétation sont celles qui souhaitent représenter de façon spécifique les flux d'évapotranspiration, comme dans le cas de la simulation du rôle d'une forêt urbaine (Wang *et al.*, 2008). Boegh *et al.* (2009) mentionnent en particulier qu'une paramétrisation de la végétation est critique pour une bonne estimation de l'évapotranspiration. Pour cela, les approches de modélisation doivent en général considérer le fonctionnement hydrique du sol urbain, qui permet de connaître la disponibilité du sol en eau pour l'évapotranspiration. Ceci peut représenter une difficulté dans le développement des modèles hydrologiques en milieu urbain, car les sols, remaniés, sont souvent très hétérogènes : renseigner les paramètres du modèle liés aux propriétés hydrodynamiques du sol s'avère généralement une tâche délicate (Rodriguez, 2013). Jia *et al.* (2001) mettent en place une discrétisation verticale en trois couches supérieures de sol et trois couches profondes contenant la nappe ; les

---

3. http://www.canoe-hydro.com.

4. SWMM : *Storm Water Management Model*, développé par l'EPA (Environmental Protection Agency).

5. http://www.hydroasia.org/jahia/webdav/site/hydroasia/shared/Document_public/Project/Manuals/US/MOUSE_UserGuide.pdf (consulté le 12 fév. 2014).

paramètres du sol sont déduits d'observations géologiques locales réalisées dans des forages de sol, ce qui peut questionner la représentativité spatiale de ces paramètres dans le contexte urbain.

La prise en compte de la végétation dans ces modèles comporte différents niveaux de détail. Elle est parfois faite de façon simplifiée, comme dans le modèle Urbs où les paramètres de la végétation sont considérés de façon moyenne sur le bassin versant, en moyennant les caractéristiques de végétation haute et basse pour ce qui concerne le calcul de la transpiration (Rodriguez *et al.*, 2008), ou de façon plus détaillée en estimant des caractéristiques différentes pour la végétation haute de type forêt ou arbres isolés et la végétation basse de type herbe ou pelouse (Jia *et al.*, 2001). Seules des approches centrées sur la question spécifique des arbres urbains permettent de prendre en compte réellement les questions de croissance et de saisonnalité de cette végétation (Wang *et al.*, 2008).

La prise en compte du rôle de la végétation urbaine en modélisation hydrologique se pose également en termes de pas de temps de simulation : les pas de temps journaliers ou horaires peuvent être suffisants pour la connaissance des volumes ruisselés ; pour certaines applications toutefois et selon la taille de la zone urbaine considérée, le pas de temps *infra*-horaire peut être nécessaire pour qualifier le rôle de la végétation à l'échelle de l'événement pluvieux, en termes de retard éventuel de la réponse hydrologique ou en termes de réduction du débit de pointe (Livesley *et al.*, 2013). Raffiner le pas de temps permettra d'examiner le rôle de l'interception des arbres au cours de l'événement, souvent fort au début de la pluie ou pour des faibles intensités pluvieuses, puis plus faible pour des intensités plus fortes.

Les éléments importants à déterminer lors de la mise en œuvre d'un modèle hydrologique adapté à la représentation de la végétation en milieu urbain sont l'occupation du sol par la végétation et les paramètres relatifs à cette végétation. Les outils de modélisation hydrologique s'orientent vers des approches spatialement distribuées, les informations géographiques disponibles dans les banques de données urbaines sont très utiles pour cela (Rodriguez *et al.*, 2008), en particulier pour distinguer les surfaces imperméables des surfaces perméables (Jacobson, 2011). Les données standard utilisées sont les fractions de végétation, et une fraction arborée pour les travaux qui s'intéressent plus spécifiquement aux arbres (*Tree Canopy* dans Wang *et al.*, 2008) ; certains travaux distinguent parfois la fraction arborée au-dessus des surfaces revêtues (Rodriguez *et al.*, 2008), susceptible de jouer un rôle sur la réduction du ruissellement sur ces surfaces ; ces données peuvent être déduites de bases de données géographiques ou d'images satellitaires à différentes résolutions. Certains travaux de recherche menés en lien étroit avec des collectivités locales permettent de disposer d'un inventaire géographique détaillé des caractéristiques des différentes espèces d'arbres (Xiao & McPherson, 2002) ou de scénarios de plantation d'arbres (Li *et al.*, 2012). D'autres travaux utilisent le concept d'indice foliaire (LAI), employé pour estimer l'interception de la pluie ou les phénomènes d'évapotranspiration (Jia *et al.*, 2001 ; Wang *et al.*, 2008 ; Xiao *et al.*, 1998), et en déduisent une capacité de stockage de la canopée arborée. Certains modèles conceptuels simples utilisent la fraction de couverture arborée globale d'une surface donnée pour déterminer la pluie non interceptée par la végétation, mais Guevara-Escobar *et al.* (2007)

mentionnent que cette approximation peut être réductrice dans le sens où elle ne permet pas de tenir compte de l'effet d'écran du houppier dans le cas d'arbres isolés ou espacés, ce qui est souvent le cas en milieu urbain.

Le cas des techniques de gestion à la source des eaux pluviales

Les nouveaux aménagements végétalisés, permettant une gestion à la source des eaux pluviales, comme les toitures végétalisées ou les jardins de pluie, font également l'objet de modélisations spécifiques. Ces modélisations sont généralement réalisées à une échelle parcellaire, en adaptant des modèles hydrologiques existants pour ces ouvrages. Pour les toitures végétalisées, la littérature mentionne soit des modélisations très détaillées utilisant des modèles hydrodynamiques tels que Hydrus (Hilten *et al.*, 2008) ou des approches plus simplifiées permettant de tester l'impact global en termes de réduction du ruissellement (Carter & Rasmussen, 2006 ; Villarreal & Bengtsson, 2005).

En ce qui concerne les jardins de pluie ou plus globalement les systèmes locaux d'infiltration des eaux pluviales, des modélisations ont été réalisées pour évaluer l'impact de ces dispositifs à l'échelle du bassin versant, à l'aide d'approches réservoir semi-distribuées. Göbel *et al.* (2004) en font une revue. À une échelle locale aussi, des approches détaillées résolvant l'équation de Richards peuvent être utilisées (Dussaillant *et al.*, 2004 ; He & Davis, 2010). Ces travaux de modélisation permettent de représenter la séparation entre l'eau évapotranspirée, l'infiltration, et le débit de fuite du système, souvent à l'aide d'une approche 1D verticale, mais pêchent encore pour estimer l'effet de la diffusion de cette infiltration locale sur le sol environnant, ce qui peut être critique dans le cas de sols à faible conductivité pour lesquels la végétation environnante peut avoir un rôle plus important (Hamel *et al.*, 2013 ; Fletcher *et al.*, 2013).

Des résultats expérimentaux comme ceux présentés dans le paragraphe précédent pourraient contribuer à l'amélioration de la prise en compte de la végétation dans les modèles, car ils permettent de raffiner la connaissance des processus physiques, et d'évaluer les modèles dédiés à la représentation de ces processus, comme celui de l'interception de la pluie par la végétation.

▸▸ Les effets de différents types de végétation

Toutes les typologies de végétation ne sont pas étudiées de façon égale dans la littérature qui traite d'hydrologie urbaine. En particulier, les questions spécifiques de végétation basse sont souvent peu abordées. De Munck (2013) aborde toutefois l'impact de différents scénarios de verdissement sur le ruissellement, en comparant des scénarios avec de la végétation basse et arborée de pleine terre et des scénarios avec des toitures végétalisées. Seront présentés en suivant les travaux relatifs à trois dispositifs les plus étudiés dans la littérature : les arbres, les toitures végétalisées et les jardins de pluie. Pour ces deux derniers, le rôle qu'ils peuvent jouer du point de vue de la qualité des eaux pluviales sera également abordé succinctement.

Les arbres

Les arbres ont un rôle de rétention de la pluie et participent ainsi à la réduction du ruissellement en milieu urbain. Ce rôle peut être communément évalué par trois méthodes (Li *et al.*, 2012) : la méthode expérimentale (*catchment experiment method*), la méthode d'analyse statistique et la modélisation hydrologique.

La méthode expérimentale nécessite un suivi de la réponse hydrologique sur une période assez longue, elle est utilisée pour estimer les effets de déforestation ou de reboisement, sur des zones rurales ou forestières (Lane *et al.*, 2005). Son application en milieu urbain se limite à l'étude du rôle de l'interception de la pluie par les arbres : Xiao *et al.* (2000) observent à une échelle annuelle des quantités de pluie interceptée de 15 et 27 % pour deux types d'arbres spécifiques (respectivement un poirier et un chêne à feuilles persistantes). Inkiläinen *et al.* (2013) montrent que la quantité de pluie interceptée varie entre 10 et 20 % pour différents types d'arbres, sur une période de mesure de six mois, dans différents quartiers urbains. Sur une période de temps équivalente, Guevara-Escobar *et al.* (2007) observent des taux d'interception plus importants (près de 60 %), mais pour une espèce d'arbre à feuilles persistantes en situation isolée et en climat semi-aride. Li *et al.* (2012) mentionnent d'ailleurs que cette méthode expérimentale ne peut pas être utilisée pour dissocier l'effet des changements d'occupation du sol de l'effet de la variabilité climatique. Elle doit être combinée avec la méthode d'analyse statistique ou la modélisation hydrologique.

La méthode d'analyse statistique est basée sur l'étude de tendances moyennes annuelles et ne permet généralement pas de distinguer le rôle de certaines espèces d'arbres, ni l'effet de modifications d'occupation du sol partielles ou hétérogènes sur un bassin versant.

En revanche, de nombreux travaux montrent l'intérêt de l'utilisation des modèles hydrologiques pour qualifier l'impact des arbres sur le bilan hydrique (Sanders, 1986 ; Xiao *et al.*, 1998 ; Xiao & McPherson, 2002 ; Wang *et al.*, 2008). Les développements réalisés au sein de la plateforme de modélisation Ufore (USDA Forest Service Northern Station in Syracuse, NY) sont à noter (Nowak, 2006), avec un modèle hydrologique orienté-objet à base physique qui permet de tester différents scénarios de plantation d'arbres (Wang *et al.*, 2008 ; Kirnbauer *et al.*, 2013) et de façon cohérente avec d'autres phénomènes physiques (qualité de l'air, bilan carbone, consommation énergétique). Si le modèle hydrologique est capable de simuler la réponse hydrologique à des pas de temps assez fins par rapport au bassin versant considéré, l'impact des arbres peut être apprécié non seulement sur les volumes ruisselés, mais aussi sur les débits de pointe et sur le ralentissement de l'hydrogramme lié au phénomène d'interception. L'outil de modélisation permet de simuler différentes espèces d'arbres sur de longues chroniques, et d'estimer le rôle des arbres pour plusieurs termes du bilan hydrologique (interception, ruissellement, évapotranspiration). La réduction du ruissellement est ainsi un impact bien identifié des arbres en milieu urbain, mais se limite aux évènements pluvieux modestes. Les arbres ne peuvent pas être considérés comme un moyen de lutter contre les inondations, qui se produisent pour des événements pluvieux très intenses pour lesquels l'interception joue un rôle négligeable sur le bilan hydrique. Enfin, le modèle peut être utilisé pour évaluer la pertinence du choix des espèces d'arbres, sur une ville donnée et dans un climat donné, en termes d'interception, mais d'autres facteurs peuvent entrer en conflit avec ce rôle hydrologique : Xiao & McPherson (2002) mentionnent par exemple la question de la vue sur l'océan pour les habitants. Ceci plaide en faveur d'approches plus intégrées de la modélisation du rôle de la végétation, comme la plateforme de modélisation Ufore, évoquée ci-dessus, peut le proposer.

Les toitures végétalisées

Les impacts des toitures végétalisées sur le bilan hydrique sont bien documentés, en particulier à travers l'exploitation de mesures réalisées sur des dispositifs expérimentaux adaptés, comme ceux décrits dans les « Approches expérimentales » (p. 84). Toutefois, ces impacts sont évalués essentiellement vis-à-vis de la réduction du ruissellement, soit en volume annuel, soit à l'échelle de l'événement pluvieux. Cette réduction du ruissellement peut être fortement variable en fonction de la saison, avec des performances réduites en hiver, et en fonction du type d'événement pluvieux : elle peut être significative pour des événements de faible intensité, elle peut devenir très faible pour des événements pluvieux de période de retour importante. Mentens *et al.* (2006) mentionnent que l'épaisseur du substrat est un facteur très influent dans la rétention du ruissellement, sans doute plus que le type de végétation. De façon générale, on peut indiquer une réduction des volumes ruisselés de l'ordre de 40 à 80 % à l'échelle annuelle, et des pics de débits de l'ordre de 60 à 80 % d'après la synthèse bibliographique de Palla *et al.* (2010). La végétation joue tout de même un rôle important vis-à-vis de l'évapotranspiration de ces dispositifs ; ceci est mentionné aussi bien dans des travaux traitant d'hydrologie (Palla *et al.*, 2010 ; Stovin, 2010), que dans des travaux traitant de climatologie, vis-à-vis du rôle que pouraienjouer ces dispositifs dans la réduction de l'ICU (Hui, 2010 ; Jim & He, 2010). Mais à ce jour, peu de dispositifs expérimentaux permettent de qualifier de façon correcte l'influence des toitures végétalisées sur l'évapotranspiration. Par ailleurs, les performances des toitures végétalisées ne sont pas estimées sur le long terme, mais en général sur des périodes d'observation assez courtes. Czemiel Berndtsson (2010) plaide pour un suivi à long terme de ces dispositifs pour mieux qualifier l'impact d'une gestion urbaine favorisant ces dispositifs.

Enfin, l'impact des toitures végétalisées sur la qualité des eaux pluviales semble à ce jour mitigé (Czemiel Berndtsson, 2010) car elles ont certes un impact sur la rétention des polluants, par le fait de la présence d'une couche de « sol » et de la présence des végétaux (Schwager *et al.*, 2013), mais les matériaux constitutifs de la toiture et du substrat peuvent également agir comme des sources de polluants (Seidl *et al.*, 2013). Là encore, les dispositifs doivent être étudiés sur le long terme afin de pouvoir mieux évaluer leur rôle.

Les jardins de pluie

Les impacts des jardins de pluie (ou jardins bio-filtrants) sur l'hydrologie urbaine, se déclinent en termes de diminution des volumes ruisselés, augmentation de la recharge des nappes (Göbel *et al.*, 2004) et traitement de la pollution (Dietz, 2007). Ces dispositifs végétalisés permettent également de favoriser l'évapotranspiration (Göbel *et al.*, 2004 ; Li *et al.*, 2009) mais cet effet est moins mis en évidence dans les travaux de recherche.

Contrairement aux cas des toitures végétalisées ou des arbres, les approches expérimentales *in situ* sont moins nombreuses dans la littérature pour qualifier ces impacts. Les recherches initiales se sont plutôt concentrées sur des dispositifs en colonne en laboratoire (Dietz, 2007), souvent orientés vers l'étude de la rétention des polluants. Des dispositifs expérimentaux *in situ* ont par la suite été instrumentés : ceux situés aux USA dans le Maryland (Davis, 2008 ; Li *et al.*, 2009) ou en Australie (Hamel *et al.*, 2012) peuvent être spécifiquement mentionnés. Dans ces cas, les dispositifs d'infiltration ont permis de mettre en évidence la réduction des volumes ruisselés, en diminuant et en retardant les pics de débit. Un dimensionnement approprié permet à un jardin de pluie recueillant les eaux pluviales de surfaces revêtues privatives, de retenir la totalité du ruissellement produit par des événements pluvieux d'une période de retour mensuelle (Hamel *et al.*, 2012) ; pour des événements plus importants, la performance est minorée, même si elle peut être améliorée en augmentant sa capacité de stockage (Li *et al.*, 2009). Cet impact a également été montré à travers des approches de modélisation comme le précise Davis (2008), qui mentionne que les conditions antécédentes d'humidité du sol affectent grandement l'efficacité de ces pratiques d'infiltration.

Par ailleurs, le rôle de la végétation présente dans ces jardins de pluie et favorisant *a priori* l'évapotranspiration est rarement souligné pour ce qui concerne les impacts quantitatifs des jardins de pluie. L'évapotranspiration du jardin de pluie lui-même et celle des sols végétalisés environnants semblent peu affectées (Hamel *et al.*, 2012), mais la diffusion de l'eau infiltrée autour du jardin de pluie peut modifier de façon significative l'humidité du sol. Cet impact potentiel nécessiterait toutefois d'être exploré de façon plus poussée pour évaluer le rôle de ces dispositifs dans le maintien des débits de base en milieu urbain, souligné par Hamel *et al.* (2013).

Enfin, les jardins de pluie peuvent avoir un effet bénéfique pour la rétention des polluants présents dans les eaux de ruissellement (Dietz, 2007), soit par le simple phénomène de filtration de l'eau par le sol ou les plantes, voire par le paillis qui peut être répandu sur les cellules de biorétention, soit par la phytoremédiation (Roy-Poirier *et al.*, 2010). Ces impacts ont été démontrés par des expériences au laboratoire. Mais ces effets sont très variables et sont difficiles à transposer d'un site à l'autre ; cela implique de poursuivre les recherches sur ce sujet, tant du point de vue des approches expérimentales que par la modélisation (Dietz, 2007 ; Roy-Poirier *et al.*, 2010).

▸▸ Conclusion

L'étude du rôle de la végétation sur le cycle de l'eau en milieu urbain prend une place de plus en plus importante dans les recherches en hydrologie, car les nouveaux aménagements de gestion des eaux pluviales proposés en ville combinent généralement un objectif de rétention et d'infiltration de l'eau et un objectif paysager. Cette revue bibliographique a montré que l'impact des dispositifs de gestion à la source était souvent évalué vis-à-vis de l'objectif de rétention du ruissellement, mais peu vis-à-vis des autres composantes du bilan hydrique, en particulier l'évapotranspiration, favorisée en présence de végétation, et l'état hydrique du sol. Des travaux innovants commencent toutefois à aborder ces aspects, en lien avec des approches plus intégrées du rôle de la végétation en ville. Les besoins de recherche sont par conséquent bien présents sur ce sujet, que cela concerne la modélisation ou l'expérimentation. Ils posent en particulier deux questions sur lesquelles les hydrologues doivent progresser : d'un côté, les moyens de mesure des flux de chaleur latente en milieu urbain, dans un contexte où ces flux sont générés par des zones-source très hétérogènes en termes d'occupation du sol ; d'un autre côté, l'évaluation de la combinaison de l'humidification du sol liée à l'infiltration des eaux pluviales et l'extraction de l'eau du sol par les plantes, pour des sols urbains aux propriétés hydrodynamiques très variables dans l'espace en raison de leur caractère remanié.

Chapitre 5

Ambiances urbaines, approches physiques

Gwenaël GUILLAUME
et Amar BENSALMA, Benoit GAUVREAU,
Marjorie MUSY, Agota SZUCS

▸▸ Introduction

Il existe différentes manières d'aborder la notion d'ambiance en recherche. En effet, deux grandes approches se distinguent : les approches physiques et les approches perceptibles. Elles sont complémentaires, mais rares sont les travaux qui ont permis de les rapprocher d'une manière évidente. Ces deux approches se côtoient donc, se croisent parfois. La rareté de ces croisements s'explique par le fait que ces deux approches proviennent de disciplines relevant des sciences pour l'ingénieur d'une part, et des sciences de l'homme et de la société d'autre part. La végétation ajoute des nouveaux paramètres complexes, tant dans les phénomènes physiques, plus variables et plus difficiles à caractériser, que dans la perception et la représentation des plantes en lien avec l'espace construit. On trouve donc des travaux relevant des approches physiques, et de plus rares relevant d'approches perceptives. Le croisement des deux approches est peu exploré, si ce n'est dans le domaine du confort thermique où on trouve quelques études sur le sujet dans les parcs, avec le souci de comparer résultat des indicateurs de confort et réponse des usagers (Lin *et al.*, 2013b). Certaines études prennent en compte le végétal sans avoir l'objectif de caractériser son impact (Bensalma, 2012), mais nous n'avons pas trouvé de travaux croisant réellement approches physiques et approches sociales et culturelles du rôle du végétal sur les ambiances urbaines.

L'état de l'art sera ensuite réduit aux paramètres physiques d'ambiance relatifs au confort thermique, à l'éclairage naturel et à l'acoustique.

▸▸ Notion d'ambiance

Le terme « ambiance » utilisé dans le domaine scientifique, appliqué à l'architecture et à l'urbanisme, permet d'interroger l'espace architectural et urbain à travers les expériences sensibles des individus. Augoyard (2007) distingue :

– **l'ambiance,** au singulier, qu'il définit comme une perception fugace, englobante et intime ;

– **les ambiances,** au pluriel, qu'il décrit comme une technologie de perception déclinée sous forme de plusieurs paramètres physiques : la lumière, le son, l'odeur, la chaleur...
Cette décomposition permet de constituer des connaissances sur ces ambiances par une approche scientifique et technique.

Les chercheurs ont proposé deux acceptions possibles de la notion d'ambiance :

– l'ambiance comme l'interaction de trois dimensions : l'individu, les phénomènes physiques, et l'environnement urbain et architectural. C'est alors un objet extérieur à l'individu ;

– l'ambiance comme phénomène plus complexe, dont l'individu est une composante à travers la perception et les représentations qu'il a des effets psychophysiologiques produits par l'environnement. Ce n'est plus un objet extérieur à percevoir, comme l'explique Chelkoff (2004) : « l'ambiance ne se réduit pas à un ensemble d'objets physiques et ne peut donc être ramenée à un "décor" architectural quand bien même celui-ci est un composant de l'ambiance. Deuxième conséquence : on ne peut réduire l'ambiance à un ensemble de propriétés qualitatives appartenant à l'objet construit, dans la mesure où ces propriétés naissent de relations avec l'objet et non de l'objet lui-même... ».

Les facteurs physiques sont des facteurs climatiques (vent, soleil, humidité, température...), sonores, visuels et olfactifs. Les facteurs spatiaux sont ceux de l'environnement construit et non construit à l'intérieur ou à l'extérieur des bâtiments : composants des bâtiments, du sol, vide urbain, mobilier urbain, éléments végétaux, eau... Les facteurs humains sont relatifs aux individus qui sont récepteurs de l'ambiance. Le facteur temps caractérise les évolutions dans le temps de l'ambiance.

Ces deux acceptions correspondent à deux approches d'étude de l'ambiance. La première permet de s'affranchir dans un premier temps du récepteur et d'avoir une approche physique et spatiale, puis de la croiser à des caractéristiques d'individus. C'est ce qui est fait en appliquant par exemple des modèles de confort thermique pour qualifier le confort dans les espaces. La seconde impose une étude par les récepteurs de l'ambiance et une prise en compte de leurs caractéristiques culturelles, affectives, sociales.

►► Confort thermique

Approche générale

La notion de confort thermique est fortement liée à la notion d'agrément, comme Heschong (1979) l'évoque dans son livre intitulé *Thermal Delight in Architecture*. Souvent l'homme est à la recherche dans son environnement, non seulement du confort mais aussi d'un agrément thermique ; ce qui est particulièrement valable dans une ambiance dynamique comme par exemple des espaces urbains, ouverts ou semi-ouverts au ciel (Nicol *et al.*, 2012).

Il n'existe pas de définition universelle du confort thermique. On trouve diverses descriptions dans la littérature, en premier lieu appliquées aux espaces intérieurs :
— d'après l'Ashrae (American Society of Heating Refrigerating and Air-conditionning Engineers), le confort thermique est atteint lorsque l'individu exprime une satisfaction au sujet de son environnement (Ashrae, 1993) ;
— selon la définition proposée par Depecker (1989), une ambiance confortable est « une ambiance pour laquelle l'organisme humain peut maintenir constante sa température corporelle — sans mettre en jeu de manière perceptible, et donc désagréable ses mécanismes instinctifs thermorégulateurs de lutte contre le chaud et le froid » ;
— selon Galeou *et al.* (1989), le confort thermique de l'être humain correspond à « une motivation simple mais permanente qui le pousse à chercher, voire créer, certaines situations climatiques, à en maintenir certaines d'entre elles et à les juger en termes d'agrément ou de désagrément ».

Le confort thermique ne correspond pas forcément à l'état de neutralité thermique ; l'alternance des *stimuli* qui se compensent peut impliquer un état de confort. Il a été observé que les situations de confort thermique peuvent devenir des situations d'indifférence et ensuite d'inconfort, si elles sont maintenues un certain temps. Un phénomène de saturation des thermorécepteurs cutanés sensibles se produit, qui peut cependant être éliminé par des légers gradients spatio-temporels de l'écoulement d'air, notamment.

L'être humain est homéotherme, c'est-à-dire un être vivant à sang chaud caractérisé par une température corporelle centrale (appelée également température de « noyau ») de 37 °C. Cette température doit être maintenue à une valeur quasi constante pour conserver la santé, quelles que soient les conditions climatiques l'environnant. Le maintien à 37 °C est possible grâce aux processus de transport de la chaleur et de la vapeur qui se produisent dans le corps et au niveau de l'enveloppe du corps humain, sur la surface de la peau et sur celle des vêtements. Ces processus assurent que la variation de la quantité de chaleur stockée par l'organisme (ΔQS dans l'équation 5) reste aux alentours de zéro. Toutes actions volontaires ou involontaires du corps ont pour but de réduire au minimum la variation de la chaleur emmagasinée dans le corps.

Approche physique : bilan thermique du corps

Par une approche physique, la notion de confort thermique fait référence aux états thermiques du corps qui sont les conditions où l'équilibre énergétique peut être atteint par un effort minimal. En revanche, l'inconfort thermique est la mesure du départ depuis l'état de confort.

Les approches physiques reposent sur l'écriture du bilan énergétique du corps humain, qui peut être décrit par la relation suivante :

$$(5)\ Rn+M-(H+Q_E+S)=\Delta QS$$

Les termes de cette relation sont :
- Rn : rayonnement net (tel que déjà défini dans le chapitre 2 « Impacts sur les microclimats urbains », p. 35) ;
- M : flux de chaleur métabolique produite par le corps grâce à l'oxydation des aliments ;
- H : échange de chaleur sensible à la surface du corps et dans les voies respiratoires ;
- Q_E : échange de chaleur latente à la surface du corps (par sudation) et dans les voies respiratoires ;
- S : transfert de chaleur sensible par conduction (au niveau des contacts du corps et des surfaces qui l'entourent : sol, mobilier, parois…) ;
- ΔQ_S : variation de la chaleur stockée dans l'organisme.

L'énergie produite par l'organisme dépend de l'activité de l'individu : le taux de chaleur métabolique comprend le taux métabolique « de base » ($70\,\mathrm{Wm^{-2}}$) et le taux résultant de l'activité physique exercée.

Les échanges d'énergie avec l'atmosphère apparaissent principalement sur la surface de la peau et sont transportés depuis le noyau central du corps vers l'enveloppe extérieure du corps. La chaleur est également transportée par la respiration depuis le noyau central du corps vers l'environnement. Les échanges entre le corps et l'atmosphère sont aussi régulés par l'isolation thermique intermédiaire et la barrière de la vapeur assurée par les vêtements situés près de la peau.

Comme retranscrit dans la relation précédente, le bilan énergétique du corps humain prend en compte toutes formes de transfert d'énergie entre le corps et son environnement, c'est-à-dire les transferts évapotranspiratifs, convectifs, radiatifs et conductifs. Ainsi, le transfert de l'énergie comprend dans une ambiance extérieure :
- le rayonnement solaire direct ;
- le rayonnement diffus de courtes et grandes longueurs d'onde provenant du ciel, du sol, et des autres surfaces environnantes ;
- le rayonnement réfléchi de courtes longueurs d'onde ;
- le rayonnement émis de grandes longueurs d'onde ;
- les échanges convectifs entre l'air et les surfaces du corps, y compris par la respiration ;

– la conduction de chaleur vers le sol ou vers les surfaces environnantes ;
– les échanges par évaporation et transpiration à la surface extérieure du corps et par les voies respiratoires.

La sensation de l'individu par rapport à son ambiance climatique est liée à la température de la peau, celle-ci étant influencée par les échanges thermiques entre l'environnement et l'individu. Le calcul de tous ces termes peut être réalisé de façon très détaillée en fonction des paramètres de l'environnement et de l'individu considéré. Ces paramètres sont très nombreux. Ils peuvent être regroupés dans les trois catégories exposées dans le tableau 5.1.

Tableau 5.1. Facteurs influençant le confort thermique. Source : Auliciems & Szokolay (2007).

Facteurs climatiques	Température d'air Rayonnement Humidité relative Mouvement d'air
Facteurs personnels	Métabolisme Habillement
Facteurs contributeurs	Alimentation et boisson Acclimatation Forme corporelle Gras sous-cutané Âge et genre

Approche physiologique : perception d'une ambiance climatique extérieure

Le confort thermique en espace extérieur a reçu moins d'attention que le confort thermique en espace intérieur, qui dans le domaine du bâtiment fait maintenant l'objet de normes. En effet, ce dernier est considéré lié plus directement à la santé des usagers et à la productivité des employés dans leurs lieux de travail. De plus, ces conditions peuvent assez aisément être contrôlées par la conception de l'enveloppe des bâtiments et des systèmes. *A contrario*, à l'extérieur, il est plus difficile d'agir sur l'environnement climatique. Les conditions climatiques intérieures et extérieures sont fortement liées, ainsi que leur perception, pourtant, ce lien est peu fait dans la pratique.

La différence entre la charge climatique de l'individu en environnement extérieur et en environnement intérieur est significative. En espace extérieur, l'individu rencontre des conditions climatiques d'une plus grande variabilité, notamment la température de l'air, le rayonnement, l'humidité relative et la vitesse de l'air. Une faible brise, à laquelle il se trouve souvent exposé à l'extérieur, dépasse argement la vitesse tolérée à l'intérieur. Ainsi, il est courant que les personnes travaillant dans des bureaux se plaignent de courants d'air, alors que des vitesses d'air identiques créées autour d'elles lors de leurs déplacements à l'extérieur, par leurs mouvements, ne sont généralement pas perçuescomme inconfortables (McIntyre, 1980).

Avec des surfaces de matériaux différents, certaines ensoleillées et d'autres non, une gamme plus étendue de rayonnements de grandes et de courtes longueurs d'onde caractérise également les espaces extérieurs. Les individus y sont souvent soumis à des phénomènes d'asymétrie de rayonnement importants. Ceci serait considéré comme inconfortable à l'intérieur, dans le cas d'un système de chauffage rayonnant, par exemple, mais à l'extérieur, les personnes s'exposent volontairement et apprécient le rayonnement solaire direct (McIntyre, 1980).

Le corps humain ne possède pas de récepteurs distincts qui permettraient d'isoler la perception de chaque paramètre climatique. Il peut uniquement enregistrer une perception globale de l'ambiance thermique. Cette perception globale est créée par les thermorécepteurs cutanés (situés au niveau de la peau) et centraux (situés dans l'hypothalamus). Les thermorécepteurs évaluent la température centrale et envoient les informations à l'hypothalamus. Le corps, quant à lui, formule une réponse physiologique aux changements qui apparaissent dans l'intensité du flux sanguin ou dans la température de la peau, d'une façon à maintenir constante la température du noyau central (Höppe, 1999).

Toujours d'après Höppe (1999), les divers paramètres climatiques ont un niveau d'influence et d'importance différent sur le confort thermique de l'individu, en fonction de la situation météorologique. Ainsi, la température de l'air a une importance plus grande que la température radiante moyenne quand la vitesse du vent est importante, puisque le vent intensifie les échanges convectifs. En revanche, dans le cas de vents faibles ou en absence de vent, la température radiante moyenne et la température de l'air ont pratiquement une importance égale en ce qui concerne le confort thermique.

À l'instar de la caractérisation de la sensation thermique de l'individu provoquée par son ambiance climatique, l'adaptation de l'individu à l'ambiance climatique peut être physique, physiologique et psychologique. L'adaptation physique implique le changement vestimentaire, la modification de l'activité physique et de son intensité, la posture, le taux de métabolisme (adaptation réactive) ou bien la modification de l'environnement, comme par exemple l'ouverture d'un parasol (adaptation interactive) [Nikolopoulou & Lykoudis, 2006]. L'adaptation physiologique, elle, désigne l'évolution temporelle des réponses physiologiques produites par le corps humain aux *stimuli* répétitifs de l'environnement, causés par l'ensemble des paramètres climatiques. Elle est également appelée acclimatation.

Approche psychologique

Les individus perçoivent l'ambiance climatique de façons différentes. Nikolopoulou & Lykoudis (2006) avancent l'idée que la réponse du corps humain aux *stimuli* physiques n'est pas seulement fonction de leur ampleur, mais dépend également de l'information reçue de la situation climatique. Les facteurs psychologiques, tels que les attentes de l'individu par rapport à l'ambiance climatique, l'expérience (appelée également « historique thermique »), la stimulation environnementale, les possibilités de contrôle, le caractère naturel de la situation climatique et le temps d'exposition, affectent également la perception thermique d'un individu par rapport à son environnement climatique.

La notion de l'attente de l'individu par rapport à l'ambiance climatique, ou le souhait qu'il a d'un changement dans des conditions thermiques de son environnement a une influence importante sur la perception thermique. Elle dépend également du contexte. En effet, chaque personne porte en elle ses propres exigences envers l'ambiance climatique (McIntyre, 1980), qui sont basées sur l'historique thermique ou « le vécu », son expérience. Une situation climatique est donc qualifiée de confortable ou d'inconfortable relativement à l'historique thermique de court et de long terme de la personne, ainsi que — comme évoqué précédemment — l'attente de cette dernière par rapport à l'environnement thermique (McIntyre, 1980 ; Nikolopoulou et al., 2001 ; Nikolopoulou & Steemers, 2003 ; Nikolopoulou & Lykoudis, 2006).

La stimulation environnementale figure probablement parmi les motivations les plus importantes pour exercer une activité physique à l'air libre où les conditions climatiques sont très variables, surtout en comparaison avec l'environnement intérieur. L'idée qu'une ambiance variable, dynamique est préférée par rapport à une ambiance statique, est avancée par plusieurs études (Hawkes, 1982 ; Nikolopoulou & Lykoudis, 2006). La stimulation environnementale représente également une situation de « non-obligation », où l'individu se trouve dans une ambiance par choix.

La possibilité de contrôle de l'ambiance contribue à la sensation de bien-être et d'aisance de l'individu, par une sensation de maîtrise d'environnement.

La notion de « caractère naturel » des conditions climatiques d'un espace, comme la nomment Nikolopoulou & Lykoudis (2006), désigne la faculté d'un individu à tolérer les variations importantes des facteurs de l'ambiance physique dans le cas où elles sont liées à des phénomènes naturels.

Le temps d'exposition est également un facteur psychologique, toujours selon les mêmes auteurs, qui joue un rôle important dans l'évaluation et la perception des conditions climatiques inconfortables : plus le temps d'exposition est court et plus l'individu peut anticiper la situation d'inconfort, moins la même situation d'inconfort est perçue comme négative ou grave (Nikolopoulou & Lykoudis, 2006).

Impact du végétal sur le confort thermique

Du fait du changement climatique, des augmentations de température de quelques degrés sont attendues, amplifiées dans les zones urbaines par la densité du bâti. Il est nécessaire d'anticiper ces augmentations afin d'en réduire les conséquences sur la santé et la qualité de vie des habitants.

Le végétal influence les flux de chaleur et de vapeur d'eau entre l'individu et son environnement par plusieurs phénomènes : l'augmentation de l'humidité relative de l'air, l'ombrage et la modification des caractéristiques de l'écoulement de l'air. Le végétal a un impact direct et un impact indirect sur le confort thermique d'un individu. On classe en effets directs les modifications dues au fait que l'individu échange avec une surface végétale au lieu d'échanger avec une surface construite.

Les effets indirects sont ceux liés à la manière dont la présence de végétation modifie l'environnement dans lequel se trouve l'individu. Les effets directs peuvent donc être le filtrage d'une part du rayonnement solaire (fonction « brise-soleil ») qui arrive sur l'individu, une sollicitation radiative de grandes longueurs d'onde différente du fait de la température des feuilles, l'obstruction du rayonnement de grandes longueurs d'onde avec les surfaces environnantes et le ciel, une modification locale de la température, de l'humidité et de la vitesse de l'air autour de l'individu. Les effets indirects sont l'échange radiatif avec des surfaces à températures moindres car ombragées, un effet d'îlot de chaleur urbain réduit… on en revient là sur les impacts climatiques cités dans le chapitre 2 « Impacts sur les microclimats urbains » (p. 35).

Si on reprend les transferts thermiques un à un et leur impact sur le confort d'un individu, on retrouve :

– **les effets radiatifs** : les plantes fonctionnent comme des brise-soleil pendant la journée et font écran aux échanges radiatifs de grandes longueurs d'onde, avec les surfaces de l'environnement bâti comme avec le ciel. Elles constituent un environnement radiatif GLO dont le flux est « contrôlé » puisque la température du feuillage varie dans une gamme plus faible que celle des autres surfaces de la ville ;

– **les effets convectifs** : les plantes, en volume important (haies brise-vent, arbres), freinent l'écoulement d'air et limitent ainsi les transferts convectifs entre l'homme et son environnement. Le houppier des arbres et des arbustes peut également « filtrer » l'écoulement et le rendre plus « homogène », moins turbulent. Il peut également arriver, en fonction de leur disposition, que des plantes augmentent localement la vitesse d'air en canalisant le vent et augmentent ainsi les transferts convectifs ;

– **les effets conductifs** : ces effets sont peu pris en compte car les surfaces de contact entre individus et plantes sont en général faibles sauf dans les cas de personnes allongées ou assises sur une surface enherbée. Ces surfaces sont en général à des températures peu élevées, du fait de la présence de végétation, et les flux conductifs dépendront de l'épaisseur du végétal, et de la nature et de l'état hydrique du sol ou substrat.

Par l'ensemble de ces phénomènes, la présence de végétation modifie également à plus grande échelle le microclimat urbain, donc la température de l'air et des surfaces, l'humidité relative et la vitesse de l'air, qui caractérisent l'environnement urbain « de fond » auquel est soumis l'individu. Ces impacts sur le bilan énergétique du corps humain sont résumés dans le tableau 5.2, qui concerne une situation estivale, la plus préoccupante dans le contexte actuel du réchauffement climatique.

Tableau 5.2. Impact du végétal sur les différents termes et paramètres du bilan énergétique du corps humain.

Variable modifiée par la végétation	Termes du bilan impactés				Impact sur le confort
	H	Rn	Q_E	S	
Tsurface ↓		↓		↓	↑
Flux solaire ↓		↓			↑
Tair ↓	↓				↑
Humidité relative ↑			↑		↓

Comme nous l'avons vu dans les synthèses bibliographiques du chapitre 2 « Impacts sur les microclimats urbains », les études portant sur « l'efficacité climatique » des surfaces enherbées comparées aux surfaces minérales, mettent en évidence des impacts sur les températures d'air souvent difficiles à déceler, mais des impacts significatifs sur la température moyenne radiante dans les environnements végétalisés. Ainsi, l'exploitation de ces études en termes de confort thermique repose essentiellement sur la modification de cette température moyenne radiante.

Surfaces enherbées

Armson (2012) a mesuré les températures avec un thermomètre globe positionné à hauteur d'homme, afin de caractériser l'impact sur le confort de surfaces urbaines variées : couvertes par du béton, de l'asphalte, de la pelouse et contenant des arbres. La température de « globe » intègre l'impact du rayonnement de courtes et de grandes longueurs d'onde et permet de calculer la TMR dans le cas où la vitesse et la température de l'air sont connues. Le rayonnement a en effet une influence plus importante sur le confort thermique que la température d'air. Son impact sur le confort en espace extérieur est encore plus prononcé, puisque ces valeurs se trouvent en dehors de la gamme habituelle en espace intérieur. Il est supposé que 1 °C de température d'air peut être compensé par 0,5-0,8 °C de température radiante moyenne (Szokolay, 1980).

Les températures mesurées par thermomètre globe ont été très peu affectées par les couvertures de surfaces. En revanche, elles étaient fortement réduites par les ombres. Les températures de « globe » mesurées au-dessus des surfaces bétonnées et enherbées exposées au soleil étaient de 9 °C supérieures à celles de l'air, alors que les mêmes surfaces sous l'ombre ne l'étaient que de 2 °C.

Contrairement aux attentes, les températures maximales mesurées par thermomètre globe au-dessus de la pelouse ont été légèrement supérieures à celles mesurées au-dessus des surfaces minérales étendues — et ceci malgré les températures de surface de pelouse inférieures à celles des surfaces minérales. Armson suppose que ce phénomène est probablement dû à l'albédo plus élevé de la pelouse, ce qui implique la réflexion d'une quantité plus importante du rayonnement solaire.

Les arbres

Les arbres, et en particulier leur houppier, sont des surfaces radiatives et convectives « fraîches » par rapport aux surfaces urbaines minérales se situant dans des gammes de températures caractéristiques en milieu urbain, en période estivale. Ils ombrent également des surfaces qui, si elles étaient exposées, atteindraient des températures élevées. Leur participation au confort thermique des citadins est donc importante.

Armson (2012) a étudié l'effet bénéfique de l'ombre des arbres en périodes printanière et estivale (aux mois de mai et juin), de plusieurs espèces dont les principales étaient le cyprès de Leyland, l'aubépine, l'érable sycomore, le bouleau blanc, le frêne commun et le troène. Il a mesuré la température d'air et des surfaces, ainsi que les températures de « globe » sous l'ombre des arbres et sous le soleil.

Ses résultats ont mis en évidence une corrélation entre l'indice LAI et la réduction des températures de surface, ainsi qu'entre le LAI et la température de « globe ». Les températures de « globe » dans l'ombre des arbres ont été réduites de 4 K en moyenne pendant les mois de mai et juin. Une réduction maximale de température de « globe » de 5-7 K a été observée dans l'ombre de l'aubépine, en mai, quand son LAI était le plus élevé. Armson souligne que 4 K de réduction moyenne de température de « globe » en période chaude peut significativement améliorer le confort thermique des individus.

Mayer *et al.* (2009) ont mené une étude sur l'impact des arbres sur le confort thermique en espace extérieur à Fribourg (Allemagne) pendant les étés 2007 et 2008, dans le cadre du projet Klimes. Le confort thermique a été évalué par l'indice PET (*Physiologically Equivalent Temperature*) qui a permis de constater une nette amélioration des conditions de confort sous la frondaison d'un frêne (*Fraxinus excelsior*), par rapport à un voisinage ensoleillé. La différence maximale de PET était de 12,5 °C, ce qui signifie une réduction du niveau de perception thermique « très chaud » au niveau de deux crans plus bas, « peu chaud », sous l'ombre de la frondaison. La différence moyenne sur la période de 10 h du matin à 16 h était de 4,6 °C.

Egerhàzi *et al.* (2012) se sont intéressés à l'impact des arbres sur le confort thermique des usagers, sur une aire de jeu de 0,33 ha située à Szeged (Sud de la Hongrie). Dans un premier temps, ils ont calculé l'indice de confort thermique PET à partir des données du site météorologique le plus proche, par RayMan (Matzarakis *et al.*, 2007). Ensuite, ils l'ont comparé avec les valeurs de PET calculées à partir des données météorologiques mesurées *in situ* dans les zones ombragées par le végétal et dans les zones ensoleillées. Les périodes d'intérêt étaient : l'été et l'automne 2011. Les mesures étaient effectuées pendant la journée de 10 h à 18 h — période typique d'utilisation de l'aire de jeu. Les résultats ont mis en évidence que les arbres atténuent le stress thermique auquel les citadins se trouvent exposés sur l'aire de jeu. Les valeurs estivales de PET dépassaient 40 °C au soleil pendant pratiquement toute la durée de la campagne, ce qui correspond à un stress thermique important, voire extrême. En revanche, à l'ombre elles étaient significativement réduites et se situaient plus proches de la température d'air (23-32 °C PET) et causaient un stress thermique modéré aux usagers. En automne, les températures à l'ombre généraient un stress thermique modéré de froid (14-23 °C PET), tandis qu'au soleil elles se situaient aux environs de 40 °C PET (Egerhàzi *et al.*, 2012).

Les parcs

Les parcs urbains conjuguent à la fois l'impact des arbres, des arbustes et des surfaces enherbées sur les microclimats. Les frondaisons et les zones gazonnées affectent donc principalement les échanges radiatifs et conductifs entre le végétal et l'environnement, ainsi qu'entre l'individu et son environnement. Les arbres par leurs tailles plus importantes projettent des ombres plus étendues. Ils rafraîchissent non seulement l'air, mais aussi les surfaces enherbées et minérales.

Dans le jardin public Teófilo de Braga à Lisbonne (Portugal), Oliveira *et al.* (2011) ont mesuré des TRM pouvant être de 39,2 °C inférieures à celle mesurée dans une des rues canyons voisines. C'est ici le rôle de l'ombrage qui est primordial, car le flux solaire important résulte en une augmentation forte de la TMR.

Les façades végétales

Nous l'avons vu dans la partie consacrée aux impacts climatiques, les façades végétales constituent des surfaces urbaines à température contrôlée. Elles ne créent pas d'ombre dans les rues, mais font que le citadin est entouré d'un environnement radiatif moins chaud. Cet impact peut être d'autant plus important qu'il s'agit de surfaces verticales que le corps humain regarde avec des facteurs de vue important.

Olivieri *et al.* (2012) tentent d'analyser l'effet des façades végétales sur le confort dans les rues en réalisant des simulations avec Envi-Met V3.1, dans lesquelles ils font varier la position et la quantité de façade végétale. Ce modèle ne permet pas de représenter les façades végétalisées, donc les auteurs les simulent par des volumes de feuillage d'arbres de 0,50 m d'épaisseur, 3 m de large et 20 m de haut, très proches des bâtiments. Ces façades seront comparées à des rangées d'arbres de 20 m de haut également, à 3 m de distance des bâtiments. Les simulations sont réalisées en été pour le climat de Madrid (Espagne), représentatif d'un climat continental méditerranéen extrême (étés chauds et secs et hivers assez froids et humides).

Une première série de simulations a pour but de comparer l'impact de façades végétales à celui des arbres, pour différentes vitesses de vent et orientations de la rue.

Pour la seconde, ce sont les rapports de forme de la rue qui varient (H/W = 0,5 ; 0,75 ; 1 et 1,2 ; avec H la hauteur de la rue et W sa largeur). L'analyse est faite en plaçant dans un diagramme bioclimatique d'Olgyay les valeurs de température, de vitesse de vent et d'humidité, en valeurs moyennes maximales et minimales sur des intervalles de trois heures, à 9 h, 12 h et 15 h, prises à une hauteur de 1,2 m en utilisant Olgyay (1973).

Les résultats de la première série de simulations montrent que les cas avec façade végétale permettent d'obtenir des valeurs d'humidité relative plus élevées et de vitesses de vent plus faibles, ce qui, dans le diagramme bioclimatique correspond à une amélioration du confort thermique.

L'analyse de la variation verticale de la température d'air le long des bâtiments, à 6 h 30 (température nocturne pour évaluer l'effet d'îlot de chaleur urbain), montre que les températures les plus basses sont obtenues avec la façade végétale, puis avec les arbres, mais ces écarts restent extrêmement faibles (inférieurs à 0,1 °C). Sur l'ensemble des simulations, la réduction maximale de température obtenue ne dépasse pas 0,5 °C et les auteurs obtiennent des impacts plus importants sur le confort dans des rues étroites.

Cette première approche semble cependant très incomplète : en effet, comme nous l'avons vu, pour qualifier le confort thermique, la prise en compte des termes radiatifs (ensoleillement direct et rayonnement de grandes longueurs d'onde échangé entre l'usager et son environnement) est indispensable, ce qui n'est pas le cas ici. D'un côté, les arbres protègent l'usager du soleil, ce que les façades végétales ne font pas, mais l'environnement radiatif dépendra de l'ombrage fourni par ces arbres aux surfaces minérales environnantes. Les façades végétales ne protègent pas du soleil, mais fournissent un environnement thermique plus frais. Il est donc important d'évaluer soigneusement les flux radiatifs.

Les toitures végétales

Les toitures végétales contribuent essentiellement à l'amélioration des conditions de confort à l'intérieur du bâtiment. Elles sont rarement visibles depuis l'espace public et de ce fait, les échanges thermiques avec les citadins sont très réduits. L'impact essentiel sur le confort est un impact indirect par la modification du climat urbain, qui comme nous l'avons vu reste faible.

Bilan de l'impact de la végétation sur le confort thermique

L'emploi du végétal de façon intense en milieu urbain modifie le bilan radiatif global des villes. Il permet de réduire leurs températures surfaciques, ce qui contribue à l'amélioration des conditions atmosphériques dans la couche limite urbaine. Le végétal participe ainsi à la création d'ambiances climatiques confortables dans les espaces du tissu urbain souvent oubliés, ceux situés « entre les bâtiments », et à promouvoir l'utilisation des espaces extérieurs et la rencontre entre les citadins.

▸▸ Éclairement naturel

Alors que de nombreuses études concernent la pénétration de la lumière dans les canopées forestières ou dans les cultures, à des fins d'évaluer l'impact sur la croissance des plantes, on en trouve très peu sur l'impact de la végétation en ville sur les ambiances lumineuses.

Pourtant, la végétation constitue un obstacle pour la disponibilité de la lumière, que ce soit dans l'espace urbain ou dans les bâtiments proches. En particulier, les arbres à feuillage persistant pendant l'hiver empêchent l'accès à un éclairage naturel déjà moins abondant en ville, et certains agencements d'arbres d'alignement obligent les habitants des étages inférieurs à éclairer artificiellement leur logement une bonne partie de l'année.

La littérature fournit des méthodes d'estimation de la lumière du jour dans un espace urbain, mais en général, en l'absence d'obstacles, de sorte qu'elles ne sont pas applicables en présence d'arbres. En outre, la complexité de la prévision n'est pas seulement liée à la configuration de la rue, mais aussi aux propriétés changeantes des arbres, non seulement en raison des variations saisonnières, mais également en raison de leur gestion.

Il est par ailleurs nécessaire de connaître les caractéristiques optiques du feuillage (Jacquemoud & Ustin, 2008), certaines feuilles lisses étant beaucoup plus réfléchissantes, et la répartition de la densité de feuillage au sein du houppier. L'effet des arbres sur la disponibilité et la répartition de lumière dans des rues cayons a été étudié par Martinez *et al.* (2006) dans la ville de Mendoza (Argentine). Ils ont réalisé des mesures d'éclairement dans trois rues contenant des espèces d'arbres différentes : platanes, mûriers et frênes. Les rues sont de même morphologie (rues larges, de rapport de forme H/W < 0,5 et orientées nord-sud), les arbres disposés de manière similaire (sur les deux côtés de la rue). Les différences concernent les caractéristiques de l'alignement d'arbres : nombre d'arbres, hauteur du tronc et du houppier, continuité de la voûte végétale et état de la végétation.

Les mesures d'éclairement horizontal sont réalisées dans la longueur des rues, au niveau du sol, tant sur les trottoirs (une ligne sur chaque trottoir) que sur la voie réservée à la circulation automobile (trois lignes). Des mesures d'éclairement vertical sont également réalisées à 1,5 m du sol sur les façades. Les mesures sont effectuées pendant la saison chaude, sur toute une journée, sous un ciel clair, mais seuls les résultats à midi solaire sont analysés dans la publication.

Les résultats montrent que la quantité de lumière est très fortement modifiée par la présence des arbres d'alignement. L'amplitude des différences dépend de la structure de l'alignement. Dans le cas de structures continues, comme les voûtes, les platanes (perméabilité 16,4 %) laissent très peu pénétrer la lumière : dans 92 % des points de mesure, l'éclairement horizontal était inférieur à 25 % de l'éclairement incident. Dans les structures plus ouvertes formées par les mûriers (perméabilité 14,5 %), l'éclairement moyen était supérieur, du fait d'un plus faible nombre de points (73 %) recevant moins de 25 % de l'éclairement incident et d'un plus grand nombre (21 %) recevant entre 76 et 100 % de l'éclairement incident.

La structure discontinue de l'alignement de frênes (perméabilité 19 %) permet un accès plus important de la lumière avec des contrastes aussi plus importants puisque 48 % des points de mesure reçoivent moins de 25 % de la lumière incidente et 47 % en reçoivent plus de 75 %.

Ces valeurs mettent en évidence que du point de vue qualitatif, les structures continues filtrent la lumière d'une manière plus homogène que les structures discontinues qui font apparaître des contrastes importants.

Les mesures sur les façades ont également fait apparaître des éclairements lumineux très altérés. L'impact de la végétation sur le confort lumineux est un autre aspect peu étudié. En effet, dans les bâtiments, le faible éclairement est compensé par l'éclairage artificiel. Cependant, les recherches portant sur l'impact de la végétation sur les consommations énergétiques des bâtiments ignorent majoritairement l'impact lumineux, alors que la part de l'éclairage artificiel est de plus en plus importante en proportion. Al-Sallal & Abu-Obeid (2009) et Al-Sallal (2013) proposent cependant des méthodes d'évaluation de l'impact lumineux d'arbres, appliquées au contexte urbain et à l'évaluation des impacts lumineux dans les bâtiments.

Il est important de noter que ces travaux portent essentiellement sur les aspects quantitatifs de la lumière. S'agissant de la lumière filtrée par la végétation, les aspects qualitatifs sont certainement également très importants et on peut supposer que les effets de filtrage dynamique dus au mouvement des feuilles limitent, du point de vue de la perception, les impacts souvent importants du point de vue quantitatif.

▸▸ Acoustique

Les effets de la végétation sur les ambiances sonores urbaines peuvent être considérés à plusieurs échelles spatiales (de la rue à la ville, en passant par le quartier) et — pour chacune de ces échelles spatiales — peuvent être schématiquement scindés en deux « familles » : les effets directs et les effets indirects.

Les effets directs du végétal sur la propagation acoustique en milieu urbain sont liés aux frontières du domaine de propagation et peuvent être abordés selon les approches classiques de l'acoustique physique. Ainsi, les arbres et leur feuillage peuvent être considérés comme des objets d'encombrement (au même titre que du mobilier urbain ou des véhicules en déplacement ou en stationnement), et ainsi contribuer de manière significative à la diffusion du son dans la rue, et, par suite, à une décroissance quantitativement plus rapide des niveaux sonores (Picaut, 2005 ; Van Renterghem & Botteldooren, 2010). Par ailleurs, à échelles spatiales sensiblement identiques (celle de la rue, voire du quartier), la végétalisation des toits et/ou des façades entraîne une absorption de l'énergie acoustique (par le substrat), et donc de moindres niveaux sonores à leur voisinage. Ces effets ont déjà été quantifiés dans de précédentes études mais de manière essentiellement théorique ou numérique — à l'exception de certaines qui présentent une validation expérimentale sur maquette (Li *et al.*, 2008 ; Van Renterghem & Botteldooren, 2009) et des mesures *in situ* (Van Renterghem & Botteldooren, 2011) — et pour un nombre limité de configurations et d'échelles spatiales. Ces recherches nécessitaient donc des travaux complémentaires afin d'évaluer — numériquement et expérimentalement — l'influence directe de la végétation sur les ambiances sonores urbaines, de l'échelle de la rue jusqu'à celle du quartier.

Les effets indirects induits par la présence de végétation sur la propagation acoustique en milieu bâti sont liés à la modification des caractéristiques du milieu de propagation. En effet, l'augmentation de l'encombrement — dû à la présence d'arbres par exemple — peut modifier les champs de vent et/ou de température, et par suite les champs de célérité du son (Rasmussen, 1996 ; Salomons, 1996 et 1999 ; Barrière, 1999 ; Premat & Gabillet, 2000 ; Blumrich & Heimann, 2002 ; Tunick, 2003 ; Heimann & Blumrich, 2004 ; Van Renterghem & Botteldooren, 2009). En outre, les effets de gradients thermiques au voisinage des parois (façades, toits, sols) peuvent être nettement modifiés en présence de végétal et ainsi altérer les profils de célérité du son entre source(s) et récepteur(s). À plus grande échelle (celle de l'îlot urbain), ces effets indirects se traduisent par des modifications notables des profils verticaux de vent et de température, à l'intérieur et au-dessus de la canopée urbaine (Gauvreau *et al.*, 2009). Ces effets micrométéorologiques sur la propagation acoustique sont relativement bien connus en milieu péri-urbain — *i.e.* en espace relativement dégagé ou « ouvert » (Zouboff *et al.*, 1998 ; Wilson, 2003 ; Lihoreau *et al.*, 2006 ; Defrance *et al.*, 2007 ; Heimann *et al.*, 2007 ; Junker *et al.*, 2007 ; Van Renterghem *et al.*, 2007 ; Baume *et al.*, 2009 ; Aumond *et al.*, 2011 ; Gauvreau, 2013) — mais, mis à part les travaux pionniers de Wiener *et al.* (1965), l'étude de leur influence en milieu densément bâti est relativement récente (Ogren & Forssen, 2004 ; Lam, 2008 ; Van Renterghem & Botteldooren, 2010 ; Guillaume *et al.*, 2011a).

Les effets de pratiques alternatives d'insertion végétale en milieu urbain ont donc été étudiés — expérimentalement et numériquement — de manière plus approfondie dans le cadre du projet VegDUD. Deux campagnes expérimentales *in situ* ont été mises en place afin d'estimer les paramètres acoustiques caractéristiques de façades et de toits végétalisés. Ces paramètres ont été introduits en données d'entrée du modèle numérique de propagation acoustique utilisé pour évaluer l'impact de tels revêtements végétaux, à travers une étude paramétrique basée sur des scénarios de végétalisation. Cette étude a permis de quantifier l'influence de ces pratiques alternatives sur les facteurs d'ambiance acoustique, notamment à travers des indicateurs physiques classiques tels que les niveaux de pression acoustique et les temps de décroissance sonore. Bien que la modélisation des effets indirects du végétal sur la propagation acoustique soit réalisable avec le modèle numérique utilisé dans cette étude, ces derniers n'ont pas été considérés dans le cadre de ce travail, par manque de connaissance sur les profils météorologiques en milieu urbain.

Mesures d'impédance acoustique de revêtements végétaux

Motivations

La réalisation d'une campagne expérimentale *in situ* visant à caractériser la qualité d'un environnement sonore urbain est particulièrement délicate. En effet, outre la lourdeur des procédures administratives nécessaires à la mise en place de ce type d'étude, de nombreux paramètres influant sur la propagation acoustique ne sont pas maîtrisés. C'est le cas, par exemple, des sources multiples de bruit (trafic routier, travaux de voirie...) ou des conditions météorologiques.

Des expérimentations sur maquette pourraient être envisagées, ce qui garantirait le contrôle d'une partie de ces paramètres. Cependant, il est indispensable de respecter des facteurs d'échelle afin que les résultats des mesures à échelle réduite soient transposables à échelle réelle. Or, s'il est relativement simple — d'un point de vue purement géométrique — de réaliser une maquette de rue, voire d'un quartier, il est en revanche difficile de déterminer quels matériaux utiliser pour représenter le végétal en respectant ce facteur d'échelle en termes d'absorption ou de diffusion.

Une évaluation expérimentale de l'impact du végétal sur un nombre limité de facteurs d'ambiance sonore a été effectuée par Van Renterghem & Botteldooren (2011) et par Lunain (2012) en réalisant des mesures avant/après l'implantation d'un revêtement végétal sur un site.

Nous présentons ici des travaux de caractérisation des propriétés acoustiques de revêtements végétaux de façades et de toits végétalisés. Des mesures *in situ* d'impédance acoustique ont été réalisées, afin d'estimer les paramètres nécessaires en entrée du modèle de propagation acoustique pour l'étude numérique de l'impact du végétal sur les ambiances sonores.

Estimation des paramètres acoustiques caractéristiques de revêtements végétaux

Des mesures *in situ* d'impédance acoustique ont été réalisées pour caractériser une façade et une toiture végétalisées. Pour chaque couverture végétale, une série de mesures a été effectuée en déplaçant le dispositif expérimental entre chaque mesure le long de la façade ou au-dessus du toit, afin de contrôler la variabilité spatiale des résultats.

La façade caractérisée est très hétérogène, constituée de végétaux variés — bergenias, campanules, géraniums vivaces, érigéron, coquelourdes, lamiers, graminées et heuchères — disposés en patchwork, tandis que la toiture végétale, plus homogène, consiste en un lit de pouzzolane planté de sédum (fig. 5.1).

Figure 5.1. Photographies (**à g.**) de la façade et (**à dr.**) de la toiture végétalisées caractérisées. Source : G. Guillaume.

Les valeurs de la résistance spécifique au passage de l'air (σ) et de l'épaisseur (e) obtenues pour les deux campagnes expérimentales et pour chaque série de mesures sont regroupées dans le tableau 5.3. Pour la façade, les paramètres caractéristiques estimés varient fortement, ce qui peut être lié aux hétérogénéités de la façade et à l'intervention manuelle de l'opérateur pour la procédure d'analyse. Les valeurs obtenues pour la toiture sont plus homogènes spatialement, mais peuvent être sujettes à des évolutions temporelles, notamment saisonnières.

Tableau 5.3. Valeurs de la résistance spécifique au passage de l'air (σ) et de l'épaisseur équivalente (e) estimées pour la façade et le toit végétalisés.

	Mesure	1	2	3	4	5	6	Moyenne	Écart-type
Façade	σ (kN.s.m^{-4})	60	20	30	80	60	80	55	23 (41,6 %)
	e (m)	0,037	0,040	0,039	0,033	0,039	0,035	0,037	0,002 (5,4 %)
Toiture	σ (kN.s.m^{-4})	300	400	420	400	400	500	403	64 (15,0 %)
	e (m)	0,020	0,020	0,021	0,012	0,022	0,010	0,018	0,005 (29,1 %)

Évaluation numérique de l'impact de revêtements végétaux sur les ambiances sonores

Modèle de propagation acoustique

La méthode numérique choisie pour réaliser cette étude paramétrique est une approche fondée sur le concept de la modélisation de phénomènes ondulatoires, par la diffusion d'impulsions dans un réseau de lignes de transmission, ou *Transmission Line Matrix* (TLM) *method*. Cette méthode est basée sur le principe de Huygens qui stipule qu'un front d'onde peut être décomposé en un ensemble de sources secondaires qui émettent des ondelettes sphériques, dont les enveloppes peuvent être décrites par une nouvelle génération de sources secondaires rayonnant également des ondelettes sphériques (Guillaume *et al.*, 2009). Ce postulat permet de décrire la propagation des ondes par le biais d'une discrétisation à la fois spatiale et temporelle respectivement du milieu et des phénomènes de propagation.

Ce concept est traduit numériquement en substituant un réseau de lignes de transmission au milieu de propagation dans lequel le son se propage sous la forme d'impulsions sonores. Ainsi, chaque jonction (ou nœud) relie $N = 4$ ou $N = 6$ lignes de transmission respectivement en deux dimensions (2D) ou en trois dimensions (3D).

Des impulsions incidentes et diffusées sont considérées à chaque nœud et à chaque incrément de temps. Le milieu de propagation est discrétisé par l'intermédiaire d'un maillage cartésien uniforme avec des mailles de dimensions (Δl)d, d représentant le nombre de dimensions considéré ($d = 2$ en 2D et $d = 3$ en 3D) et Δl le pas spatial qui est déterminé en fonction de la plus petite longueur d'onde d'intérêt de la simulation.

À chaque incrément de temps, les impulsions diffusées et incidentes aux nœuds du réseau de lignes de transmission sont déterminées respectivement par le biais d'une relation matricielle et de lois de connexion. La pression acoustique, en chaque nœud du domaine, est finalement une combinaison linéaire des contributions incidentes au nœud (Guillaume *et al.*, 2009).

Les frontières sont introduites dans le modèle TLM à une distance $\Delta l/2$ des nœuds les plus proches de la paroi, afin d'assurer le synchronisme des impulsions sonores dans l'ensemble du réseau de lignes de transmission. Elles peuvent être caractérisées par un coefficient de réflexion en pression ou par une condition d'impédance (Guillaume *et al.*, 2011b). La simulation de la propagation acoustique en milieu extérieur requiert également de modéliser des frontières absorbantes virtuelles afin de borner le domaine de calcul. Des couches absorbantes sont ainsi introduites en amont de ces limites virtuelles afin d'atténuer progressivement le champ sonore qui s'y propage (Guillaume & Picaut, 2013).

La méthode TLM peut nécessiter des ressources numériques importantes. Aussi, une implémentation du modèle permettant de tirer profit au mieux des unités de calcul actuellement disponibles dans les ordinateurs et, en particulier, de la puissance des cartes graphiques (GPU), a été réalisée. Le domaine est donc fractionné en sous-domaines, ce qui permet à la fois de réaliser les calculs en parallèle aux différentes cellules composant un sous-domaine par un GPU, mais aussi de distribuer les calculs des sous-domaines sur plusieurs processeurs graphiques (Guillaume & Fortin, 2013). En outre, pour faciliter la saisie de la géométrie du milieu de propagation (topographie, complexité du bâti...), un algorithme de voxelisation[6] a été conçu afin de transformer automatiquement une scène décrite par un ensemble de surfaces (un maillage polygonal), généré à partir d'un logiciel de conception assistée par ordinateur (CAO), en une scène volumique (un ensemble de voxels).

Rue canyon et instrumentation

La scène numérique étudiée est une rue canyon (fig. 5.2), de longueur infinie, enclavée entre deux bâtiments de quatre étages. Chaque étage s'élève sur une hauteur de 3 m, hormis le rez-de-chaussée haut de 5 m. La rue accueille deux voies de circulation, une rangée de places de parking et un trottoir. Des fenêtres (de surface 1,50 m × 1,50 m, en renfoncement de 0,2 m par rapport au plan de la façade) sont réparties tous les 1,50 m en façade à une hauteur de 0,65 m par rapport au niveau de chaque étage.

Le bruit du trafic routier est modélisé par deux sources linéiques localisées symétriquement dans la rue. Chacune est discrétisée en 11 sources ponctuelles omnidirectionnelles, réparties tous les 5 m au centre des voies de trafic et à une hauteur de 0,5 m. Ces sources émettent asynchroniquement (*i.e.* les unes après les autres et de façon « aléatoire ») une impulsion de forme temporelle gaussienne, de façon à générer une excitation incohérente large bande. Par ailleurs, la section transversale centrale de la rue est instrumentée par 10 microphones placés à une distance de 1,2 m du centre des ouvertures (portes et fenêtres). Deux microphones sont également placés à l'extérieur de la rue à 1,2 m de haut et à 1 m des façades.

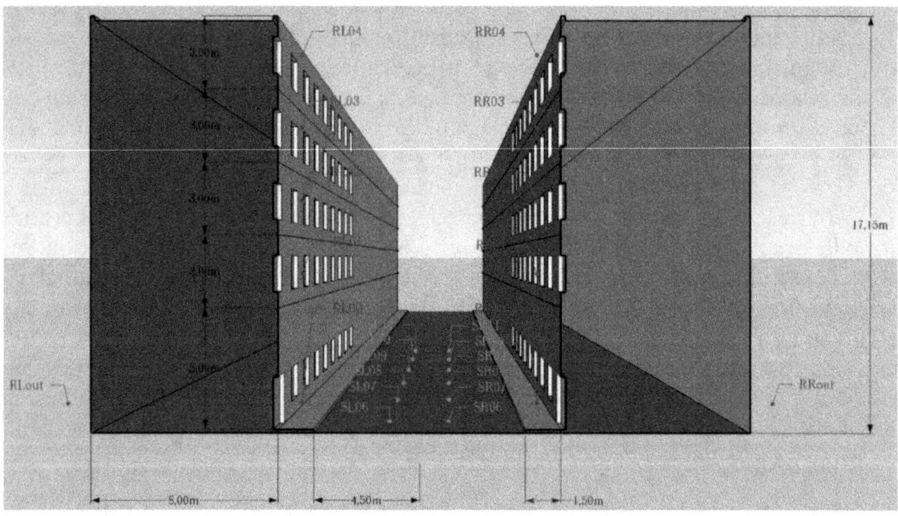

---

6. Le code source de l'algorithme de voxelisation est disponible à l'adresse suivante : https://github.com/nicolas-f/FastVoxel.

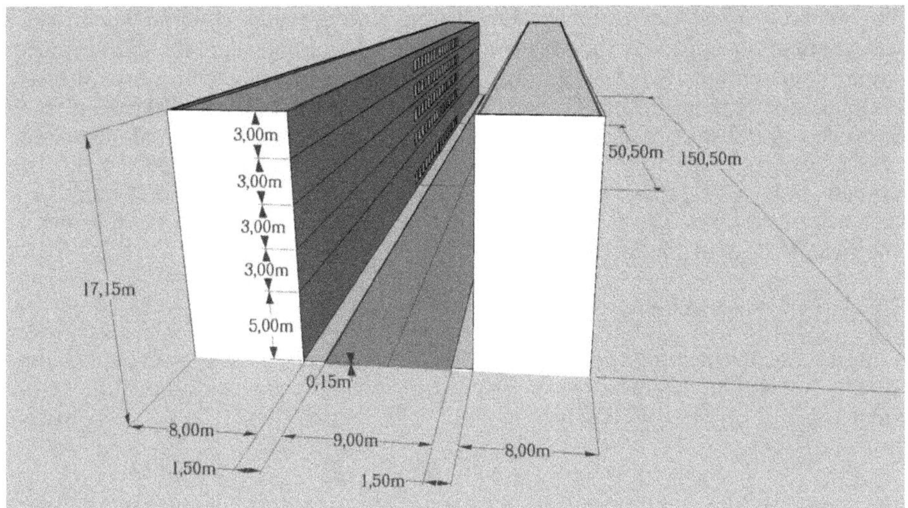

Figure 5.2. Rue canyon modélisée. Source : Gauvreau *et al.* (2012), avec l'autorisation du CIDB (Centre d'information et de documentation sur le bruit).

Vue en coupe de la géométrie et de la localisation des capteurs (**à g.**) et côtes (**à dr.**).

Scénarios de végétalisation

Des scénarios ont été conçus afin de quantifier l'impact de différents revêtements végétaux en termes d'ambiances sonores (Gauvreau *et al.*, 2012). Ils consistent à appliquer des propriétés acoustiques représentatives de couvertures végétales sur les façades et/ou les toits des bâtiments de la rue, depuis la configuration de référence pour laquelle l'ensemble des façades et des toits des bâtiments sont parfaitement réfléchissants, jusqu'au cas extrême où l'ensemble de ces surfaces sont végétalisées. Les résultats de simulation de ces scénarios ont fait l'objet d'intercomparaisons en termes de niveaux de pression acoustique et de temps de décroissance sonore.

Chaque scénario est désigné par une série de séquences séparées par des traits d'unions. Chaque séquence commence par la référence à une surface : « R » (*Rooftop*) pour le toit, ou « F » (*Facade*) pour un étage de façade, suivi de la localisation de cette surface, « L » (*Left*) ou « R » (*Right*) pour un élément situé à gauche ou à droite de la rue. Pour les façades, des chiffres de 1 à 4 sont adjoints pour désigner les étages concernés (*i.e.* « 13 » pour les étages 1 à 3…). Après un tiret bas (*underscore*), chaque terme se termine par le pourcentage de végétalisation attribué à l'élément de surface, 0 % (« 0 ») et 100 % (« 100 »). Le scénario RL_100-RR_0-FL12_100-FL34_0-FL12_0-FR14_0 signifie que seuls le toit, le premier et second étage du bâtiment situé à gauche de la rue sont végétalisés, toutes les autres surfaces étant rigides (parfaitement réfléchissantes). Par ailleurs, pour l'ensemble des scénarios, la chaussée, les trottoirs ainsi que le rez-de-chaussée des façades des bâtiments sont considérés comme rigides.

Les surfaces végétalisées sont modélisées par une condition d'impédance. Ainsi, les valeurs moyennes de la résistance spécifique au passage de l'air évaluées expérimentalement (tab. 5.3) sont utilisées comme paramètre d'entrée du modèle d'impédance : $\sigma F = 60$ kN.s.m^{-4} pour les façades et à $\sigma R = 400$ kN.s.m^{-4} pour les toits végétalisés. Ces valeurs doivent être prises au sens de tendances et en considérant avec attention l'important écart-type des résultats, en particulier ceux obtenus pour les façades végétalisées (diffusion par le feuillage, incertitude sur la distance par rapport à la façade...). Les parois « rigides » sont caractérisées par un coefficient de réflexion en pression unitaire.

Résultats numériques

Pour des raisons de temps de calcul, les simulations ont été réalisées en deux dimensions pour obtenir les spectres de niveaux de pression acoustique continus équivalents (L_{eq}), et en trois dimensions pour les spectres de temps de décroissance précoce (EDT).

Les cartographies des niveaux de pression sonore continus équivalents intégrés sur une durée de 2 s (L_{eq},2s @ 100 Hz) sont présentées à la figure 5.3 dans le cas des scénarios extrêmes : cas sans végétation (RL_0-RR_0-FL14_0-FR14_0) et cas pour lequel les quatre étages et le toit des deux bâtiments sont végétalisés (RL_100-RR_100-FL14_100-FR14_100). L'effet de la végétation est notable dès le premier étage des façades sur toute la largeur de la rue : pour une fréquence de 100 Hz un gain de l'ordre de 5 dB est observé entre ces deux scénarios.

Les ambiances sonores ne peuvent être réduites à la simple considération de niveaux sonores : les temps de décroissance affectent également fortement la perception d'un environnement sonore. On étudie donc les temps de décroissance précoce (EDT). Les résultats, donnés par bandes de tiers d'octave, sont exposés uniquement pour les microphones situés à gauche du domaine de calcul en raison de la symétrie du problème.

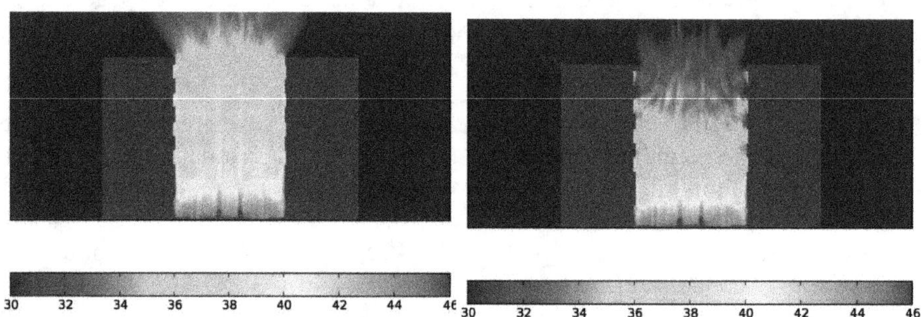

Figure 5.3. Niveaux de pression sonore continus équivalents à 100 Hz en dB selon les surfaces. Source : Gauvreau *et al.* (2012), avec l'autorisation du CIDB.

Niveaux calculés, **à g.**, sur toutes les surfaces parfaitement réfléchissantes, et à **dr.**, sur les 4 premiers étages ainsi que les toitures des 2 bâtiments végétalisés.

Dans un premier temps, la figure 5.4 présente les résultats obtenus en appliquant les propriétés acoustiques propres aux couvertures végétales uniquement en façades

des bâtiments. Le taux de végétalisation est rigoureusement identique pour toutes les configurations, hormis le scénario de référence : au total quatre étages de façades sont végétalisés. C'est la disposition et la localisation du végétal sur les façades qui varient. Comme attendu, l'effet de la végétalisation des façades est insignifiant en bas de la rue, au microphone RL00 (fig. 5.4a et 5.4b). En particulier, le scénario pour lequel les étages supérieurs des deux bâtiments sont végétalisés (RL_0-RR_0-FL12_0-FL34_100-FR12_0-FR34_100) aboutit à des résultats identiques au scénario de référence. Les écarts maximums en termes d'atténuation sonore et de temps de décroissance sont respectivement inférieurs à 3 dB et à 0,5 s.

Les résultats des cas RL_0-RR_0-FL14_0-FR14_100 et RL_0-RR_0-FL14_100-FR14_0 au niveau du microphone RL03 situé face à la fenêtre du troisième étage du bâtiment de gauche (fig. 5.4c et 5.4d), montrent que lorsque les quatre étages d'une façade sont végétalisés, cette façade vérifie une atténuation plus importante du niveau sonore que la façade opposée mais par une décroissance sonore plus longue. Si le végétal est appliqué sur les deux façades opposées de la rue, des résultats globalement les plus intéressants sont obtenus (cas RL_0-RR_0-FL12_0-FL34_100-FR12_0-FR34_100 ou RL_0-RR_0-FL12_100-FL34_0-FR12_100-FR34_0).

Concernant le microphone RLout situé en-dehors de la rue de l'autre côté du bâtiment de gauche (fig. 5.4e et 5.4f), la meilleure configuration en terme d'atténuation consiste à végétaliser les étages supérieurs (cas RL_0-RR_0-FL12_0-FL34_100-FR12_0-FR34_100), ce qui semble également être un bon compromis pour diminuer l'EDT.

Les simulations suivantes s'intéressent à l'effet de la végétalisation en toiture. Les résultats sont représentés pour le microphone RLout situé de l'autre côté du bâtiment de gauche. Dans un premier temps, seul le toit du bâtiment situé à gauche du domaine est végétalisé (fig. 5.5). L'atténuation sonore la plus importante et le temps de décroissance globalement le plus faible sont observés lorsque la façade du bâtiment de droite est végétalisée (cas RL_100-RR_0-FL14_0-FR14_100). On constate que des résultats plus intéressants sont obtenus à l'extérieur de la rue en appliquant un revêtement végétal sur le chemin privilégié des rayons sonores, c'est-à-dire en végétalisant les étages inférieurs de la façade de gauche et les étages supérieurs de la façade de droite (cas RL_100-RR_0-FL12_100-FL34_0-FR12_0-FR34_100). Autrement dit, on vérifie qualitativement qu'il est préférable d'absorber les ordres de réflexion les plus faibles. Quantitativement, les résultats dépendent fortement des tiers d'octaves et des configurations étudiées.

À présent, les toitures des deux bâtiments sont recouvertes de végétal (fig. 5.6). L'atténuation du niveau sonore est naturellement la plus significative pour le scénario extrême consistant à végétaliser à la fois les façades et les toitures des deux bâtiments, pour lequel un gain compris entre – 16 dB et – 24 dB est observé en fonction du tiers d'octave considéré. La comparaison des EDT obtenus pour le scénario de référence et pour celui pour lequel seules les toitures sont végétalisées (cas RL_100-RR_100-FL14_0-FR14_0) démontre que la végétalisation des toitures n'a aucun impact sur le temps de décroissance précoce. Ces résultats permettent de quantifier le gain pouvant être obtenu dans une telle configuration (source, géométrie de rue, encombrement...) qui est de l'ordre de 0,1 s à 1,5 s pour l'EDT et de – 8 dB à – 24 dB pour l'atténuation du niveau sonore relativement au cas de référence, selon les fréquences et les scénarios considérés. De plus, comme la végétalisation des toits a un impact important en termes d'absorption, la classification des niveaux sonores pour ces scénarios est plus aisée que pour les scénarios présentés aux figures 5.4 et 5.5.

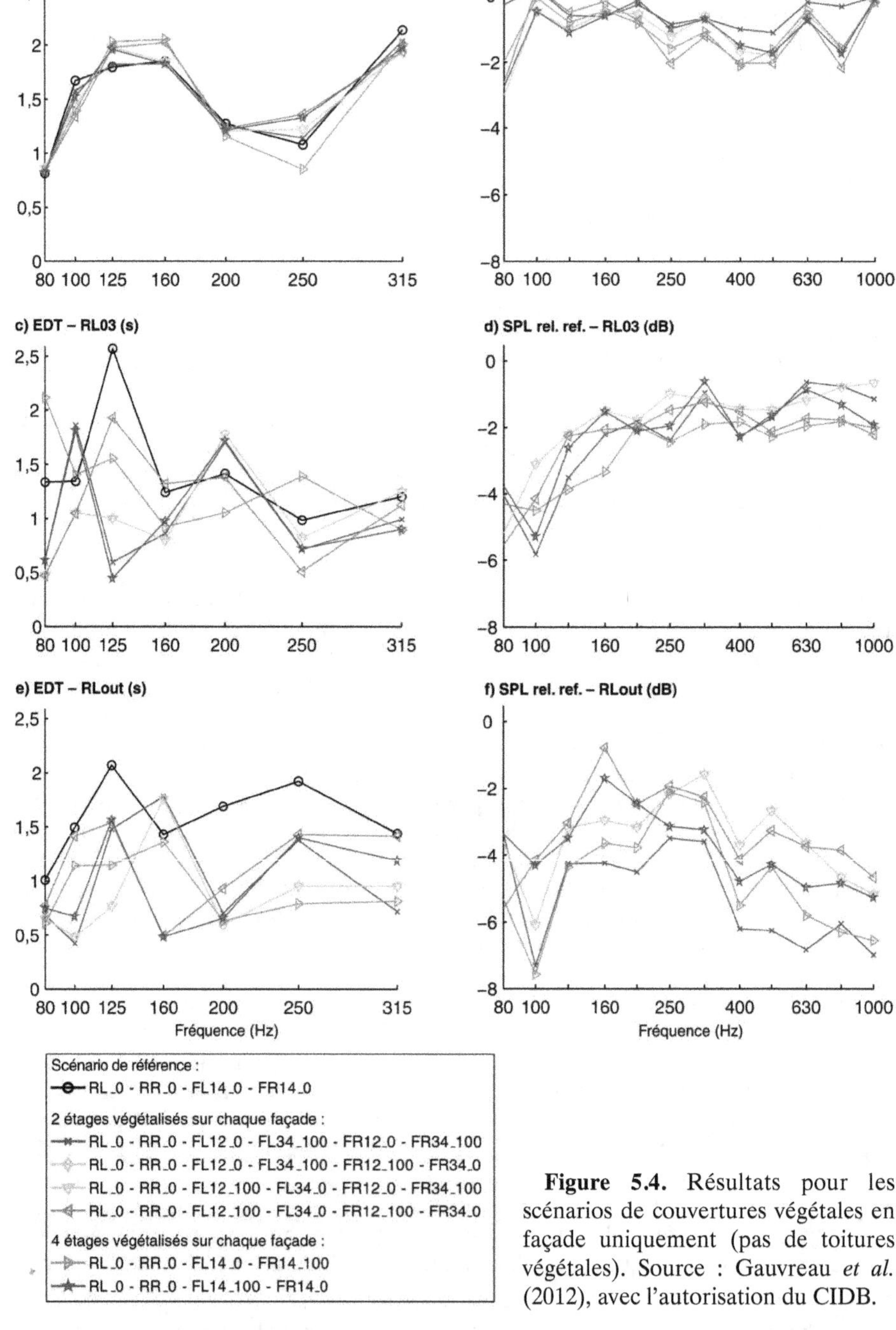

Figure 5.4. Résultats pour les scénarios de couvertures végétales en façade uniquement (pas de toitures végétales). Source : Gauvreau *et al.* (2012), avec l'autorisation du CIDB.

À **g.**, spectres par tiers d'octave pour les temps de décroissance précoce (EDT, en s), et **à dr.**, niveaux de pression sonore relatifs au scénario de référence (SPL rel. ref., en dB).

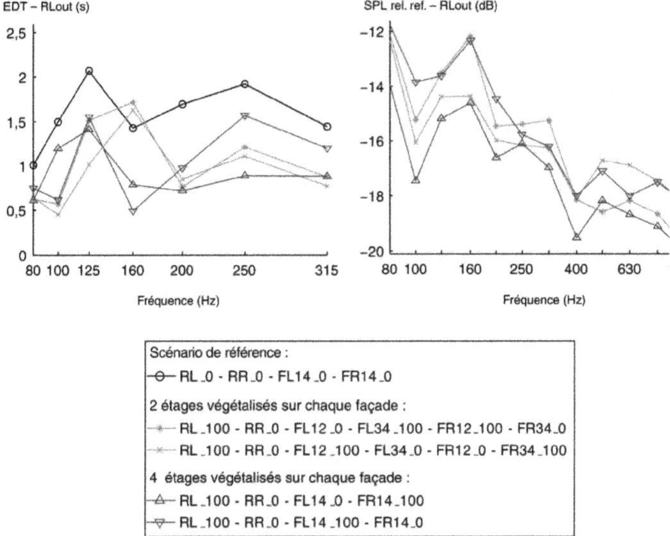

Figure 5.5. Résultats pour les scénarios de couvertures végétales en façades et sur le toit du bâtiment de gauche. Source : Gauvreau *et al.* (2012), avec l'autorisation du CIDB

À **g.**, spectres par tiers d'octave pour les temps de décroissance précoce (EDT, en s) et, **à dr.**, niveaux de pression sonore relatifs au scénario de référence (SPL rel. ref., en dB).

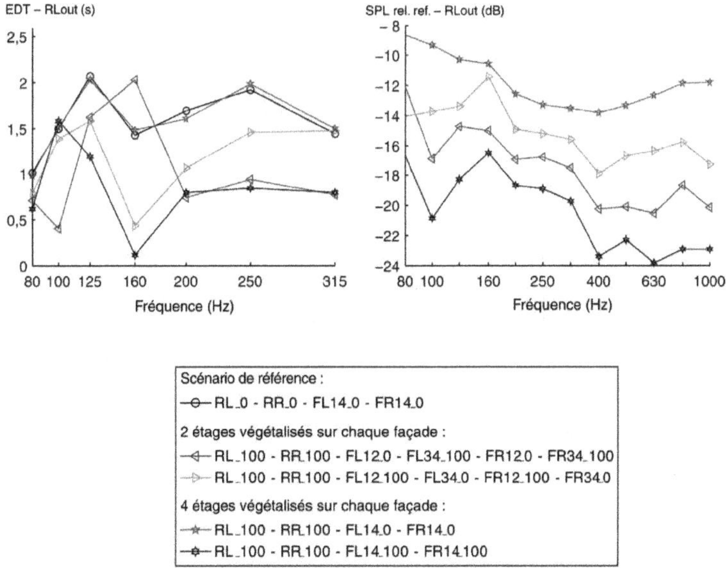

Figure 5.6. Résultats pour les scénarios de couvertures végétales en façades et sur les toits des deux bâtiments. Source : Gauvreau *et al.* (2012), avec l'autorisation du CIDB.

À **g.**, spectres par tiers d'octave pour les temps de décroissance précoce (EDT, en s) et, **à dr.**, niveaux de pression sonore relatifs au scénario de référence (SPL rel. ref., en dB).

Les niveaux de pression sonore relatifs au scénario de référence au microphone extérieur RLout sont également présentés à la figure 5.7 pour des scénarios consistant à végétaliser les façades et/ou les toits des bâtiments. Deux groupes peuvent être distingués en fonction de la nature des toits des bâtiments : présence ou absence de couverture végétale. Par ailleurs, il apparaît que la végétalisation des étages supérieurs (3ème et 4ème étages) a un impact plus important sur les niveaux sonores à l'extérieur de la rue que le traitement des étages inférieurs. Plus généralement, d'un point de vue qualitatif, l'allure des spectres peut être reliée à la distribution du couvert végétal sur les façades car des tendances particulières sont observées pour chaque répartition de végétal. En revanche, la végétalisation des toits ne modifie pas les phénomènes d'interférence mais contribue fortement à diminuer les niveaux sonores.

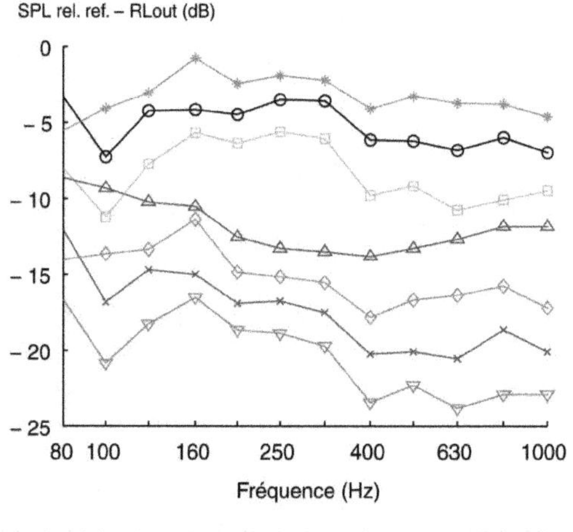

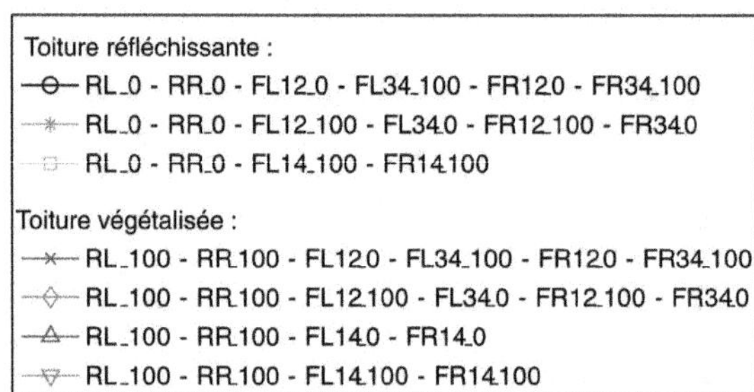

Figure 5.7. Résultats pour les scénarios de couvertures végétales en façades et/ou sur les toits des deux bâtiments. Source : Gauvreau *et al.* (2012), avec l'autorisation du CIDB.

Niveaux de pression sonore relatifs au scénario de référence (SPL rel. ref., en dB).

Synthèse sur les effets acoustiques des façades et/ou toitures végétalisées

L'influence de la végétalisation des bâtiments sur les ambiances sonores a été évaluée dans une rue canyon à travers une étude paramétrique consistant à comparer les indicateurs acoustiques obtenus par le biais de la méthode TLM pour différents projets virtuels de végétalisation, faisant varier le taux de recouvrement des façades et la localisation de la couverture végétale sur le bâti. Les résultats montrent quantitativement l'impact notable de la répartition du végétal sur les niveaux acoustiques et les temps de décroissance sonore, à l'intérieur comme à l'extérieur de la rue. En particulier, la végétalisation des toitures n'a d'impact en-dehors de la rue que sur les niveaux sonores et non sur les temps de décroissance sonore. Ceci souligne l'importance du choix des indicateurs utilisés pour caractériser un environnement sonore.

▶▶ Conclusion

Nous avons fait un état de l'art partiel de l'impact du végétal sur les facteurs physiques d'ambiance. Il faudrait également aborder les facteurs olfactifs, les questions de visibilité et de perception visuelle de l'espace, qui vont bien au-delà des aspects lumineux abordés. Comme nous l'avons vu, il y a peu de recherches croisant la quantification des paramètres physiques qui soient utilisables pour caractériser les ambiances et leur perception par les usagers. Il en existe cependant qui abordent la perception du végétal en ville, notamment celles de Balaÿ (2012) développées dans VegDUD. Ces travaux partent de l'hypothèse que le rôle du végétal dans le sentiment de satisfaction du voisinage est un élément intéressant dans la réflexion sur la densification, qui engendrera une plus grande proximité entre les habitations et les citadins.

Ce rôle s'il est mieux connu pourra être mieux anticipé par les concepteurs de l'espace. À partir de terrains d'étude à Paris, Nantes et Lyon, ils constituent un savoir sur les distances spatiales, les ambiances, le voisinage et le végétal.

Il resterait à étudier les espaces remarquables relevés dans ces travaux à l'aide des méthodes physiques (simulation ou mesure) pour déterminer ce qui, dans les perceptions des usagers est vérifié et peut-être aussi ce qui est de l'ordre du filtre perceptif opéré par la végétation.

Chapitre 6

Influence de la végétation sur la qualité de l'air

Patrice G. MESTAYER[7]

▸▸ Introduction

Nous adhérons facilement à l'idée que la végétation peut jouer un rôle positif dans la qualité de l'air en absorbant les polluants, pour des raisons autant objectives que subjectives. Nous savons que les végétaux absorbent certains polluants atmosphériques, par des processus qui peuvent par ailleurs provoquer leur dégradation. Nous savons également que la végétation participe à la séquestration du carbone en absorbant le dioxyde de carbone (CO_2) par une respiration que nous assimilons souvent à un processus compensatoire de notre propre respiration génératrice de CO_2. Enfin, du fait de ses caractéristiques esthétiques et ambiantales, nous tendons à majorer les impacts positifs de la végétation sur notre qualité de vie. D'autant que l'air est censément plus pur hors des villes dans les environnements végétalisés tels que les forêts et autres « poumons verts ». Mais quel est réellement le pouvoir épurateur des végétaux ? La végétation n'a-t-elle aucun impact négatif sur la qualité de l'air ? Et au final, est-on en mesure de faire un bilan ?[8]

La pollution atmosphérique urbaine provient de diverses sources extérieures et intérieures à la ville : grandes et petites industries, agriculture, ménages, déchets, chauffage des bâtiments, incinérateurs, moteurs à combustion interne. Les unes sont ponctuelles, généralement de hautes cheminées, les autres sont diffuses et le plus souvent très proches du sol. Actuellement la pollution urbaine primaire, gazeuse

---

7. L'auteur remercie Séverine Kirchner, coordinatrice scientifique de l'Observatoire de la qualité de l'air intérieur, pour avoir attiré son attention sur les travaux sur l'épuration de l'air intérieur par les plantes.
8. Ce chapitre a été écrit sans ambition d'exhaustivité ni de synthèse. Il provient d'une étude bibliographique à l'exclusion de toute recherche expérimentale personnelle. Il s'appuie tout particulièrement sur les travaux présentés au Climaqs Workshop *Local Air Quality and its Interactions with Vegetation* à Anvers (Belgique) en 2010 (Mensink *et al.*, 2011) et à la Journée technique sur l'épuration de l'air intérieur par les plantes à Paris en 2010 (Oqai, 2010 ; Ademe, 2011).

et particulaire, est majoritairement générée par les carburants et les processus de combustion (notamment les oxydes d'azote, NO, NO_2, NOx), et par les émissions de composés organiques volatils (COV) biogéniques ou non, tandis que les polluants secondaires proviennent de processus photochimiques mettant en jeu certains de ces polluants primaires et des composants plus « naturels » provenant des zones agricoles ou forestières. L'intensité de la pollution photochimique dépend des conditions météorologiques, notamment de l'ensoleillement, et de la présence d'ozone (O_3) et de ses précurseurs (COV). La photochimie des zones urbaines est un processus complexe qui consomme de l'ozone dans la conversion NO-NO_2, puis en produit en plus grande quantité en générant des polluants secondaires gazeux et particulaires. Si les pollutions industrielles traditionnelles, telles que les oxydes de soufre, sont de plus en plus contrôlées et en nette régression, en France, les émissions diffuses de la petite industrie, des bâtiments et des transports sont en augmentation avec la population et l'étalement urbain.

Les études sur les interactions entre végétation et pollution urbaine concernent très majoritairement l'influence des polluants atmosphériques sur l'état de santé des végétaux, qui reste hors du propos de ce chapitre même si ce sont les mêmes processus qui dégradent les plantes et qui leur permettent potentiellement d'influencer la qualité de l'air (voir section suivante). De même on n'évoquera pas le caractère d'indicateur de pollution des végétaux ni leur capacité de séquestration du carbone. Par contre, au XXIe siècle et après le Grenelle de l'Environnement, il n'est pas possible d'évoquer la qualité de l'air sans parler de l'air intérieur et des polluants spécifiques des espaces intérieurs publics et privés, dans lesquels nous passons près de 90 % de notre temps.

▸▸ Les phénomènes physiques et physico-chimiques mis en jeu

Les effets de la végétation sur la répartition et les concentrations de polluants atmosphériques sont différents pour la pollution gazeuse et pour la pollution particulaire. Les polluants gazeux peuvent pénétrer les feuilles par absorption et adsorption tandis que les particules peuvent être retenues par les feuilles et par les branches par des processus aérodynamiques. Il semble que le système racinaire puisse également jouer un rôle d'élimination de certains polluants. Constituant un milieu poreux inhomogène altérant l'écoulement du vent et l'intensité de la turbulence, la végétation peut aussi influencer la dispersion des polluants donc leurs concentrations. Par contre, les plantes et leur substrat peuvent émettre des polluants gazeux et des particules (pollens), et elles sont le milieu de vie d'insectes, parasites et bactéries.

Effets directs

Capture des polluants

Les polluants gazeux pénètrent dans les plantes par absorption dans les stomates et adsorption par la cuticule des feuilles. Les stomates sont des ouvertures, situées à la surface inférieure des feuilles, mettant en contact les cavités internes des feuilles avec l'air extérieur. C'est par les stomates que se produisent les échanges d'oxygène et de gaz carbonique de la respiration végétale. Par cette voie, d'autres gaz tels que les oxydes d'azote, l'ozone et d'autres polluants peuvent pénétrer directement à l'intérieur de la feuille. Certains de ces polluants gazeux pourront s'accumuler dans les tissus foliaires puis seront métabolisés, ou transportés vers d'autres tissus, ou encore biodégradés. Cependant la présence des polluants et/ou des produits de métabolisation ont généralement un impact physiologique sur les plantes provoquant des dysfonctionnements nuisibles à leur santé (Garrec, 2010). Les stomates sont fermés la nuit, et ouverts le jour, en fonction principalement de l'ensoleillement mais aussi de la température et de l'humidité de l'air et du sol : les échanges gazeux plantes-atmosphère, essentiellement diurnes, dépendent donc des saisons et des conditions atmosphériques. Ils sont très variables selon les polluants et selon les espèces, maximaux pour les arbres à feuilles caduques larges et plates dont les stomates sont situés directement à la surface des feuilles (Hiemstra *et al.*, 2008 ; Alonso *et al.*, 2011), et bien sûr selon la densité foliaire ou *Leaf Area Index* (LAI).

La cuticule est une structure lipidique qui recouvre la surface supérieure des feuilles et les protège notamment du dessèchement. Pour de nombreux composés organiques volatils comme les polychlorobiphényles (PCB), les dioxines et les furanes, elle constitue la voie la plus importante de pénétration par adsorption. Ces matières ne sont souvent pas solubles dans l'eau, mais sont solubles dans les graisses de la cuticule. L'adsorption par la cuticule continue durant la nuit, lorsque les stomates sont fermés, et pendant les mois d'hiver, lorsque les plantes vertes sont moins actives. Cependant l'accumulation au niveau des surfaces foliaires est limitée, car au bout d'un certain temps un équilibre, en fonction des niveaux de pollution, s'installe entre la capture permanente de polluants sur ces surfaces et des pertes continues. Ces pertes ont de multiples origines : les frottements, la volatilisation, la production permanente de cires, la croissance des feuilles, le lessivage (Garrec, 2010). Après l'adsorption au niveau de la cuticule, les composés organiques volatils pénètrent peu à peu dans la partie interne de la feuille. Les feuilles à cuticule graisseuse épaisse sont les plus efficaces pour la capture de ce type de composés organiques. C'est notamment le cas des épines de conifères (Hiemstra *et al.*, 2008).

Émission de polluants

À l'opposé, un grand nombre d'espèces sont également émettrices de cocktails de composés organiques volatils biogéniques (COVB), certaines d'entre elles en grandes quantités. C'est notamment le cas des bouleaux, mahonias, liquidambars, platanes, saules, peupliers, chênes et chênes verts, et la plupart des conifères (Hiemstra *et al.*, 2008 ; Hewitt, 2010). Ces COVB sont des précurseurs de l'ozone et ces espèces favorisent donc la photochimie des oxydes d'azote génératrice de polluants secondaires acides et oxydants. Certains de ces polluants secondaires peuvent apparaître sous la forme de particules fines particulièrement nocives pour la santé. Ces espèces peuvent donc à la fois absorber l'ozone et émettre des composés générateurs ou précurseurs de l'ozone, avec un bilan variable. Ce bilan est souvent négatif (c'est-à-dire diminution de la concentration de O_3), d'après Hiemstra *et al.* (2008), qui présentent un tableau des différentes espèces observées dans les villes européennes avec une évaluation de leurs capacités épuratrices et émettrices.

Le bilan d'ozone de la « forêt urbaine » a fait l'objet de nombreuses études, principalement des travaux de simulation numérique à l'échelle de grandes villes ou agglomérations, ainsi que de parcs urbains. Parmi les travaux récents, on peut retenir les études de Vivanco *et al.* (2010) et Alonso *et al.* (2011) pour Madrid ; Manes *et al.* (2010) pour Rome ; et plusieurs études basées sur le modèle *Urban Forest Effects* (Ufore) créé par Nowak *et al.* (1998), telles que celles de Nowak *et al.* (2006 et 2000) pour des villes américaines ; Paoletti (2009) pour trois villes italiennes ; et Baumgardner *et al.* (2012) pour Mexico. On notera que le modèle Ufore n'est pas limité à la modélisation de l'ozone mais comprend les interactions de la végétation urbaine avec les principaux polluants et d'autres effets de la végétation permettant des évaluations socio-économiques. En règle générale, ces études font apparaître une réduction des concentrations d'ozone à proximité des zones à forte densité de végétation (grands parcs) mais des bilans mitigés et incertains à l'échelle des agglomérations, des réductions de concentrations de quelques pourcents voire moins de 1 % (Nowak *et al.*, 1998, 2000 et 2006). Ces incertitudes proviennent notamment de la forte variabilité temporelle des émissions et des absorptions, fortement dépendantes de la phénologie et de la physiologie des plantes, elles-mêmes dépendantes de l'ensoleillement et de la météorologie (Nowak *et al.*, 2000). Par exemple, Leuchner & Rappenglück (2010) montrent que le rapport entre les quantités d'hydrocarbures non-méthaniques d'origine biogénique (principalement isoprènes) et d'origine anthropique est assez faible en moyenne (4,4 %) mais peut atteindre 27 % l'après-midi, période de la plus intense activité photochimique. Paoletti (2009) note en outre que ces COVB sont deux à trois fois plus réactifs que la moyenne des hydrocarbures provenant de la combustion de l'essence.

Certaines espèces de plantes émettent également des pollens, particules génératrices d'allergies respiratoires chez les personnes prédisposées. Ces particules, généralement sphériques, ont des dimensions variables, de 1 à 100 μm mais le plus souvent dans la gamme 10-50 μm : plus elles sont petites, plus elles peuvent être transportées à grande distance par le vent et la turbulence, moins elles sont retenues par la végétation par impaction (Dupont *et al.*, 2006) et plus elles pénètrent dans les voies respiratoires. Les pollinoses sont dues en général aux substances (protéines ou glycoprotéines) disponibles à la surface des particules de pollen entrant en contact avec les muqueuses respiratoires, mais elles sont également renforcées par l'accrétion à la surface des pollens de particules ultrafines ($\leq$ 100 nm) provenant des moteurs Diesel et des processus de nucléation des polluants secondaires issus de la photochimie ; ces particules ultrafines sont mal filtrées par les voies respiratoires supérieures et pénètrent très profondément dans l'appareil respiratoire jusque dans les tissus des alvéoles pulmonaires[9]. En France, le Réseau national de surveillance aérobiologique (RNSA) mesure la présence de pollens, moisissures et bactéries dans l'air à l'aide d'un réseau de 70 capteurs à impaction[10]. Actuellement, les pollens de bouleau, qui sont les plus allergisants, sont les seuls pris en compte dans le modèle Arome de prévision météorologique de Météo France. Depuis 2004, le Pollinarium sentinelle® du Jardin des plantes de Nantes permet, en observant l'émergence régionale de pollens d'arbres (saules, cyprès), de graminées (dactyle,

---

9. G. Dixsaut, présentation à la commission Santé du Conseil supérieur de la météorologie, le 15 nov. 2013.

10. http://www.pollens.fr.

fromental, fléole, houlque, ray-grass), d'autres herbes (armoise, flouve, plantain) et espèces envahissantes (ambroisie), de produire des « Alertes pollens » diffusées auprès des personnes sensibles par Air Pays de la Loire, l'Association agréée de surveillance de la qualité de l'air (Aasqa) régionale[11]. Plus récemment des « polliniers sentinelles » ont été ou sont mis en place dans d'autres villes françaises (Laval, Angers, Tarbes, Quimper…).

Pour les plantes d'intérieur ou de proximité (balcons, terrasses…), il convient d'ajouter aux impacts allergiques les impacts fongiques. Le substrat des plantes en pot est un réservoir de moisissures. L'exposition aux moisissures se fait par ingestion, inhalation et contact cutané. Divers composants fongiques sont à l'origine d'une variété de réactions humaines. Les COV sont responsables de l'odeur de moisi. En milieu professionnel, l'exposition à de fortes teneurs cause des irritations respiratoires, tels que des maux de tête, des déficits d'attention, des difficultés de concentration. Quelques espèces produisent, dans des conditions environnementales spécifiques, des mycotoxines provoquant des réponses toxiques (*Acremonium, Alternaria, Aspergillus, Chaetomium, Cladosporium, Fusarium, Paecilomyces, Penicillium, Stachybotrys* et *Trichoderma*) mais leur impact sanitaire n'est pas actuellement validé. En raison de la présence d'allergènes dans les spores, de nombreuses moisissures sont susceptibles de déclencher des réactions allergiques au niveau des voies respiratoires supérieures, sinusite et asthme. Les moisissures sont enfin à l'origine d'infections. Diverses études indiquent que la présence de plantes en pot dans l'environnement des personnes souffrant de mucoviscidose ou présentant des troubles sévères du système immunitaire (chimiothérapie, transplantations d'organe ou de moelle osseuse, sida…) constitue un risque sérieux de colonisation respiratoire. Seize espèces potentiellement pathogènes ont été isolées dans la terre des plantes en pots, notamment *Aspergillus fumigatus* et *Scedosporium apiospermum*. Quelques études indiquent également la possible dispersion de champignons pathogènes opportunistes à partir du sol des plantes (Bruneton & Déoux, 2010).

En outre, on notera également que certaines plantes présentent des dangers directs pour la santé humaine, parfois mortels, par contact ou ingestion.

Effets indirects

Les principaux effets indirects de la végétation sont dus à des interactions aérodynamiques avec le vent et la turbulence atmosphérique, face auxquels les arbres et les haies constituent des barrières poreuses agissant à la manière de filtres. On observe deux catégories d'effets ayant des impacts sur la pollution particulaire : la déposition et la protection.

La déposition des particules sur la végétation

Les particules se déposent sur toutes les surfaces, mais la végétation présente une exceptionnelle efficacité vis-à-vis du dépôt des particules du fait des très grandes surfaces de contact avec l'atmosphère qu'elle présente, de leurs multiples

---

11. http://www.airpl.org.

orientations et de leurs mouvements. Plusieurs processus aérodynamiques contribuent à la déposition particulaire, dont le plus important est en général la sédimentation gravitationnelle sur les surfaces horizontales ou inclinées, même en l'absence de vent. La végétation présente de nombreuses surfaces verticales ou mouvantes qui provoquent, en présence de vent et de mouvements turbulents, l'impaction des particules due à leur inertie relative. Dans ce processus, les particules doivent entrer en contact direct avec les feuilles ou alors à une distance assez proche de leur surface pour être attirées par électricité statique. Sur les feuilles, l'efficacité de ce processus dépend de la rugosité des surfaces, de la présence de poils et de matière adhérente, ainsi que du degré d'humidité. D'autres processus contribuent à la captation des particules par la végétation : diffusion moléculaire, transfert turbulent, interception, thermophorèse, électrophorèse... Ce sont surtout les conifères qui captent efficacement les particules, en raison de la structure et de la forme relativement pointue de leurs épines. Mais en fait, ce sont non seulement les épines et les feuilles qui participent à la capture des poussières mais aussi les troncs, les branches et les tiges. Une structure de branches enchevêtrées a une fonction très positive car les particules restent agglomérées sur les surfaces et ne pénètrent pas dans la structure interne de la feuille ; la plante n'a donc pas besoin de les traiter, métaboliser ou évacuer comme les composés gazeux. À l'opposé, une configuration très dense (coupe-vent) ou de grande étendue (forêt) réduit l'infiltration de l'air et l'efficacité de la filtration. Au cours de la saison, les feuilles vont contenir de plus en plus de particules, environ 100 g nets par an pour un arbre jeune récemment planté, de l'ordre de 1,4 kg net par an pour un arbre adulte (Hiemstra *et al.*, 2008). Les particules déposées s'agglutinent généralement en masses plus conséquentes qui sont évacuées vers le sol par le vent, par chute gravitationnelle, ou par rinçage par la pluie ; elles sont alors neutralisées par le sol ou évacuées dans les réseaux d'eau pluviale. Cependant il faut noter que, selon les conditions de surface évoquées plus haut, certaines particules sèches rebondissent ou ne s'agglutinent pas et ne se collent pas sur la végétation : elles peuvent alors repartir dans l'atmosphère sous l'effet du vent (processus dit de « resuspension »), en diminuant l'efficacité de collecte à long terme. L'efficacité locale d'arbres et arbustes a été étudiée par Shan *et al.* (2007) dans une avenue de Shanghai (Chine), en fonction de leur densité et de leur porosité. L'efficacité globale à l'échelle d'une agglomération a généralement été évaluée par simulation numérique : pour les PM_{10} (≤ 10 μm), on peut citer la revue de Beckett *et al.* (1998) et l'étude plus récente de Tallis *et al.* (2011) qui évaluent la réduction par les arbres des concentrations de la couche limite atmosphérique du Grand Londres entre 0,7 et 1,4 % en moyenne annuelle. Les simulations de Tallis *et al.* (2011), et de Hewitt (2010) dans les West Midlands (Royaume-Uni) indiquent que des abattements beaucoup plus substantiels pourraient être obtenus en accroissant la végétalisation urbaine. Pour les fines particules $PM_{2.5}$ ($\leq 2,5$ μm), l'étude de Nowak *et al.* (2013b) pour 10 villes américaines évalue la réduction par la végétation existante entre 0,1 % (Syracuse, NY) et 0,24 % (Atlanta, GA) en moyenne annuelle. En combinant des mesures et des modélisations, Qiu *et al.* (2009) ont montré à Huizou (Chine), de même que Speak *et al.* (2012) à Manchester (Royaume-Uni), que la capture des particules par la végétation est un important processus de réduction de la pollution atmosphérique par les métaux lourds. L'étude de Gratani *et al.* (2008) à Rome va dans le même sens. Ces polluants parti-

126

culièrement nocifs pour la santé humaine et animale se retrouvent plus tard dans les réseaux d'eau pluviale (Ruban *et al.*, 2005) et la quantification des voies directes (dépôt humide par les précipitations) et indirectes (lessivage des surfaces) est l'un des objectifs du programme de recherche InoGEV (Ruban, 2011).

Les effets d'écran

Une partie importante de la littérature portant sur l'influence de la végétation sur les concentrations de polluants atmosphériques concerne les effets de protection par les barrières poreuses qu'elle constitue, ou les effets de brise-vent. Les écrans végétaux réduisent la vitesse du vent et filtrent les structures turbulentes. Ces effets aérodynamiques peuvent être considérables et, en règle générale, ils ont pour principale conséquence d'altérer la répartition des concentrations de polluants, en créant des zones abritées. De nombreux auteurs rapportent l'effet de protection des écrans végétaux, d'autant plus efficaces qu'ils sont proches des sources de pollution. Cependant cette protection en aval de la barrière (sous le vent) apparaît au détriment des zones situées en amont des écrans où les polluants s'accumulent (Finn *et al.*, 2010 ; Hofschreuder *et al.*, 2010 ; Al-Dabbous *et al.*, 2013) et les résultats globaux sont très variables. La ventilation des rues est largement différente avec et sans alignements d'arbres, avec des résultats très dépendants du rapport d'aspect (largeur/hauteur) de la rue, de la direction du vent, de la densité d'arbres et de leur porosité. Par exemple, on a pu observer des effets d'accumulation sous le niveau des arbres provoquant des augmentations nettes des concentrations de NOx pour les piétons (Buccolieri *et al.*, 2010 ; Gromke & Ruck, 2010 ; Salmond *et al.*, 2013). Dans une rue étroite à faible trafic, des rangées d'arbres ont pour effet de protéger cette rue de la pollution provenant des rues voisines ; à l'inverse, si le trafic est important dans cette rue, les arbres ont pour effet d'en réduire la ventilation et donc d'y laisser s'accumuler les gaz d'échappement (Merbitz *et al.*, 2012). Di Sabatino *et al.* (2010) ont montré que les résultats de simulations numériques peuvent être très différents si l'on considère les arbres seuls ou si on les replace dans leur environnement urbain et de nombreuses études numériques (Acero & Simon, 2010 ; Maiheu *et al.*, 2010 ; Ng & Chau, 2012) montrent des effets mixtes des dispositifs végétaux en alignements ou en squares, réduisant les concentrations ici et les augmentant là, selon la direction du vent, la convection thermique, la géométrie du site et du dispositif végétal (autres références *in* Mensink *et al.*, 2011).

Autres effets indirects

Parmi les effets indirects sur la qualité de l'air, il faut noter les résultats dus à l'influence des arbres sur la climatologie locale. Par exemple, sur les parkings et en bordure de voie, l'ombrage des voitures par les arbres réduit l'évaporation de COV des réservoirs de carburant. L'été, l'ombrage des bâtiments peut également contribuer à réduire la dépense énergétique de climatisation, et par conséquent les émissions de polluants associées à la production d'énergie.

Enfin, parmi les effets indirects de la végétation urbaine, dans une perspective de bilan carbone complet, il faut prendre en compte les pollutions générées par les coûts environnementaux et les consommations de carburants liées aux opérations de pépinières, maintenance, arrosage, tonte, évacuation des déchets... (Escobedo *et al.*, 2011a).

▸▸ Approches expérimentales

Par comparaison aux études et évaluations par simulation numérique, la bibliographie récente comporte peu de travaux expérimentaux et ceux-ci portent plutôt sur les effets aérodynamiques de proximité (Finn *et al.*, 2010 ; Hofschreuder *et al.*, 2010 ; Al-Dabbous *et al.*, 2013 ; Salmond *et al.*, 2013). En ce qui concerne les fonctions épuratrices de l'arbre urbain isolé ou en alignement, peu d'études expérimentales sont apparues au cours de cette recherche bibliographique, hormis celles de Qiu *et al.* (2009) et de Vailshery *et al.* (2013). Cette rareté s'explique par les difficultés de mettre en place une évaluation expérimentale des dispositifs végétaux urbains, surtout sur des cycles annuels complets. Les travaux de Paoletti (2009), et d'autres, concernent les ensembles d'arbres de grands parcs ou de forêts péri-urbaines et on en verra les conséquences sur les travaux d'évaluation dans la section suivante. Il est également possible que cette recherche bibliographique n'ait pas trouvé les revues les plus pertinentes dans ce domaine.

Il est cependant probable que les capacités tant épuratrices qu'évaporatives des arbres isolés au milieu des dispositifs urbains très minéralisés et imperméabilisés, et soumis à de fortes concentrations de polluants automobiles, ou même dans de petits jardins de ville, soient assez différentes de celles des mêmes arbres en groupes denses et en pleine terre. Il y a là un véritable « challenge » expérimental, à mener sur une ou plusieurs essences qui a/ont été évaluées en couvert continu, de manière comparative et sur une durée supérieure à un cycle annuel.

Pour ce qui concerne les arbustes et les végétations rases, le développement des toitures végétalisées intensives et extensives devrait permettre la mise en place de dispositifs expérimentaux sécurisés permettant leur évaluation non seulement sur le plan thermique et hydrique mais, en même temps, pour leurs capacités épuratrices. Les méthodologies expérimentales très simples présentées par Qiu *et al.* (2009) pour des échantillons d'arbres et par Boisleux & Galsomies (2010) pour des plantes d'intérieur, consistant essentiellement à cueillir des feuilles à des moments bien choisis, à les peser et à analyser leur composition/contenu, pourraient être développées pour un grand nombre d'espèces dans des conditions urbaines diverses avec des protocoles rigoureux.

Cette évaluation expérimentale rigoureuse serait particulièrement utile pour les dispositifs comme les toitures et façades végétalisées dont les autres qualités sont questionnables, voire parfois polémiques.

▸▸ Problèmes de modélisation

La première problématique des travaux de modélisation est liée à celle de l'évaluation expérimentale des capacités des arbres urbains. En popularisant le concept de « forêt urbaine », Nowak *et al.* (1998) imposèrent en fait deux conceptions de la végétation urbaine : l'une, qu'elle peut être considérée dans son ensemble, globalement à l'échelle de l'ensemble de l'agglomération, comme une forêt composite mais unique ; l'autre, qu'elle est assimilable à la forêt, donc que le fonctionnement des arbres et arbustes urbains est identique à celui de leurs pendants forestiers. Il en résulte que les évaluations des capacités de la végétation urbaine avec des modèles numériques comme Ufore (Nowak *et al.*, 1998) ou d'autres (Alonso *et al.*, 2011) reposent en fait sur des modélisations et des valeurs de paramètres de fonctionnement déduites d'observations d'arbres de pleine terre, dans des dispositifs forestiers ; par exemple le modèle *Big leaf* de Baldocchi *et al.* (1987), la conductance stomatale de l'ozone de Pederson *et al.* (1995)...

La vitesse de déposition

Pour toutes ces études d'évaluation, le paramètre physique le plus important des modèles numériques utilisés est la vitesse de dépôt, ou vitesse de déposition. Dans tous ces modèles, sa valeur est déterminée à l'aide du modèle dit « à résistances », qui additionne linéairement les paramétrisations dimensionnelles de chacun des processus participant à la capture des particules (ou des gaz) par la végétation : chute gravitationnelle, transfert turbulent, diffusion moléculaire, interception, thermophorèse, électrophorèse... auxquels s'ajoutent les processus de pénétration dans les feuilles par les voies stomatale, cuticulaire, mésophylle... en oubliant souvent les phorèses et parfois les rebonds (Petroff *et al.*, 2008a et b). Ces paramétrisations sont le plus souvent dérivées des modèles de Slinn (1982) ou de Zhang *et al.* (2001). Sur la figure 6.1, on voit : (i) que la vitesse de déposition varie de quatre ordres de grandeur, en fonction du diamètre des particules entre 10 nm et 100 μm, avec un minimum situé entre 0,2 μm (Slinn) et 2 μm (Zhang) ; (ii) que les modèles ne sont en accord qu'au-delà de 10 μm dans le domaine où la chute gravitationnelle est largement prépondérante ; et (iii) que les différences entre les modèles sont de un à deux ordres de grandeur pour les diamètres inférieurs à 1 μm. Les mesures sur des couverts homogènes d'herbes ou de forêts font apparaître des variations encore plus grandes ((Damay *et al.*, 2009). Il en résulte que si les vitesses de déposition des grosses particules de suie sont relativement bien estimées, ainsi que celles des PM_{10}, par contre celles des particules fines et ultrafines sont très incertaines (Litschke & Kuttler, 2008). D'autre part, ces évaluations font souvent l'impasse sur certains processus, comme la resuspension qui réduit considérablement l'efficacité des dispositifs. Wuytack *et al.* (2010) remarquent par exemple que la conductance stomatale est significativement plus faible dans les atmosphères polluées : les plantes qui poussent dans les environnements pollués s'adaptent en formant des stomates plus nombreux mais plus petits, provoquant une nette diminution de la conductance stomatale. Cette influence de la pollution urbaine sur la déposition n'est pas prise en compte dans ces modélisations.

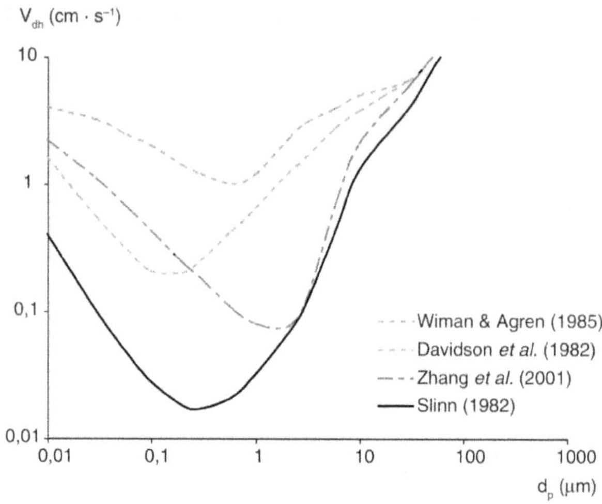

Figure 6.1. Vitesse de déposition des particules en fonction de leur diamètre aérodynamique, selon les principaux modèles, pour une forêt de conifères. Source : d'après Petroff *et al.* (2008a).

Sont présentés ici les principaux modèles utilisés dans les évaluations de la vitesse de déposition ; la ligne continue représente la vitesse limite de chute gravitationnelle.

Escobedo & Nowak (2009) remarquent eux-mêmes que les évaluations à l'échelle de l'agglomération masquent des effets de l'hétérogénéité du tissu urbain et devraient donc être menées plutôt à plus fine échelle, en tenant compte d'une part de la distribution spatiale de la végétation et de ses caractéristiques locales, et d'autre part de celle des sources et concentrations de pollution. Mais par ailleurs, on a vu que les études à petite échelle, celle d'une rue ou d'un square, font apparaître des résultats contradictoires fortement dépendants des conditions locales (ventilation, matériaux, espèces) et/ou géométriques (rapport d'aspect, densités, porosité) qui rendent impossible leur généralisation à l'échelle d'une agglomération.

Les émissions

Le second groupe de données entrant dans les modèles d'évaluation est composé des facteurs d'émission des différentes espèces. On peut également douter qu'ils soient bien évalués pour la végétation urbaine éparse. Ils dépendent des données structurales et physiologiques de la végétation urbaine : localisation, densité, espèces, densité foliaire, état de santé... L'évaluation de ces données repose sur l'observation d'échantillons (individus ou quartiers) et leur extrapolation à l'agglomération, soit sur une base purement statistique, homogène ou aléatoire (Nowak *et al.*, 2013), soit à l'aide de cartographies des modes d'occupation des sols (Alonso *et al.*, 2011). Les bases de données urbaines de la végétation sont très incomplètes et les évaluations reposent souvent sur des analyses d'images de télédétection satellite (Qiu *et al.*, 2009), analyses qui reposent elles-mêmes sur des indices spectraux qui n'ont pas été validés pour les tissus urbains (Bannari *et al.*, 1997) et qui ne permettent guère de distinguer les différentes espèces (Tallis *et al.*, 2011). La télédétection aéroportée, qui permet notamment une vision inclinée et une estimation du relief ainsi qu'une haute résolution spatiale des images, a peu été utilisée jusqu'à présent dans ce domaine (Pederson *et al.*, 1995). Il y a beaucoup à espérer des développements actuels des méthodes de télédétection hyperspectrale à haute résolution pour identifier les espèces (Roy *et al.*, 2009) ; de l'utilisation du lidar aéroporté pour déterminer la hauteur, l'épaisseur et la densité de la végétation (Jones *et al.*, 2010) ; ainsi que des méthodes d'analyse des images orientées objets pour préciser leurs contours (Long *et al.*, 2010 ; Zhang *et al.*, 2010).

▶▶ Les effets de différents types de végétation

Arbres et haies

Tous les arbres, arbustes et haies ont des capacités filtrantes vis-à-vis de la pollution gazeuse et particulaire, mais pas tous de la même façon et pas pour chaque composant. Pour affronter un cocktail de pollution, il est nécessaire de disposer d'une bonne mixité d'arbres et d'arbustes différents. Les gaz comme le dioxyde d'azote et l'ozone sont surtout bien absorbés par les feuillus qui possèdent des feuilles larges et lisses. Pour les composants organiques, la couche de cire sur la feuille (cuticule) est le principal moyen d'adsorption. Les feuilles munies d'une cuticule épaisse comme les épines des conifères le font très bien. Les feuillus qui possèdent des feuilles rugueuses, poilues et collantes sont bien adaptés pour capturer les particules de poussière. Toutefois, ce sont les conifères qui captent le mieux les particules d'autant qu'ils ont souvent un feuillage persistant, efficace également pendant les mois d'hiver (Hiemstra *et al.*, 2008). Cependant, il convient de veiller à deux effets contraires : l'émission de composés organiques volatils biogéniques (COVB) et l'émission de pollens.

Certaines espèces émettent un cocktail de COVB et, avant aménagement, il faut se poser la question du bilan émission/absorption en fonction du dispositif (densité), de la ventilation et de la qualité de l'air locale, sans oublier la forte photo-réactivité des COVB. Hiemstra *et al.* (2008) proposent un tableau indicatif, mais un bilan quantitatif nécessitera une étude d'implantation et de fonctionnement des espèces à divers stades de leur évolution.

Pour ce qui concerne l'émission de pollens, le RNSA propose dans son guide d'information (RNSA, 2013) un classement des arbres selon leur potentiel allergisant : fort (bouleau, cupressus, genévrier [*Juniperis ashei*], platane et chêne), moyen (aulne, charme, frênes, genévrier cade [*J. oxycedrus*], troènes, olivier) et faible (érable, châtaignier, hêtre, noyer, peuplier, saule, thuya, tilleul, ormes). Quelques individus à potentiel fort, même isolés, présentent un risque d'allergies, tandis que les espèces à potentiel faible ne présentent un risque net que lorsqu'elles sont plantées en grande quantité (bois).

Pour les dispositifs en formes de haies, brise-vents, barrières anti-bruit, mais aussi pour les alignements denses d'arbres de rues, il faut prendre en compte les effets de barrière simultanément à ceux de filtration/épuration. En effet, ces dispositifs provoquent une déflection du vent et une réduction de sa vitesse et de l'intensité de la turbulence, qui génèrent une zone de protection et de réduction des concentrations immédiatement en aval des barrières dans le sens horizontal (haie) ou vertical (alignement en rue canyon), généralement accompagnée d'une zone d'accumulation immédiatement en amont, et parfois de transport accru plus loin en aval. Avant aménagement, il convient donc de se poser simultanément la question de la protection et celle de l'efficacité épuratrice, en fonction de la densité et de la porosité du dispositif végétal : avec une porosité voisine de zéro, on obtient une protection maximale immédiatement en aval mais un bilan global proche de zéro ; avec une porosité plus faible, la protection est réduite mais le bilan de filtration est nettement supérieur (Shan *et al.*, 2007). Une étude par simulation numérique CFD peut aider à trouver les conditions optimales (Di Sabatino *et al.*, 2010).

Toits végétalisés

Bien que les dispositifs de toitures végétalisées aient déjà donné lieu à de nombreuses études sur leurs propriétés thermiques et climatologiques, voire leur impact sur la biodiversité, les données sur leurs qualités épuratrices restent rares. L'étude expérimentale de Gorbachevskaya & Schreiter (2010) à Berlin semble montrer que les feuilles de sédum (*S. album* et *S. spurium*) sont de bons accumulateurs de particules PM_{10} et $PM_{2,5}$. Les mesures comparatives de Speak *et al.* (2012) sur quatre dispositifs de toitures végétalisées à Manchester montrent que les dispositifs intensifs composés d'herbes sur un substrat épais (*Agrostis stolonifera* et *Festuca rubra*) sont plus efficaces pour collecter les particules que les dispositifs extensifs à base de sédum (*S. album*) ou que le plantain (*Plantago lanceolata*), espèce colonisant spontanément les toitures. Ces auteurs notent que le potentiel épurateur des toitures végétalisées reste nettement inférieur à celui des arbres mais qu'il n'est pas négligeable : un scénario de « toitures végétales maximum » du centre de Manchester (c'est-à-dire la totalité des toitures plates existantes) fait apparaître une possible réduction des concentrations de PM_{10} de 2,3 % dans la version extensive (sédum) et entre 10 et 17,5 % en version intensive. Utilisant un modèle de dépôt sec spécifiquement adapté aux plantes de toitures végétales, Yang *et al.* (2008) concluent également que les toitures végétales de Chicago présentent un potentiel de réduction de la pollution atmosphérique du même ordre de grandeur que celui des arbres, mais inférieur, alors que leur coût d'installation est nettement supérieur. Ils concluent cependant qu'elles représentent une alternative, ou un complément, qui n'est pas à négliger. Currie & Bass (2008) ont appliqué le modèle Ufore à un quartier de Toronto en utilisant les mesures de concentrations et de météorologie d'Environnement Canada. Sur la base de la végétation existante dans ce centre-ville, une série de sept scénarios alternatifs leur permet d'évaluer séparément les réductions de polluants (NO_2, O_3, PM_{10}) dues aux grands arbres, aux arbres et haies, à des toitures végétales, à des murs végétaux (genévriers). Cette étude numérique montre que les arbres sont plus efficaces que les arbustes, et les arbres et arbustes plus que les toits et les murs végétaux. Ajoutées à la végétation existante, les toitures végétales peuvent cependant accroître de 10 à 30 % la réduction de polluants par les plantes, les murs végétaux de 10 %. Cette étude montre que les bénéfices de la végétalisation des toitures n'augmente pas linéairement avec la surface végétalisée : les bénéfices de 100 % de végétalisation n'atteignent pas cinq fois les bénéfices d'un recouvrement de 20 %.

Comme pour les arbres, l'émission de pollens doit également être considérée avec soin pour les dispositifs de toitures végétales. Le guide RNSA (2013) relève le fort potentiel allergisant de certaines graminées ou poacées ornementales ou sauvages, en particulier le ray-grass (*Lolium perenne* L.). Dans les pelouses où elles sont très présentes, ces espèces ne posent généralement pas de problème car elles sont tondues plusieurs fois par an et ne fleurissent donc jamais. Ce guide relève également le risque de voir apparaître spontanément deux espèces envahissantes à fort potentiel allergisant, l'ambroisie (*Ambrosia artemisiifolia*) et l'armoise commune (*Artemisia vulgaris*), ainsi que certaines plantes spontanées des espaces urbains en friche telles que la pariétaire diffuse (*Parietaria judaica*) ou le plantain. Sur les toitures à dispositif de végétation intensif il est donc risqué vis-à-vis des allergies de laisser la végétation se développer sans surveillance et/ou sans entretien.

Façades végétalisées

Hiemstra *et al.* (2008) notaient la capacité du lierre (*Hedera helix*) sur les murs nus à capter les particules de poussière. Un lierre peut compter jusqu'à 3 à 8 m^2 de feuilles, et contenir jusqu'à 6 g de particules par m^2 de mur. En outre, son feuillage est persistant donc efficace toute l'année.

En conclusion de leur étude avec Ufore, Currie & Bass (2008) notaient que, si le pouvoir épurateur des murs végétaux reste inférieur à celui des toitures végétales, il est probable que leur rapport coût/bénéfice est nettement supérieur (mais Ufore n'étant pas équipé de module de façade végétale, ils lui ont substitué un écran de genévrier planté au sol, ce qui n'est pas forcément un bon modèle de façade végétale).

Pugh *et al.* (2012) ont développé un modèle adapté aux géométries des rues-canyons qui leur permet d'affirmer que les façades végétales peuvent réduire très fortement les concentrations au niveau de la rue, jusqu'à 40 % pour NO_2 et 60 % pour les PM_{10}, soit 10 à 12 fois plus que les toitures végétales. Cependant, dans son analyse de cette étude et de ses résultats, Kessler (2013) relève les fortes incertitudes de la modélisation, par manque de données expérimentales sur le fonctionnement de la végétation et les effets aérodynamiques des dispositifs en écran que nous avons vus ci-dessus (cf. « Effets indirects », p. 125).

Outre le manque d'études expérimentales spécifiques sur ce sujet, on notera l'absence (à ce jour) de données sur l'influence des façades végétales sur la qualité de l'air intérieur des bâtiments, et leur incidence sur la présence d'insectes et de parasites.

Végétation d'intérieur

Les premières études sur la possible épuration de l'air intérieur par des plantes et par des dispositifs de filtration par les plantes et leur substrat ont été menées dans les années 1980 par Wolverton *et al.* (1984 et 1989) sur la dégradation de COV, dont le benzène, le formaldéhyde, et le trichloréthylène, pour la Nasa en vue du contrôle de la qualité de l'air des capsules spatiales. Ces études ont montré, au laboratoire, que les techniques de phytoremédiation avaient une bonne efficacité potentielle associée à un faible coût (Zhang *et al.*, 2010) et une très bonne acceptabilité sociétale. Ces constatations ont entraîné la mise sur le marché de plusieurs systèmes commerciaux de dépollution « par les plantes », même si les performances réelles de ces systèmes ne sont pas avérées, les mécanismes pas encore compris, ni les conséquences indirectes, comme la présence accrue de bactéries et de moisissures dans l'air, correctement évaluées (Hanoune & Cuny, 2010). De plus en plus de distributeurs spécialisés (comme les jardineries) les inscrivent dans leurs catalogues de vente et une quarantaine de plantes sont actuellement référencées. Le programme Phytair, lancé en 2004 à l'initiative de l'Ademe et des conseils régionaux Nord - Pas-de-Calais et Pays de la Loire, a établi un protocole scientifique d'évaluation objective de la capacité d'épuration des plantes placées dans des conditions réalistes (Boisleux & Galsomies, 2010 ; Oqai, 2011). En conclusion de ce programme, l'Ademe (2011) a émis l'avis suivant : « En laboratoire, en enceintes contrôlées, des plantes peuvent présenter une capacité à absorber certains polluants gazeux. Cette capacité peut être influencée par différents paramètres physiques et/ou biologiques. Dans les bâtiments, en conditions réelles d'exposition, l'efficacité d'épuration de l'air par les plantes seules est inférieure à l'effet du taux de renouvellement de l'air sur les concentrations de polluants. Autrement dit, l'aération et la ventilation restent bien plus efficaces que l'épuration par les plantes. Par conséquent, l'Ademe considère que l'argument "plantes dépolluantes" n'est pas validé scientifiquement au regard des niveaux de pollution généralement rencontrés dans les habitations et des nouvelles connaissances scientifiques dans le domaine. »

▶▶ Conclusion

Compte tenu de l'ensemble des éléments qui ont été présentés dans ce chapitre, il nous semble que les conclusions « conservatrices » produites à l'issue d'un programme mené en conditions bien contrôlées, celles des ambiances intérieures, pourraient largement être étendues au rôle épuratoire de certains dispositifs végétaux en situations extérieures. La réduction de la pollution atmosphérique par les plantes ne semble pas devoir être leur rôle majeur.

Chapitre 7

Empreinte carbone

Philippe Boudes, Caroline Gutleben, Damien Provendier

▸▸ Introduction

La nature en ville est une thématique de plus en plus souvent mise en avant par les sphères politiques, citoyennes et de recherche. Elle reprend des enjeux globaux, dont le climat et la biodiversité, mais aussi la croissance de l'urbanisation dans le monde. Elle embrasse ainsi des questions écologiques, climatologiques et sociales, comme les trames vertes, les îlots de chaleur urbains, ou la qualité de vie. Pour autant, peu de travaux existent sur l'empreinte carbone (EC) du végétal en ville. En effet, l'EC peut être appliquée à des cas d'étude plus précis, comme l'analyse des émissions de gaz à effet de serre (GES) relatives à la gestion de parcours de golf (Bartlett & James, 2011) ou au contraire à des approches systémiques, comme l'étude du cycle carbone à l'échelle urbaine (Kellett *et al.*, 2013). La végétation urbaine est un objet d'étude intermédiaire et multiscalaire qui apparaît difficilement compatible avec une approche en termes d'EC. Dans ce chapitre, l'analyse bibliographique des travaux récents sur l'EC de la végétation urbaine ciblera principalement la capacité des arbres à stocker et à séquestrer du carbone et les émissions liées à leur plantation et leur entretien.

▸▸ Éléments de définition

Empreinte carbone et végétation urbaine, des termes polysémiques

Empreinte carbone

L'empreinte carbone est le volume de GES relatif à une activité, à la fabrication ou à l'usage d'un produit ou d'un procédé, ou au cycle de vie d'un élément vivant ou non. Selon Wiedmann & Minx (2008) : « L'empreinte carbone est une mesure de la quantité exclusive totale des émissions de dioxyde de carbone qui est directement et indirectement causée par une activité ou est accumulée durant le cycle de vie d'un produit. » L'Union européenne propose une définition semblable : « L'empreinte carbone [...] est la quantité globale de dioxyde de carbone (CO_2) et d'autres gaz à effet de serre (par exemple, le méthane, le protoxyde d'azote...) associée à un produit tout au long de sa chaîne logistique, de son utilisation et de sa récupération et de son élimination en fin de vie. »

De fait, l'empreinte carbone mesure une masse équivalent carbone ou CO_2 (t. éq. C ou CO_2) de l'ensemble des GES. Parmi les GES d'origine anthropique, on trouve : le dioxyde de carbone (CO_2), le méthane (CH_4), l'ozone (O_3), les gaz fluorés et le protoxyde d'azote (N_2O). Le tableau 7.1 présente l'équivalence des principaux GES par rapport au CO_2.

Tableau 7.1. Équivalence des principaux GES par rapport au CO_2 en GWP100 (*Global Warming Potential*). Source : d'après Forster *et al.* (2007).

Gaz	Formule chimique	GWP100
Dioxyde de carbone	CO_2	1
Méthane	CH_4	25
Protoxyde d'azote	N_2O	298
Hydrofluorocarbures	-	124 - 14 800
Hexafluorure de soufre	SF_6	22 800
Perfluorocarbures	-	7 390 - 12 200

Le potentiel de ces différents gaz à favoriser le réchauffement global est toutefois relatif : c'est bien le CO_2 qui est le plus important car il est produit en très grande quantité et contribue à hauteur de 54 % au réchauffement climatique. Le méthane, l'ozone (non représenté dans le tableau), les halocarbures (hydrofluorocarbures, perfluorocarbures) et le protoxyde d'azote seraient respectivement responsables de 16 %, 13 %, 11 % et 5 %. Par ailleurs, le CO_2 est le principal marqueur de l'élévation des températures au cours des siècles précédents (Forster *et al.*, 2007).

Végétation urbaine

Des travaux sur les trames vertes ont mis en avant la difficulté de cerner précisément la végétation urbaine (Arrif *et al.*, 2011). Les études sur le climat et la végétation en ville ciblent des éléments différents selon les objectifs : les effets des arbres, des forêts urbaines, voire des prairies, ou des toits et façades végétalisés. On remarquera particulièrement l'emploi général dans la littérature scientifique de cette expression de forêt urbaine (traduction littérale de l'expression anglo-saxonne *urban forest*).

Principe des travaux analysés

Une analyse bibliographique a été réalisée à partir d'une base de données d'articles scientifiques et complétée par les recherches menées au sein de l'ANR VegDUD.

Une analyse transversale des articles a permis de retenir 99 documents, dont 76 se sont révélés pleinement pertinents. L'objet d'étude qui domine dans les travaux recensés est la capacité de la végétation urbaine à capturer du carbone, c'est-à-dire le stocker et le séquestrer. En effet, les articles ciblent à plus de 71 % la capture du carbone par le végétal (à 80 % si l'on inclut le rôle du sol et l'interaction sol/végétation), à 20 % les autres fonctions du végétal, dont l'interaction avec le sol et le retrait de polluant de l'atmosphère, et à 9 % d'autres thèmes.

Cet intérêt pour l'absorption de carbone induit des méthodologies de recherche spécifiques, qui ont été différenciées selon que la démarche concerne : des équations de biomasse, des modélisations type Ufore (*Urban Forest Effects*, cf. *infra*), l'analyse d'images satellitaires, des techniques de mesure atmosphériques (principalement le système *eddy covariance*, cf. *infra*), d'autres analyses de prélèvements, des revues de littératures rassemblant plusieurs démarches, d'autres méthodologies (dont des travaux en sciences humaines et sociales et des modèles numériques spécifiques). Bien entendu, cette typologie pose certains problèmes : par exemple, le modèle Ufore utilise des équations de biomasse et des images satellitaires ; mais toutes les démarches d'analyse utilisant des équations de biomasse et/ou des images satellitaires ne se réfèrent pas au modèle Ufore.

Le tableau 7.2 rassemble les principales démarches utilisées pour la mesure du carbone. Il permet de constater que le recours aux équations de biomasse, au traitement d'images satellitaires, au modèle Ufore ou aux mesures de type *eddy covariance*, compte pour la moitié des études de la base de données constituée.

Tableau 7.2. Méthodologie des documents analysés.

Équations de biomasse	Ufore	Images satellitaires	*Eddy covariance* et similaire	Analyses spécifiques	Revues	Autres méthodologies
16	8	6	9	9	5	23
Principales méthodologies : 39 (51 %)				9 (12 %)	5 (7 %)	23 (30 %)

Ufore est un modèle mathématique qui permet de mesurer différentes fonctions remplies par les forêts urbaines à partir des paramètres suivants : espèces, diamètre, densité et santé des arbres, surface et biomasse foliaire (Nowak & Crane, 1998). Pour déterminer le carbone stocké et séquestré annuellement, le modèle s'appuie sur les premiers travaux de Rowntree & Nowak (1991) : selon eux, les villes américaines auraient une couverture arborée équivalente à 28 % de leur surface qui « correspondrait, en moyenne, à environ 21 arbres par acre, à 27 t de matière sèche par acre, et à un total de 12 t de carbone stocké par acre [soit 4,86 t/ha] ». Whitford *et al.* (2001), Jansson & Nohrstedt(2001), parmi d'autres, mobilisent ces équations : « La formule de Rowntree & Nowak (1991) a été utilisée : tonnes de carbone séquestré par acre et par an = 0,003 35 (% couverture arborée). » (Jansson & Nohrstedt, 2001.)

La technique de covariance de turbulence (*eddy covariance*) s'appuie sur un dispositif de mesure des flux de CO_2 atmosphérique (en μmol par mètre carré par seconde), de détermination des directions des vents et des types de surface alentour pour estimer l'origine de ces flux. Les instruments de mesure sont installés sur une tour placée à un endroit pertinent. Par exemple, Kordowski & Kuttler (2010) ont installé un dispositif à proximité d'un parc urbain : ils montrent que lorsque les vents viennent du sud-ouest, c'est-à-dire du parc, les flux de CO_2 sont peu élevés voire négatifs dans la journée, au contraire des mesures relevées lorsque le vent vient des zones urbanisées. En comparant des études de ce type, Ramamurthy & Pardyjak (2011) montrent que plus le taux de végétation et de surface perméable impactant les mesures sur site est élevé, plus le flux de CO_2 est faible.

Le modèle Ufore permet d'estimer une quantité de carbone capturé à l'échelle de la ville (ou à l'échelle souhaitée) ; les mesures de covariance de turbulence sont limitées à des zones d'un rayon de 400 ou 500 m (Coutts *et al.*, 2007 ; Kordowski & Kuttler, 2010 ; Song & Wang 2012) jusqu'à 3 km (Crawford *et al.*, 2011 ; Ramamurthy & Pardyjak, 2011) autour de la tour de mesure.

Dispositifs étudiés

Concernant les dispositifs de végétation, leur typologie permet de mieux définir ce qui est entendu par végétation urbaine (tab. 7.3).

Tableau 7.3. Dispositifs de végétation urbaine étudiés.

***Urban forest*, y compris arbre urbain (11 cas) et arbre de rue (2 cas)**	31 cas	45 %
Végétation urbaine	9 cas	13 %
Herbes / sol, y compris golf (2 cas)	7 cas	10 %
Espaces verts : *urban greenspace* (4 cas) et parcs urbains (2 cas)	6 cas	9 %
Zones résidentielles, y compris jardins urbains (*urban garden*, 2 cas)	6 cas	9 %
Toits végétalisés	3 cas	4 %
Autres	7 cas	10 %
Total (hors articles théoriques)	69 cas	100 %

La catégorie « végétation urbaine » fait référence aux dispositifs pris en compte par les mesures de flux carbone (par exemple, *eddy covariance*) : les études ne précisent pas toujours les dispositifs étudiés, mais elles gardent entre elles une cohérence en référence au choix de la méthode. Le terme de dispositif convient tout à fait car la végétation est ici l'un des éléments du système urbain que prennent en compte ces analyses, en intégrant les taux de végétalisation (Crawford *et al.*, 2011) ou la proximité de parcs (Ramamurthy & Pardyjak, 2011).

Les parcs et espaces verts englobent différentes formes de végétation (Jo, 2002 ; Strohbach & Haase, 2012 ; Strohbach *et al.*, 2012).

La végétation des zones résidentielles concerne une partie des études mentionnant l'effet des arbres sur le bilan énergétique d'un bâtiment (Donovan & Butry, 2009), mais elle englobe aussi des études sur le potentiel de stockage carbone de la végétation dans des zones résidentielles (Cameron *et al.*, 2012), ou les deux cas (Jo & McPherson, 1995 et 2001).

Les travaux sur la strate herbacée et son lien avec le sol mettent notamment en avant le rôle du sol dans le stockage carbone, et celui des strates herbacées pour favoriser ce stockage (Beesley 2012 ; Gough & Elliott, 2012 ; Raciti *et al.*, 2012 ; Zhou *et al.*, 2012), le cas des golfs étant particulièrement alimenté par les données traitant des émissions de carbone liées à la gestion (Bartlett & James, 2011).

Avec les travaux sur les toits végétalisés, il s'agit cette fois d'un réel dispositif, c'est-à-dire des éléments et de la manière dont est mise en place la végétation dans une zone urbaine donnée. Enfin les autres travaux traitent par exemple de l'agriculture urbaine (1 cas), d'un parc national extra urbain (1 cas), de pépinière pour arbre urbain (1 cas), ou de taux de végétalisation (hors mesure type *eddy covariance*, 2 cas).

On retiendra deux éléments de réflexion. D'une part, les dispositifs concernent le plus souvent des espaces publics, indépendamment du type de végétation. D'ailleurs, des travaux définissent les espaces verts comme des zones accessibles au public (Tratalos *et al.*, 2007 ; Young, 2010 ; Roy *et al.*, 2012).

D'autre part, les arbres sont surreprésentés dans les cas d'étude. La forêt urbaine et les arbres urbains sont très souvent liés dans les analyses. Ainsi, il est fréquent que les travaux parlent sans distinction de l'un ou de l'autre : Jim & Chen (2009) expliquent que les forêts urbaines sont « diversement étiquetées comme espace vert urbain, arbre urbain et système vert urbain (*urban green system*) » ; et Escobedo *et al.* (2011) parlent des « forêts urbaines, ou la somme de tous les arbres, buissons, pelouses et sols perméables urbains ».

En précisant leurs démarches d'analyse, les travaux donnent parfois plus d'information. Ainsi, alors que Zhao *et al.* (2010) travaillent sur « les impacts des forêts urbaines sur le bilan des émissions de carbone », ils expliquent que « la séquestration nette de carbone a été estimée en réduisant la quantité de carbone séquestré en raison de la croissance des arbres, de la quantité perdue en raison de la mortalité » et font référence à Nowak *et al.* (2002) : la forêt urbaine est ramenée à la croissance des arbres et à leur mortalité.

Les forêts urbaines seraient des ensembles d'éléments végétaux des villes, sans que l'on sache spécifiquement s'ils renvoient seulement à des groupes de végétation comme pourrait le laisser entendre le terme de forêt — *a minima* un square arboré ou buissonnant — ou si d'autres éléments peuvent être pris en compte, dont les arbres, les haies isolées ou des plates-bandes herbacées. La lecture de la méthodologie Ufore explique que : « la structure de la forêt urbaine est l'arrangement spatial et les caractéristiques de la végétation par rapport à d'autres objets, par exemple, les bâtiments, dans les zones urbaines », laissant entendre que les forêts urbaines représentent l'ensemble de la végétation urbaine à l'exclusion de tout autre objet urbain (Nowak, 1994). Cette indication fait écho aux démarches d'analyse s'appuyant sur des taux de végétalisation, le plus souvent définis à partir d'images satellitaires ou de zone délimitées sélectionnées aléatoirement dans les systèmes urbains.

Enfin, dans leurs travaux sur les arbres urbains, Roy *et al.* (2012) proposent une définition des forêts urbaines, qu'ils schématisent sous la forme montrée par la figure 7.1.

Les forêts urbaines ne sont pas juste des sommes d'arbres puisqu'elles incluent herbes et buissons. Pour Roy *et al.* (2012), « les arbres urbains comprennent les arbres individuels ainsi que ceux qui se développent dans des plates-formes, des parcelles et des groupes au sein d'espaces verts accessibles au public ».

À défaut d'autres précisions, le terme de forêt urbaine renvoie ici à des groupes d'arbres, à l'exclusion des arbres isolés et des arbres de rue.

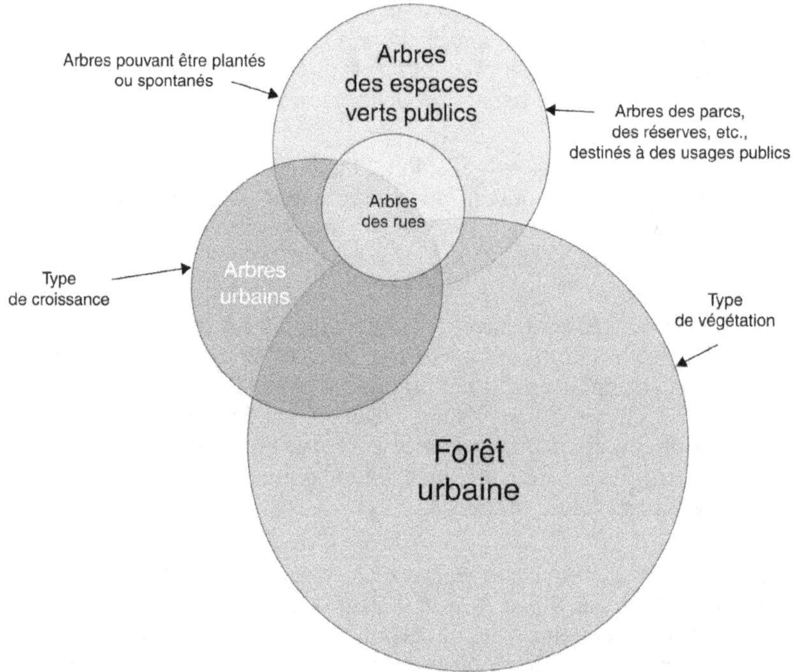

Figure 7.1. Forêts et arbres urbains : schéma synthétique. Source : d'après Roy *et al.* (2012), avec la permission d'Elsevier.

▶▶ La végétation urbaine comme puits de carbone

Capture du carbone et estimation de cette quantité

Le stockage de carbone correspond à la masse de carbone déjà capturée par la végétation (Paoletti *et al.*, 2011), généralement exprimée en tonnes (t) de carbone par hectare (ha), parfois en tonnes de CO_2. Le carbone séquestré est la capture annuelle de carbone par la masse de végétation étudiée. Cette capture de carbone est associée à la photosynthèse et servira comme énergie et comme biomasse élémentaire de l'arbre ou du végétal.

À partir de CO_2 et de H_2O, la végétation va s'appuyer sur la photosynthèse pour fabriquer des carbohydrates — qui serviront de base à la création d'autres molécules, de glucose ou de cellulose — et rejeter de l'O_2 (Pidwirny, 2006). Ainsi :

$$(6)\ 6CO_2+6H_2O+lumière \rightarrow C_6H_{12}O_6+6O_2$$

Le processus complémentaire est la respiration qui fournit à la plante l'énergie nécessaire pour ses diverses activités physiologiques et morphologiques. L'équation proposée est celle-ci :

$$(7)\ C_6H_{12}O_6+6O_2 \rightarrow 6CO_2+6H_2O+énergie$$

La production primaire nette (*net primary production*, NPP) est la quantité d'énergie assimilée par la végétation moins l'énergie utilisée par la respiration. Elle correspond à la masse totale de biomasse produite grâce à la photosynthèse.

Ces éléments permettent de comprendre comment est mesuré le carbone capturé par les arbres. Selon Zhao *et al.* (2010), « le stockage de carbone fait référence au total des stocks de carbone actuels en fonction de la biomasse végétale, et la séquestration du carbone se réfère à l'assimilation du carbone par les arbres en un an en fonction de la production primaire nette ». En mesurant la biomasse, on peut retrouver le volume de carbone séquestré qui a été nécessaire pour la fabrication de cette biomasse.

Les équations allométriques permettent d'estimer la quantité de carbone à partir de la matière sèche des végétaux. Pour les arbres, la matière sèche est notamment définie à partir de la répartition de la biomasse dans les différentes parties de l'arbre : environ 20 % de la biomasse dans le houppier, 60 % dans le bois de tige marchand jusqu'à 10 cm du houppier et 20 % dans la souche et le système racinaire (Nowak, 1993).

Le volume superficiel de l'arbre (V en m³) est estimé par des équations allométriques à partir du *DBH* (*Diameter at Breast Height*), qui correspond au diamètre du tronc à environ 1,30 m ou 1,40 m. Pour ce calcul, de nombreuses relations sont données en fonction des espèces, que Yoon *et al.* (2013) recensent.

La quantité de matière sèche est convertie en carbone stocké par un facteur *CF*, la fraction de carbone de 0,45 (Nowak, 1993) à 0,5 (Yoon *et al.*, 2013).

Au final, Yoon *et al.* (2013) proposent l'équation suivante pour le carbone (C) stocké par la partie superficielle de l'arbre, en kg :

$$(8)\ C=V \times WBD \times CF$$

où WBD (kg/m³) ou *Wood Basic Density*, est la densité de l'espèce considérée.

Des variantes existent, en fonction du type de données recueillies : images satellitaires, taux de végétation dans un système urbain, nombre d'arbres couverture végétale. Dans leur calcul du carbone stocké par unité de surface de couverture arborée, Whitford *et al.* (2001) prennent en compte : la distribution moyenne du diamètre des arbres, le nombre d'arbres par unité de surface, le taux de feuillus et de conifères (par hypothèse 75 % et 25 %), la matière fraîche totale (convertie en matière sèche puis en carbone). Les auteurs en concluent la formule suivante :

$$(9)\ C\ (tonnes.ha^{-1}) = 1{,}063 \times \%\ de\ couverture\ arborée$$

De même pour la séquestration carbone, ils s'appuient sur les travaux de Rowntree & Nowak (1991) et réduisent les calculs à la formule suivante :

$$(10)\ Séquestration\ de\ carbone\ (tonnes.ha^{-1}.an^{-1}) = 8{,}275.10^{-3} \times \%\ de\ couverture\ arborée$$

Tratalos *et al.* (2007) s'appuient aussi sur Rowntree & Nowak (1991) pour calculer le carbone séquestré, avec cette équation :

$$(11)\ Séquestration\ de\ carbone\ (tonnes.acre^{-1}.an^{-1}) = 3{,}35.10^{-3} \times \%\ de\ couverture\ arborée$$

soit :

$$(12)\ Séquestration\ de\ carbone\ (tonnes.ha^{-1}.an^{-1}) = 1{,}36.10^{-3} \times \%\ de\ couverture\ arborée$$

La différence importante avec Whitford *et al.* (2001) s'explique par les ajustements effectués pour adapter les équations aux cas d'étude.

Principales tendances des évaluations de masse de carbone capturé

Le tableau 7.4 reprend les principaux résultats des études estimant les quantités de carbone capturées. Trois catégories ont été distinguées : les espaces végétalisés pris de manière isolée, les villes dans leur ensemble, les autres dispositifs (présentés à titre de comparaison, dont des travaux sur des espaces urbains peu végétalisés ou concernant la ville à l'exception de ses espaces végétalisés).

Les résultats dépendent de la superficie à laquelle la masse de carbone est rapportée : celle de la ville entière (vert foncé) ou celle de la surface de végétation (vert clair). Bruyat (2011) affirme qu'à Lyon, les parcs de la Tête d'Or et de Parilly stockent respectivement 79 et 91 t C/ha, quand la végétation du centre-ville (rapportée à la superficie du centre-ville) ne stocke que 25 à 43 t C/ha. Les travaux sur des villes coréennes menés par Jo (2002) vont dans le même sens : les espaces verts des villes étudiées stockent entre 26 et 60,1 t C/ha alors que les autres zones, où la végétation est moins dense, stockent entre 4,7 et 7,20 t C/ha.

Un autre résultat est l'hétérogénéité des données. À l'échelle des villes, les estimations s'étalent de 5,02 à 46,91 t C/ha, avec une moyenne de 19,77. Ceci est dû à deux facteurs principaux : les modalités de calcul et surtout, les taux de végétation des villes étudiées et la structure de leur végétation. Pour les modalités de calcul, on ne peut que renvoyer à ce qui a été dit plus haut sur les différents modèles, mais aussi sur leur application dans différentes zones bioclimatiques. Ainsi, les études s'appuient sur des modèles testés et appliqués en Amérique du Nord, mais soulignent souvent les incertitudes quant à leur application à d'autres régions du monde — à commencer par les pays européens et asiatiques où ces modèles sont souvent repris.

Il apparaît toutefois que ces données, notamment pour les villes américaines, sont régulièrement mises à jour, expliquant ainsi certaines différences. Dans un article très récent, Nowak *et al.* (2013b) proposent les (nouveaux) résultats qu'ont permis « une disponibilité accrue de données et une meilleure estimation de la couverture arborée à partir des photo-interprétations » (tab. 7.5).

Le taux de végétation et la structure des éléments qui la composent sont déterminants : la moyenne de ces villes est de 7,90 t C/ha contre 19,77 dans les travaux recensés dans le tableau 7.4. Ces écarts existent aussi au sein de chaque ville.

Il faut rappeler que, puisque les modélisations s'appuient sur la couverture arboré ou le nombre d'arbres, le taux de végétation d'une ville n'a pas d'importance dans les calculs. Whitford *et al.* (2001) montrent d'ailleurs que, dans leurs cas d'étude, le taux de végétalisation et le taux de couverture arborée ne sont pas liés, entraînant des quantités plus élevées de carbone stocké là où le taux de végétalisation est parfois moindre qu'ailleurs.

Tableau 7.4. Résultats de stockage et séquestration carbone par la végétation (t/ha).

Dispositif étudié		Étude	Ville, Pays	Stockage (moyennes) kg C/m^2	Séquestration nette [brute] (moyenne) kg C/m^2/an
Espaces urbains	**Parcs urbains**	Bruyat, 2011	Lyon, France (moyenne de 2 parcs)	(85)	-
		Paoletti *et al.*, 2011	Florence, Italie	55,1	-
		Yoon *et al.*, 2013	Daegu, Corée	24,9	-
	Espaces verts	Jo, 2002	Séoul (quartier Kangnam), Corée	60,1	3,77
			Séoul (quartier Junglang), Corée	58,70	3,91
			Kangleung, Corée	46,70	1,60
			Chuncheon, Corée	26	1,71
	Forêt proche de la ville	Dwivedi *et al.*, 2009	Bhopal, Inde	12,54	-

	McPherson, 1998	Sacramento, USA	46,91	0,85
	Bruyat, 2011	Lyon (agglo.), France	(55)	-
		Lyon (centre ville), France	(34)	-
	Escobedo, 2004	Pune, Inde	33,4	-
		Santiago, Chili	9	-
		Toronto, Canada	8,7	-
		Santiago, Chili	6	-
	Liu & L,i 2012	Shenyang, Chine	33,22	2,84
	Strohbach & Haase, 2012	Karlsruhe, Allemagne	32,3	-
		Leipzig, Allemagne	11,8	-
	Davies *et al.*, 2011	Leicester, Royaume-Uni	31,6	-
	Zhao *et al.*, 2010	Hangzhou, Chine	30,25	1,66
Végétation urbaine	Nowak & Crane, 2002	Baltimore, USA	25,28	0,52 [0,71]
		Syracuse, USA	22,82	0,54 [0,73]
		Philadephia, USA	14,09	0,31 [0,43]
		Atlanta, USA	35,74	1,23
		Jersey city, USA	5,02	0,21
		USA moyenne des villes	25,1	-
	Myeong *et al.*, 2006	Syracuse, USA	(22,33)[1]	-
	Whitford *et al.*, 2001	Merseyside, Royaume-Uni	(16,8)	(0,13)
			(11,5)	-
	Kenney & Associates, 2001	Toronto, Canada	(14,25)	(0,45) [(0,58)]
	Nowak, 1994	Chicago, USA	14,1	-
	Chaparro & Terradas, 2009	Barcelone, Espagne	11,2	(0,09)
	Nowak, 1993	Oakland, USA	11	-
	Raciti *et al.*, 2012	Boston, USA	10,6	-
	Wang & Lin, 2012	Taiwan, Taiwan	9,25	1,34
	Yang *et al.*, 2005	Beijing (ville centrale), Chine	(7,45)	(0,38)

Autres cas d'études	**Zone résidentielle**	Jo & McPherson, 1995	Chicago, USA	26,15	1,15
		Jo, 2002		23,20	0,92
				(5,95)	(0,68)
	Ville hors parcs	Jo, 2002	Séoul, Corée (quartier Junglang)	7,20	0,80
			Séoul, Corée (quartier Kangnam)	6,6	0,53
			Kangleung, Corée	6,30	0,71
			Chuncheon, Corée	4,70	0,56
	Ville très peu végétalisée	Whitford *et al.*, 2001	Merseyside, Royaume-Uni	(0,9)	(0,008)
				(0,3)	(0,003)
	Forêt non urbaine	Nowak & Crane, 2002	USA	53,5	-
	Toit végétalisé	Getter *et al.*, 2009 ; Getter & Rowe, 2006	East Lansing, USA	0,378[2]	-
			Deux villes USA	(0,165)[3]	-

[1] moyenne des années 1985, 1992 et 1999 pour 6 640 ha ; [2] biomasse superficielle et biomasse racinaire ; [3] matière végétale superficielle.

Tableau 7.5. Stockage et séquestration de carbone par la végétation dans 34 villes des États-Unis. Source : Nowak *et al.* (2013a), avec la permission d'Elsevier.

Ville	État	Stockage		Séquestration globale		Séquestration nette		Taux de couverture arborée	
		kg C m^{-2}	SE	g C m^{-2} an^{-1}	SE	kg C m^{-2} an^{-1}	SE	%	SE
Arlington	TX	6,37	0,73	0,288	0,028	0,262	0,025	22,5	0,3
Atlanta	GA	6,63	0,54	0,229	0,017	0,175	0,025	53,9	1,6
Baltimore	MD	8,76	1,09	0,282	0,036	0,168	0,032	28,5	1,0
Boston	MA	7,02	0,96	0,231	0,025	0,168	0,023	28,9	1,5
Casper	WY	6,97	1,50	0,221	0,039	0,119	0,038	8,9	1,0
Chicago	IL	6,03	0,64	0,212	0,021	0,149	0,018	18,0	1,2
Freehold	NJ	11,50	1,78	0,314	0,045	0,201	0,050	31,2	3,3
Gainesville	FL	6,33	0,99	0,220	0,032	0,160	0,025	50,6	3,1
Golden	CO	5,88	1,33	0,228	0,045	0,181	0,038	11,4	1,5
Hartford	CT	10,89	1,62	0,329	0,046	0,186	0,051	26,2	2,0
Jersey City	NJ	4,37	0,88	0,183	0,034	0,132	0,035	11,5	1,7
Lincoln	NE	10,64	1,74	0,409	0,063	0,351	0,055	14,4	1,6
Los Angeles	CA	4,59	0,51	0,176	0,017	0,107	0,015	20,6	1,3
Milwaukee	WI	7,26	1,18	0,260	0,033	0,178	0,027	21,6	1,6
Minneapolis	MN	4,41	0,74	0,157	0,023	0,081	0,045	34,1	1,6

Moorestown	NJ	9,95	0,93	0,320	0,030	0,241	0,028	28,0	28,0
Morgantown	WV	9,52	1,16	0,297	0,037	0,231	0,026	39,6	39,6
New York	NY	7,33	1,01	0,230	0,029	0,124	0,028	20,9	20,9
Oakland	CA	5,24	0,19	na	na	na	na	21,0	21,0
Omaha	NE	14,14	2,29	0,513	0,081	0,401	0,066	14,8	14,8
Philadelphia	PA	6,77	0,90	0,206	0,027	0,151	0,023	20,8	20,8
Roanoke	VA	9,20	1,33	0,399	0,058	0,268	0,053	31,7	31,7
Sacramento	CA	7,82	1,57	0,377	0,064	0,327	0,055	13,2	13,2
San Francisco	CA	9,18	2,25	0,241	0,050	0,221	0,046	16,0	16,0
Scranton	PA	9,24	1,28	0,399	0,052	0,296	0,043	22,0	22,0
Syracuse	NY	8,59	1,04	0,285	0,030	0,202	0,039	26,9	26,9
Washington	DC	8,52	1,04	0,263	0,030	0,209	0,026	35,0 -A	35,0 -A
Woodbridge	NJ	8,19	0,82	0,285	0,028	0,208	0,029	29,5	29,5
	Indiana	8,80	2,68	0,292	0,077	0,270	0,071	20,1	20,1
	Kansas	7,42	1,30	0,284	0,048	0,221	0,040	14,0	14,0
	Nebraska	6,67	1,86	0,269	0,074	0,227	0,063	15,0	15,0
	North Dakota	7,78	2,47	0,282	0,079	0,134	0,079	2,7	2,7
	South Dakota	3,14	0,66	0,128	0,026	0,111	0,022	16,5	16,5
	Tennessee	6,47	0,50	0,340	0,021	0,304	0,020	37,7	37,7

Il s'agit du stockage et de la séquestration standardisés de carbone, estimés par unité et taux de couverture arborée mesurés dans les villes et États. SE : écart type ; na : non analysé ; A : estimée à partir d'une carte de la couverture arborée de la ville à haute résolution avec une erreur estimée à 2 %. Moyenne (hors États) : stockage = 7,905 kg C/m^2 et séquestration = 0,204 kg C/m^2/an. S

La structure de la végétation est déterminante

Le nombre d'arbres et leur maturité

Plusieurs indicateurs sont nécessaires pour situer les résultats d'une étude. De faibles résultats (c.-à-d. un stockage de carbone par hectare peu élevé) indiquent généralement une faible couverture arborée. Mais il faut prendre en compte la santé et l'âge ou la maturité des arbres. Cela a un effet non seulement sur la masse de carbone déjà stockée, mais aussi sur la masse de carbone séquestrée chaque année. Dans les cas d'études analysées par Escobedo *et al.* (2010), les auteurs expliquent que même si les arbres avec un DBH supérieur à 30,6 cm comptent pour seulement 5 % et 16 % de la population d'arbres de Miami-Dade et de Gainesville, respectivement, ils représentent 72 % et 75 % du carbone total stocké. Cela est confirmé par Nowak (2006) : les arbres matures et en bonne santé séquestrent environ 93 kg C/an à comparer avec les petits arbres et leur 1 kg C/an, soit un rapport de près de 1 à 100 entre deux arbres.

De plus, si nous comparons les travaux de Yang *et al.* (2005) et Jo (2002), nous observons que, pour une masse de stockage semblable par hectare (7,45 t pour Pékin [Yang *et al.*, 2005] et 7,20 t pour Junglang [Jo, 2002]), la séquestration annuelle est de 0,38 t à Pékin contre 0,80 t à Junglang, c'est-à-dire qu'il y a un rapport de 1 à 2. Entre Jersey City (Nowak & Crane, 2002) et Chucheon (Jo, 2002), pour des masses de carbone stockées de 5,02 t et 4,70 t/ha respectivement, on trouve des niveaux de séquestration annuelle de 0,21 t C/ha/an à Jersey et 2,66 fois plus élevés à Chucheon avec 0,56 t C/ha/an. Cela est dû au fait que les calculs de séquestration prennent en compte la croissance annuelle des arbres (à partir de l'évolution du DBH et de leur maturité), la mortalité et la perte de feuilles (Rowntree & Nowak, 1991).

Il est donc important de connaître le nombre d'arbres des villes et leur maturité, afin d'évaluer leur capacité de capture de carbone. L'étude de Nowak *et al.* (2013b) permet de se rendre compte de l'état du stock de carbone et de la capacité de capture pour les prochaines années. Les villes d'Atlanta et de Gainesville, qui ont les taux de couverture végétale les plus élevés (53,9 et 50,6 % respectivement), stockent moins de carbone que la moyenne (6,63 et 6,33, moyenne des villes = 7,905 kg C/m^2) et séquestrent moins de carbone que la moyenne également (0,175 et 0,160, moyenne des villes = 0,204 kg C/m^{-2} an^{-1}). En tenant compte des équations mobilisées, cela induit que la végétation est composée d'arbres jeunes, mais en grand nombre, et que le potentiel de capture de carbone est encore très élevé. À l'inverse, la ville de Lincoln, qui a un faible taux de couverture arborée (14,4 %) mais des niveaux de stockage et de séquestration parmi les plus élevés (10,64 kg C/m^2 et 0,351 kg C/m^2/an) pourrait atteindre un seuil de quantité de carbone capturée, car ses arbres sont déjà assez âgés et ont atteint leur potentiel maximum (Nowak *et al.*, 2013a).

Rôle des espèces

Il faut également prendre en compte les espèces d'arbres qui prédominent dans ces cas d'étude. En effet, la masse de carbone stockée et séquestrée par les arbres diffère selon les espèces. Les espèces d'arbres ont des vitesses de croissance différentes, des formes variables. Leur vitesse de croissance est également liée à leur adaptation agronomique au site (sol, climat). Certains travaux listent les espèces qui ont été rencontrées sur les terrains d'étude et les équations allométriques qui ont servi à quantifier le carbone capturé. Par exemple, Wang & Lin (2012) relèvent des espèces pour Taiwan ; Dwivedi *et al.* (2009) pour Bhopal (Inde) ; Nowak (1993) pour Oakland (USA) ; ou encore Ren *et al.* (2011) pour Xiamen (Chine) ; Zhao *et al.* (2010) pour Hangzhou (Chine) ; Jo (2002) pour plusieurs villes de Corée du Sud ; Jo & McPherson (1995) pour Chicago (USA) ; et Getter & Rowe (2006) pour des toits végétalisés aux USA.

Le cas de Daegu, en Corée du Sud (Yoon *et al.*, 2013), est illustratif des écarts de capacité de capture du carbone selon les espèces : les auteurs présentent cinq espèces (*Acer buergerianum*, *Ginkgo biloba*, *Zelkova serrata*, *Prunus yedoensis* et *Platanus orientalis*) : les quatre premières ont une capacité moyenne de stockage de carbone de 24,9 t/ha et *P. orientalis* une capacité de 69,7 t/ha.

Même si ce critère de stockage de carbone ou de gaz polluants devient un critère important, Yang *et al.* (2005) constatent que les espèces doivent aussi être choisies pour leur aptitude à se développer dans des environnements urbains. Un choix botanique pertinent répondra à des conditions agronomiques et paysagères mais prendra également en compte la biodiversité.

▸▸ Effets indirects de la végétation urbaine

Une part non négligeable des travaux aborde les effets indirects des arbres relativement à la capture carbone et/ou aux émissions de carbone évitées. Les publications mettent en avant les effets de l'ombre des arbres, le rôle de régulateur climatique, mais encore l'interaction avec le sol et dans une moindre mesure les effets en termes de pollution atmosphérique. Il faut toutefois noter les difficultés liées à l'évaluation du carbone ainsi évité.

La réduction des dépenses énergétiques des bâtiments

On l'a vu dans le chapitre 3 « Impacts sur la consommation énergétique et le confort dans les bâtiments » (p. 63), la présence de végétation autour d'un bâtiment permet d'améliorer les conditions de confort estival dans les espaces intérieurs et, dans le cas d'usage de climatisation, de réduire les consommations énergétiques. Les toitures végétales peuvent dans certains cas permettre également de réduire les consommations de chauffage. Des bénéfices en termes d'émissions évitées peuvent donc être obtenus. Leur évaluation doit tenir compte de la construction du bâtiment, de ses usages et des systèmes de conditionnement des espaces utilisés dans le bâtiment, en particulier de leur coefficient de performance, de la source d'énergie utilisée et du mode de production de cette énergie.

Après avoir estimé les impacts directs et indirects des arbres sur la consommation énergétique de différents types de bâtiments dans plusieurs villes des États-Unis, Akbari (2002) annonce qu'un arbre bien placé par rapport aux bâtiments permettrait d'éviter l'émission de 10 à 11 kg de carbone par an, qui viennent s'ajouter au carbone séquestré. Les arbres urbains deviennent alors plus performants que ceux des forêts.

Escobedo *et al.* (2010) proposent de quantifier les gains escomptés par les effets indirects de la végétation sur les consommations énergétiques de bâtiments : en plus d'une séquestration de 4,5 et 3,2 t CO_2/ha/an pour Gainesville et Miami-Dade, la masse de CO_2 évitée grâce à l'ombre serait de 0,65 et 0,166 t/ha/an dans ces villes et la masse de CO_2 évitée par l'impact climatique serait de 0,70 et 0,173 t/ha/an (les différences s'expliquent par la présence de forêt dans la zone associée au cas de Gainesville).

Au contraire, McHale *et al.* (2007) mettent en avant le fait que les effets directs positifs de l'ombre en été sont contrebalancés par les effets négatifs en hiver — l'ombre apportée induisant de consacrer de l'énergie supplémentaire pour le chauffage. Toutefois, les effets sur le climat viennent largement, à leur tour, contrebalancer le bilan, pour générer une forte masse de carbone évitée.

Au final, ces chiffres sont très difficiles à utiliser tellement les facteurs explicatifs sont nombreux : climat, isolation du bâti, recours à la climatisation, énergie utilisée et mode de production de cette énergie…

Autres bénéfices

En étudiant l'ensemble des services potentiels que la végétation pourrait rendre dans les systèmes urbains (Boudes & Colombert, 2012), on peut trouver d'autres impacts sur l'empreinte carbone. Par exemple, l'étude de MacFarlane (2009) envisage l'utilisation des ressources en bois disponibles dans les villes. La valorisation de ces ressources permet de prolonger la capture du carbone par les arbres urbains, de diminuer les coûts financiers et énergétiques associés au traitement des arbres morts, de promouvoir une filière locale et de réduire ainsi des coûts associés au transport des matières.

Si la présence de coulées vertes favorise les transports doux, notamment la marche à pied et le vélo, ou si l'ombrage des parkings par des arbres permet de limiter l'échauffement des habitacles des véhicules et y réduit donc l'usage de la climatisation, on pourrait également trouver là des impacts en termes d'émissions évitées.

Rôle des sols

Le sol est mis en avant dans les publications sur les pelouses : celles-ci, à défaut de stocker du carbone par elles-mêmes, favorisent sa séquestration dans le sol (Jo & McPherson, 1995 ; Jo, 2002 ; Bartlett & James, 2011 ; Beesley, 2012 ; Zhou *et al.*, 2012). De ce fait, quand des surfaces sont imperméabilisées, le stock de carbone (et d'azote) diminue (Zhou *et al.*, 2012). Qian & Follett (2002) affirment que, de manière concomitante au processus d'urbanisation, aux États-Unis, une part croissante des terres est également convertie en gazon : pelouses résidentielles, parcs, zones commerciales, espaces de loisirs, terrains de golf ou ceintures vertes. Les auteurs montrent que, dans le cas de pelouses de golfs établies depuis 21 ans en moyenne, la séquestration de carbone dans le sol est de 1 t/ha/an. Appliqué aux États-Unis dans leur ensemble, cela permettrait de séquestrer 12 à 15 millions de tonnes de carbone par an dans le sol. À titre de comparaison, Woodbury *et al.* (2007) estiment que le territoire contigu des États-Unis (les États compris entre le Mexique et le Canada) séquestre annuellement entre 149 et 330 millions de tonnes de carbone. Les forêts (y compris urbaines) contribueraient à 65 % à 91 % de ce puits ; les estimations de Qian & Follett (2002) conduisent à dire que le sol contribuerait entre 4 % et 9 % à cette séquestration.

Selon Nowak *et al.* (2013b), les sols urbains ne sont pas assez pris en compte dans les travaux sur le carbone. Pourtant, la séquestration de carbone y est estimée à 19 billions de tonnes de carbone aux États-Unis, soit trois fois plus que les arbres en ville (Pouyat *et al.*, 2006).

Une étude de dispositif : les toits végétalisés

Seulement trois articles abordent directement ce dispositif du point de vue de son empreinte carbone, dont une revue de littérature (Rowe, 2011). Cette dernière rappelle que les toits végétalisés, comme les autres dispositifs, ont une influence sur la pollution atmosphérique, la séquestration de carbone, le ruissellement des eaux mais aussi la réduction du bruit dans les bâtiments et la production vivrière en ville, puisqu'ils proposent de nouvelles surfaces cultivables.

Getter *et al.* (2009) ont quantifié le carbone séquestré par quatre espèces de *Sedum* dans un substrat épais de 6 cm dans une ville du Michigan, sur une période de deux ans. Au final, les plantes stockent entre 168 g $C.m^{-2}$ et 107 g $C.m^{-2}$, le substrat contient en moyenne 913 g $C.m^{-2}$ et, au total, la toiture contient 1 188 g $C.m^{-2}$. Après avoir soustrait les 810 g $C.m^{-2}$ préexistant dans le substrat d'origine, la séquestration nette de carbone est 378 g $C.m^{-2}$. Cette quantité est en fait très négligeable comparée à celle nécessaire à la fabrication et la mise en œuvre de la toiture. Le choix des espèces plantées peut permettre d'améliorer les capacités de séquestration, mais avant tout c'est donc sur la constitution de la toiture qu'il faut faire des efforts. L'impact énergétique, été comme hiver, de ces toitures permet de rééquilibrer le bilan. Se basant sur les calculs de Sailor (2008), qui obtient une réduction de 2 % de la consommation d'électricité et de 9 à 11 % de celle de gaz naturel grâce à des toits végétalisés, Getter *et al.* (2009) montrent qu'un toit de 2 000 m^2 permet d'économiser 27,2 à 30,7 GJ d'électricité et 9,5 à 38,6 GJ de gaz naturel. Cela correspondrait à un potentiel annuel de carbone évité de 637 à 719 g par m^2 pour l'électricité et 65 à 266 g par m^2 pour le gaz. À ceci, il faudrait ajouter 25 % de carbone évité grâce à l'impact sur la réduction de l'ICU.

▸▸ Les émissions de CO_2 à travers les cycles de vie de la végétation et son entretien

En abordant les émissions de carbone associées à la végétation urbaine, on revient au cœur du sujet sur l'empreinte carbone. Les études abordent peu cet aspect mais elles reconnaissent assez souvent, en conclusion, qu'il faudrait davantage s'y intéresser. Par contre, lorsque les émissions et la gestion sont abordées, les études prennent toujours en compte la capture de carbone. Ainsi, pour mesurer les effets associés à la gestion des arbres urbains, Nowak *et al.* (2002) partent des éléments suivants : le carbone capturé et l'énergie conservée par les arbres est la somme du carbone stocké par les arbres et du carbone évité par les effets indirects, moins les émissions liées à la gestion des arbres et à leur décomposition.

La gestion d'un parc de golf

Bartlett & James (2011) illustrent une analyse de la gestion des terrains de golf par le schéma donné figure 7.2.

Ils distinguent la séquestration de carbone, désignée par des S (S_{ARBRES}, S_{AUTRE} et $S_{PELOUSE}$), des émissions, désignées par des E. Le flux de CO_2 issu de l'entretien est la somme des émissions directes et indirectes (fabrication, transport) de l'application des produits chimiques (E_C), des engrais (E_E), de l'irrigation (E_I), de la tonte (E_T), de l'aération mécanique du sol (E_A) et de sa respiration (E_R), en Mg de CO_2 par hectare par an.

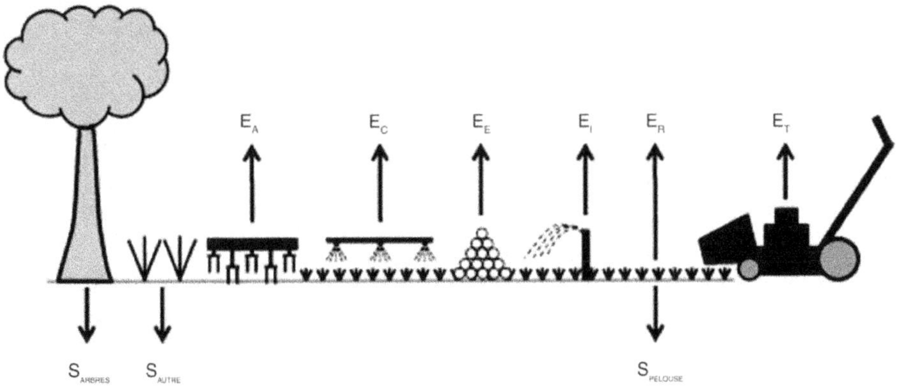

Figure 7.2. Capture et émissions de carbone par un parc de golf. Source : d'après Bartlett & James (2011), avec la permission d'Elsevier.

Ils concluent que le terrain de golf en lui-même est neutre en carbone : son empreinte serait de 0 (± 0,2) Mg équivalent CO_2 par hectare et par an. Par contre, à l'échelle du parc de golf, c'est-à-dire en incluant les autres surfaces (bois, arbres isolées, prairies), il y a capture de carbone : 4,3 (± 0,9) Mg d'équivalent CO_2 sont séquestrés par hectare et par an. Ils concluent ainsi que « si l'objectif est un bilan de CO_2 équilibré à zéro pour la gestion intensive de la pelouse fine, alors la conception du parcours devrait garantir une surface suffisante de zones de non-jeu afin d'au moins compenser les émissions ».

Prise en compte de la décomposition des arbres morts

Nowak *et al.* (2002) prennent en compte les effets de la décomposition des arbres sur leur bilan carbone. Le point fort de leur étude est de montrer que le traitement des arbres morts dans les décharges permet de maintenir un bilan positif de séquestration carbone. Selon les auteurs, ce n'est pas tant l'entretien des arbres qui génère des émissions que le relargage du carbone à leur mort. Ils expliquent que malgré l'effet négatif de leur décomposition — car les décharges ont une surface limitée et les déchets verts y sont souvent interdits — le bilan peut-être positif si l'on prend en compte également l'impact des arbres urbains sur les économies d'énergie.
C'est tout l'intérêt de l'équation qu'ils proposent :

$$(13)\ N_c = S_c + A_c - E_m - E_d$$

Le bilan N_c (*net cumulative carbone*) est égal à la séquestration S_c plus les émissions évitées A_c (*avoided carbon*) moins les émissions liées à la maintenance (E_m) et à la décomposition (E_d).

Prise en compte de l'entretien et du cycle de vie des espaces verts

Les travaux menés par Jo & McPherson (1995) ont permis de mesurer les émissions liées à l'entretien d'espaces verts résidentiels, en interrogeant directement les propriétaires. Leur analyse prend en compte la génération de carbone par l'élagage des arbres, la tonte, mais aussi la collecte ou la décomposition des matières.

Deux zones résidentielles ont été ciblées. Les analyses montrent qu'en plus du carbone déjà stocké (entre 26,15 et 23,20 kg/m^2), la masse de carbone séquestrée annuellement est de 1,15 et 0,92 kg/m^2, la masse des émissions est de 0,66 et 0,60 kg/m^2, le bilan étant une séquestration nette de 0,49 et 0,32 kg/m^2.

De leur côté, Strohbach *et al.* (2012) avaient pour objectif de mesurer toutes les sources et les puits de carbone durant le cycle de vie d'un espace vert urbain — à l'exclusion toutefois des sources ayant *a priori* un impact mineur et des émissions liées à la préparation du terrain (démolition). L'intérêt de ce travail est la prise en compte de la construction de l'espace vert, notamment du transport et de la plantation des arbres — en plus de l'entretien.

Ils ont ainsi pris en compte : le transport des arbres, l'excavation et l'évacuation des terres, les coûts associés aux effectifs humains, la production et la livraison, et la destruction programmée des piquets de soutien des arbres. Plusieurs scénarios sont proposés, qui rendent compte des émissions de tonnes de CO_2 par hectare : entre 2,71 et 4,85 t. Ils ont par ailleurs comptabilisé les émissions associées à l'entretien des arbres et des surfaces enherbées. L'ensemble de leurs résultats est repris dans la figure 7.3.

Les émissions provenant de la construction sont d'abord compensées par le carbone stocké dans des piquets de bois. Celui-ci est libéré après leur élimination à la troisième année. Après environ 5 ans de croissance des arbres, l'empreinte carbone devient positive. Après 20 ans, les arbres sont éclaircis, d'où la cassure de la ligne. La croissance des arbres est modélisée d'après une gamme de taux de croissance. Les lignes pointillées montrent la séquestration avec un doublement puis une multiplication par 8 du taux de mortalité des arbres. Il apparaît clairement que la masse de carbone stockée est influencée par l'élagage (ici, après 20 ans) et par le taux de mortalité (les taux de mortalité de 0,5 et 1 % par an, sont faibles).

Les premières années, l'espace vert génère une masse d'émission supérieure à ce qu'il peut immédiatement stocker. Cela fait écho aux travaux de Getter *et al.* (2009) indiquant qu'un toit végétalisé devient un puits de carbone au bout de 9 ans, incluant les émissions associées à la construction du toit. De plus, et comme Nowak & Crane (2002) avant eux, Strohbach *et al.* (2012) insistent sur la nécessité de maintenir les arbres en vie afin de favoriser la capture de carbone en minimisant les émissions. Ils recommandent, dans ce sens, de choisir des espèces appropriées pour cet objectif.

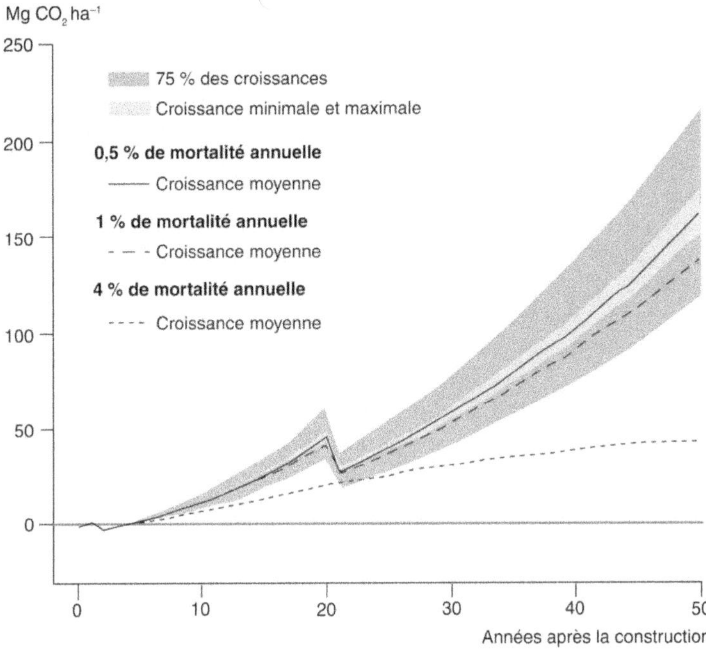

Figure 7.3. Séquestration de carbone par un projet d'espace vert à Leipzig (Allemagne) sur 50 ans. Source : d'après Strohbach *et al.* (2012), avec la permission d'Elsevier

▸▸ Limites

Dans l'ensemble, les études soulignent les limites de leurs approches : elles visent à préciser un élément du lien entre carbone et végétation urbaine, le plus souvent le stockage et la séquestration par les arbres, à l'exception des autres. Mais de nombreux autres éléments sont évoqués par les articles, qu'ils concernent la capture ou les émissions de carbone, dont :

— la prise en compte des émissions des bâtiments associées à l'entretien des parcs et de la végétation urbaine en général ;

— la prise en compte des intrants utilisés dans la culture des espaces privés, et des émissions de composés organiques volatils d'origine biogénique (Predotova *et al.*, 2010) ;

— l'impact de la valorisation du bois issu des forêts urbaines, et notamment les émissions évitées pour le transport de cette matière première (MacFarlane, 2009) ;

— l'impact des émissions associées à la gestion, au traitement des déchets verts et de leur décomposition, mais aussi aux effets d'évènements climatiques rares (tempêtes) qui peuvent influencer fortement le taux de mortalité des arbres (Escobedo *et al.*, 2010) ;

– l'importance de mener des études sur le cycle de vie, du type de celle de Strohbach *et al.* (2012) qui prennent en compte les activités de gestion, dont l'élagage, l'enlèvement, l'irrigation, la fertilisation et les transports associés (Zhao *et al.*, 2010) ;

– la nécessité de favoriser la survie des arbres plantés afin qu'ils puissent pleinement compenser les émissions induites par ces plantations (Nowak, 1993 ; Akbari, 2002) ;

– d'autres éléments d'ordre plus général, comme les émissions associées aux loisirs, l'accès à des espaces verts qui peut être générateur d'émissions de carbone, notamment via le transport. Bartlett & James (2011) insistent sur le tourisme international lié à la pratique du golf, qui impacterait très certainement les résultats de leur analyse. Une réflexion sur l'accès aux espaces verts visant à favoriser la proximité ou le choix de transports doux peut être menée ;

– la réduction des transports et des émissions associées au profit de l'emploi de ceintures vertes favorisant des modes de déplacement neutres (Strohbach *et al.*, 2012) ;

– la contribution du sol dans les flux de carbone en ville, et l'interaction entre le sol et la végétation ;

– enfin, comme les principales zones étudiées sont des pays du Nord, on doit soulever les problèmes que pourrait poser l'irrigation des espaces dans des zones où les ressources en eau seraient moindres.

▸▸ Conclusion

La végétation urbaine est un puits de carbone : elle induit certes des émissions non négligeables, mais sa capacité à capturer le carbone est bien supérieure. L'empreinte carbone du végétal en ville est donc négative et permet de compenser une partie des émissions anthropogéniques.

Les travaux analysés ici s'intéressent majoritairement aux arbres. Ils laissent penser que ce sont eux, bien plus que les autres dispositifs, qui jouent ce rôle de puits. Les principaux facteurs influençant la masse totale de carbone capturée sont : le nombre d'arbres et la couverture arborée, l'âge et la santé de ces arbres, leur taux de mortalité, les espèces, mais encore l'interaction avec le sol et la disposition de ces arbres par rapport aux bâtiments. Il faut prendre en compte la capture directe de carbone et le carbone évité par les effets indirects des arbres, dont l'ombrage du bâti et la mitigation climatique.

Les sources de carbone associées à la végétation proviennent principalement de la décomposition des végétaux, de la préparation des sols, du transport et de la plantation, de l'entretien, de l'irrigation et de la fertilisation. Ce sont surtout les strates herbacées et buissonnantes qui demandent davantage d'entretien, dont la tonte et la taille — le traitement des feuilles mortes des arbres n'étant pas abordé dans les publications.

À partir de ces travaux, une formule récapitulative serait :

Empreinte carbone =

Capture de carbone (nombre d'arbres, couverture arborée, maturité et santé des arbres, taux de mortalité, espèces)
– Émissions de carbone (décomposition, préparation des sols, transport, plantation, entretien [élagage et tonte], irrigation, fertilisation)
+ Émissions de carbone évitées (chauffage, climatisation, transport, ombrage et mitigation).

Chapitre 8

Biodiversité urbaine

Philippe CLERGEAU

▸▸ Introduction

La notion de biodiversité (définie par la variété en écosystèmes, espèces et gènes et leurs interrelations) est au cœur de la problématique « nature en ville ». La biodiversité est à la fois support des différents services écologiques rendus et lien entre eux. Elle intervient dans l'approvisionnement (multiplicité des espèces utilisables…), les services culturels (éducation, esthétique…) et les régulations environnementales (pollinisation, contrôle biologique…). Sa préservation est fondamentale à toutes les échelles et préoccupe aujourd'hui bien au-delà du cercle des spécialistes, les représentants de l'État (Reygrobellet, 2007), les acteurs de la politique urbaine (par exemple, l'Observatoire du Conseil général de la Seine Saint-Denis ou Natureparif du Conseil régional d'Île-de-France) et, d'une certaine manière, les habitants. Le Grenelle de l'Environnement a bien pointé l'intérêt par rapport au concept de durabilité d'une nature en ville, il a cependant occulté le fonctionnement de cette nature qui est la biodiversité urbaine.

▸▸ La biodiversité urbaine et le contexte des services écologiques

Cette approche fonctionnelle se retrouve à tous les niveaux et, aujourd'hui, on peut dire que le virage est bien pris à l'échelle locale sur la gestion des parcs et jardins. Ainsi l'objectif même de l'image et de la pratique des espaces verts urbains a changé en impliquant une démarche plus écologique, parfois incluse dans une gestion différenciée. Avec l'abandon de l'usage des pesticides, des choix d'espèces plus locales, et des gestions de l'eau plus économes, on assiste à une installation de nombreuses espèces. La présence de végétaux spontanés et de leur cortège d'insectes représente des ressources indispensables à l'établissement de prédateurs, insectes ou passereaux. On reconstruit alors des chaînes alimentaires nécessaires à la stabilité des systèmes. Même si la nature en ville ne sera jamais celle de la campagne ou des zones plus « naturelles », plus on se rapproche d'un fonctionnement écologique, plus le milieu sera résistant aux agressions et contraintes de l'environnement. Ainsi un jardin avec beaucoup d'espèces, dont des espèces locales, reformera des horizons de sol, limitera l'apparition d'espèces invasives et donc les actes de gestion de jardinage… Un sol plus « construit » par une microfaune (dont les vers de terre) sera aéré et moins sujet à la dessiccation. Nous supportons l'idée que des espaces verts plus naturels demandent moins de gestion, dans la durée, et donc moins de main-d'œuvre et de coût.

À une échelle globale, les connaissances et les prises en compte de la biodiversité sont à leurs balbutiements. Prendre en compte une biodiversité à l'échelle des territoires, c'est prendre en compte les flux d'espèces et les dispersions qui permettent d'assurer le maintien de populations dans des habitats fragmentés. La nécessité des corridors écologiques qui relient des habitats, parfois réservoirs de biodiversité, a bien été démontrée en milieu agricole. Un travail restait à faire en milieu urbain où les effets de matrice sont forts (un animal peut traverser un champ même si cela n'est pas son habitat, il ne peut pas traverser une barre d'immeuble), où les perturbations et les usages n'ont rien à voir avec ce qui se passe dans des haies ou des chemins creux qui assurent les liaisons dans beaucoup de types de paysage. Ce questionnement a été à l'origine du programme financé par l'Agence nationale de la recherche « Trames vertes urbaines », programme pluridisciplinaire et impliquant sept villes françaises (Clergeau & Blanc, 2013). Il fallait à la fois se positionner sur les « quoi faire » et les « comment faire » mais aussi débroussailler une biodiversité urbaine encore peu connue. Hormis les oiseaux, les papillons et les végétaux, trop peu de travaux précisaient ce qu'était une faune du sol, une faune épigée ou l'impact des gestions sur la biodiversité. Les pratiques liées à cette nature en ville ont alors côtoyé les services attendus. Parmi ceux-ci, les relations entre une biodiversité urbaine et la climatologie avaient déjà été soulignées. On sait que les végétaux répondent différemment selon les conditions climatiques en ville, et plus précisément selon la forme de l'îlot de chaleur (Mimet *et al.*, 2009). On sait aussi que les oiseaux sont, selon les espèces, plus ou moins précoces dans leur reproduction en ville qu'en campagne proche. Mais on peut aussi se poser de nouvelles questions notamment au regard du déplacement des aires de distribution des espèces qui glissent progressivement vers le nord avec le réchauffement. Ainsi les oiseaux ou les papillons montrent des tendances significatives à se reproduire dans des zones plus septentrionales qu'avant (Huntley *et al.*, 2008). Face à ces dispersions différentes, on peut se demander si les grandes métropoles ne joueraient pas le rôle de barrières aux dispersions régionales, au moins pour les espèces moins mobiles. Donc à une échelle régionale, la relation climat-biodiversité pourrait trouver un écho en ville à travers les trames vertes qui permettraient aux espèces de plus ou moins circuler dans les grandes mégapoles, au moins dans leurs bordures.

Beaucoup de questions restent en suspens, et plus on cherche, plus de nouvelles questions se posent. Ces questionnements scientifiques sont largement relayés en ville par une demande sociétale d'amélioration de l'environnement. La présentation des services écologiques semble une bonne entrée pour justifier de l'intégration d'une biodiversité urbaine dans les projets urbains. Même si la notion de services écologiques est remise en cause par quelques collègues qui reprochent une possible monétarisation, cette valorisation reste un argument aujourd'hui bien entendu dans les discussions transversales et opérationnelles. Il faut cependant bien noter qu'un service seul ne peut pas être suffisant à conduire une action cohérente vis-à-vis de la biodiversité. Exactement comme pour le développement durable, il faut que l'action prenne en compte systématiquement plusieurs services écologiques (par exemple de régulation et de production).

▶▶ Les méthodes d'investigation

De la même façon que les géographes ont dû changer de méthodes d'étude (trop de petits polygones pour les digitalisations classiques), les écologues ont dû adapter leurs outils et moyens d'observation au contexte urbain. Non seulement la présence humaine constante modifie le travail du biologiste (sans compter le vandalisme si fort en ville !), mais la configuration des espaces verts (surface, éloignement entre eux…) impose des organisations particulières.

Peu de travaux comme nous l'avons dit et des techniques à inventer. Les échantillonnages sont liés au bon vouloir des citadins propriétaires de jardins et doivent être adaptés à de petites surfaces (méthode des quadrats, par exemple). Les méthodes de capture doivent aussi être innovantes. Ainsi il nous a fallu modifier le protocole d'étude des gastéropodes en ville, étant donné l'impossibilité de manier des grandes quantités de terre. Il nous a fallu aussi imaginer comment prélever des arthropodes sur les toitures à peine végétalisées ou des murs de vigne vierge (nous avons utilisé des aspirateurs).

Dès le début de l'écologie urbaine, dans les années 1990, est apparue la nécessité de travailler sur un gradient d'urbanisation. Comme les méthodes classiques d'écologie sont basées avant tout sur des modèles de comparaison, cette organisation d'un échantillonnage sur une densité croissante d'urbanisation a trouvé immédiatement sa place et c'est cette méthode que nous avons largement utilisée, sur les petites villes comme sur les mégapoles. Ce gradient qui révèle de façon synchronique des variabilités qui peuvent être diachroniques, peut être soit continu, soit discontinu. Continu, on travaille alors sur des taux d'occupation du sol de bâti. Discontinu, on travaille alors, et de façon plus simple, sur une comparaison de grands secteurs comme le centre-ville, le suburbain, le périurbain.

Un des questionnements méthodologiques qui émergent en ville concerne le 3D. Il est encore peu analysé en milieu naturel (canopée), mais en ville il prend une signification importante, due aux végétalisations potentielles des toitures et aux jeux de hauteur des bâtiments, qui modifient de toute évidence les déplacements d'espèces et les flux de propagules. Encore un domaine à explorer.

▶▶ Des résultats en biodiversité urbaine

La recherche conduite lors du programme « Trames vertes urbaines » (nous en exposerons quelques aspects dans les paragraphes suivants — pour plus d'informations, cf. Clergeau & Blanc, 2013) a permis d'avancer significativement à la fois dans les définitions et l'application des concepts, et dans les validations d'enjeux en systèmes urbains. Définir une biodiversité urbaine, c'est d'abord être capable d'identifier les types d'espèces végétales et animales présentes et leurs interrelations. Plusieurs travaux ont donc été effectués et concordent sur la façon dont les espèces et les communautés répondent à l'urbanisation. Par exemple, plus on pénètre dans la ville, moins les parcs et jardins présentent d'espèces végétales spontanées et d'animaux sauvages. Ainsi nous confortons ici l'effet progressif de la densité de bâti sur la richesse spécifique et les abondances en individus : les parcs des grandes villes perdront plus rapidement leur diversité que ceux des petites villes sur un gradient d'urbanisation.

Chez les plantes, les caractères les plus généralement observés sont des capacités reproductrices accrues, comme la production de petites graines facilement disséminées de la campagne vers la ville, une reproduction rapide ou la tolérance à des perturbations comme le piétinement. Il a également été mis en évidence l'interrelation entre une nitrification du sol urbain par les pollutions atmosphériques et la présence des espèces végétales les plus nitrophiles. Enfin nous avons souligné la très faible dispersion par zoochorie, c'est-à-dire par les animaux. Dans certains bois urbains ou aux pieds d'arbre d'alignement, on peut parfois noter beaucoup d'espèces végétales, mais il s'agit essentiellement de plantes très communes. Outre la présence majoritaire d'espèces exotiques, la ville tend à homogénéiser les plantes spontanées en permettant surtout l'installation des espèces les plus généralistes.

Les animaux présents en ville sont souvent des espèces généralistes capables d'exploiter une large gamme de ressources. Ces animaux sont en général capables de forte dispersion. Nous attendions les oiseaux (ce qui est le cas) et les papillons (ce qui n'est pas si vrai) mais pas autant les araignées et les fourmis. Il y a des relations évidentes entre habitats disponibles et espèces présentes. Ainsi dans Paris, la faible abondance des carabiques forestiers dans la Petite Ceinture (15ème arrondissement) concorde avec le caractère non forestier de la végétation. Cette ligne de chemin de fer est actuellement occupée par une végétation au stade de la friche, associant des taches boisées et herbacées. De même, la faible abondance des insectes carabiques dans les bois parisiens peut être rapprochée de la structure végétale hétérogène des bois et de leur flore assez composite (rudérale, forestière, exotique) et moins riche que l'on ne pourrait l'attendre. Ce sont à chaque fois plutôt des espèces généralistes qui sont présentes plutôt que forestières. Même si le nombre d'espèces est réduit en centre-ville, on observe quand même des animaux capables de s'installer plus ou moins durablement en fonction des ressources (présence de nourriture, d'abris, de site de reproduction) et de leur organisation. Ainsi les oiseaux du cœur de Paris sont sensibles aux types de bâti et à leur organisation.

On tend ainsi aujourd'hui à une homogénéisation des flores et des faunes généralistes en ville, largement liée aux types d'habitat disponibles et à leurs gestions identiques. Toutes les villes présentent les mêmes structures, les mêmes espaces verts et accueillent les mêmes espèces locales ou introduites. Toutes les villes montrent une décroissance de la biodiversité avec la densification. Pourtant, plusieurs de nos résultats montrent que les franges de la ville, voire le suburbain, peuvent ponctuellement accueillir plus d'espèces qu'en campagne et qu'en centre-ville. Qu'il s'agisse de plantes, d'oiseaux, d'araignées ou d'insectes, on note parfois plus d'espèces dans les secteurs intermédiaires d'urbanisation. En fait, cela correspond d'abord à la présence de jardins et de parcs plutôt gérés écologiquement, à une hétérogénéité des types d'occupation du sol créant une diversité d'habitat et aussi à un effet lisière, où on observe encore des espèces spécialistes qui vont disparaître en centre-ville, et déjà une majorité d'espèces généralistes dont une partie déclinera aussi avec la densification du bâti.

Des réservoirs de biodiversité dans la ville ?

L'élément écologique fondamental de toute trame verte est bien évidemment la tache d'habitat, ou réservoir de biodiversité, qui va être la source des espèces pour tout un territoire. C'est là que les végétaux et les animaux accomplissent la majeure partie de leur cycle de vie. Ces taches d'habitat correspondent essentiellement à de grandes surfaces boisées (forêts) ou arbustives (garrigues, landes) ou herbacées (prairies) ou aquatiques (étangs) ou humides (marais)… Plus la surface d'un habitat est grande, plus il y aura d'espèces. Et plus il sera d'un seul bloc, plus il y aura d'espèces spécialistes et d'espèces à grands domaines vitaux, comme par exemple les grands prédateurs. En ville, cependant, nous avons observé que certains petits bois avaient des diversités végétales identiques aux bois étendus, et que d'autres facteurs, comme l'âge du boisement ou son entretien pouvaient intervenir.

En centre-ville, les espaces à caractère naturel comme les squares et les quelques jardins privés en cœur d'îlots sont rares, très isolés dans la matrice urbaine et toujours de taille réduite. Ils ne peuvent être considérés comme des réservoirs de biodiversité. En suburbain, la densité du vert s'accroît très nettement et s'appuie sur de grands jardins publics et de très nombreux petits jardins privés, les habitations étant parfois construites au milieu du jardin. De par leur grande taille, les parcs publics, même très récents, peuvent jouer ici un rôle de noyau secondaire. Dans ces grands espaces, les zones naturelles sont beaucoup plus fréquentes et peuvent concerner des espèces plus grosses comme les gros insectes et certains petits vertébrés. Ils sont aussi généralement plus proches des grandes zones sources périurbaines. Les jardins privés du suburbain, même très nombreux, restent assez pauvres en biodiversité, à la fois par leur fragmentation mais surtout par leur usage (dérangement très fort, entretien maximum). Cela est surtout vrai pour la faune. Enfin soulignons la présence des friches qui sont restées pendant longtemps des non-espaces et qui n'avaient pas été étudiées par les naturalistes. Des travaux récents (Muratet *et al.,* 2007) montrent la richesse potentielle de ces espaces qui peuvent parfois devenir aussi des noyaux de biodiversité secondaire temporaire, quand ils sont interdits au public, de grande taille et non entretenus par des pesticides sur plusieurs années. Ces espaces parfois nombreux peuvent en effet constituer des relais pour de nombreuses plantes et des insectes qui ont le temps d'effectuer quelques générations et donc de diffuser dans d'autres sites proches. Ces espaces « disponibles » ponctuellement ont un rôle dans la dispersion temporelle trop souvent négligée.

En résumé, les vrais réservoirs de biodiversité (ou noyaux primaires), se trouvent en périurbain ou juste en bordure de la ville. On peut considérer en fonction de leur taille et de leur gestion certains parcs publics et friches comme des noyaux secondaires, donc des relais pour de nombreuses petites espèces végétales et animales…

mobiles. Les quartiers de jardins privés en suburbain, de par leur juxtaposition pourraient, eux, être des noyaux secondaires potentiels pour certaines espèces dès lors que leur gestion serait moins intense.

Les corridors écologiques et la matrice urbaine

Nos recherches sur les maillages écologiques en ville sont originales et ont permis de défricher la notion de dispersion des espèces dans les secteurs urbanisés. Nous avons notamment validé le rôle écologique de corridor en ville. D'abord l'étude des plantes le long du fleuve Seine et des canaux parisiens a souligné le rôle des ripisylves dans la progression des espèces dans la ville. Les études sur la flore des bois dans plusieurs villes soulignent aussi que l'effet de l'isolement du bois est compensé par la connectivité, dont l'effet reste cependant moins fort en ville qu'en zones périurbaines. Enfin l'analyse génétique de quelques espèces de fleurs le long de boulevards plantés montre clairement leur cheminement progressif d'un pied d'arbre d'alignement à un autre.

Comme pour les oiseaux et les autres animaux très mobiles, les plantes sont donc capables de se disperser en ville en saut de puce d'une tache d'habitat à une autre, même, pour certaines espèces, quand ces taches sont réduites en superficie. Nous avons tenté aussi de démontrer l'effet de continuité géographique sur la dispersion d'animaux peu mobiles en suburbain de métropole très construite. Les comparaisons de captures de musaraignes ou bien d'insectes comme les coléoptères non volants, entre des jardins connectés à une source et des jardins non connectés par un corridor, sont explicites. Les corridors arborés, quand ils sont de bonne qualité, permettent aux animaux forestiers peu ou pas mobiles de circuler dans la structure urbaine (lotissement de maisons individuelles avec quadrillage de voirie important). Comme pour les continuités étudiées en zone rurale, un corridor est d'autant plus efficace qu'il correspond aussi à un habitat linéaire. Plus le corridor est proche des qualités de la source (par exemple, il comporte plusieurs strates de végétation, une qualité du sol…), plus il sera utilisé par la faune. Il faut aussi qu'il présente une certaine largeur permettant de tamponner les effets des dérangements et les effets de lisières. D'une manière générale, on considère qu'un corridor peut acheminer des espèces sur quelques centaines de mètres. Cependant si la largeur et la qualité le permettent, le corridor-habitat peut être fonctionnel sur une distance plus grande, soit pour les grosses espèces animales qui se déplacent très rapidement, soit pour les toutes petites espèces animales qui peuvent progresser lentement et se cacher dans la litière et les strates muscinales ou herbacées.

La matrice est ce qui environne la trame et qui n'est pas optimal, voire défavorise, la survie des espèces. En zone rurale, l'effet de la matrice avait déjà été abordé en soulignant que selon sa perméabilité (c.-à-d. la possibilité de pouvoir la traverser), elle pouvait permettre dans certains cas à des animaux de se disperser (pour rejoindre un autre bois, un écureuil peut traverser une prairie même si ce n'est pas son habitat) ou de déborder (un insecte peut sortir d'un corridor boisé et y revenir plus loin). En ville, l'effet barrière de la matrice constituée de bâtiments est fort sur le fonctionnement d'une trame verte. Nous avons observé que les insectes ou les musaraignes ne traversent pas les rues et les allées gravillonnées et les haies restent vides d'animaux s'il n'y a pas de corridor ; une forte densité de bâti isole les parcs que plantes sauvages et papillons ne peuvent plus atteindre. Il semble nécessaire d'engager, en suburbain, un travail de sensibilisation des jardiniers amateurs à des gestions écologiques, qui devrait permettre aux jardins privés d'être plus perméables aux déplacements d'espèces à défaut de devenir de véritables éléments de corridor écologique. La part de ces espaces jardinés est énorme dans la plupart des villes et le fonctionnement écologique urbain ne peut pas se passer d'une gestion durable de telles superficies, à la fois pour développer une nature dans la ville et pour participer concrètement à la constitution des trames vertes urbaines. Il nous apparaît de plus en plus évident que le développement de la nature en ville tout comme l'installation progressive de trames vertes ne se fera pas sans l'implication forte des espaces privés (citadins, entreprises) !

Les bâtiments végétalisés

On manquait toujours de résultats obtenus avec des échantillonnages conséquents et basés sur plusieurs types d'espèce. Qu'est-ce qui s'installe sur ces toitures ? Le bâtiment peut-il alors participer à une biodiversité locale ? De plus aucun travail ne concernait les murs des bâtiments, qui sont beaucoup plus nombreux en ville dense que les toitures plates et sont bien visibles par le citadin. Leur végétalisation, outre l'aspect esthétique recherché aujourd'hui, pose les mêmes questions.

C'est dans cet objectif d'analyse des rapports entre végétalisation de bâtiment et développement d'une biodiversité spontanée que nous avons étudié 115 toitures végétalisées au nord de la Loire, de Brest à Strasbourg, en réalisant des inventaires des plantes (introduites et spontanées, comptées sur des lignes de quadrats), d'invertébrés récoltés par chasse à vue avec une méthode standard et d'oiseaux observés par unité de temps. Nous avons identifiés 203 espèces végétales spontanées (et 250 espèces plantées) qui nous ont amenés à définir trois types de toitures que nous avons calqués sur les strates de végétation définies en écologie : des toitures à végétation muscinale (mousses et sédums rampants), à végétation herbacée et à végétation arbustive. Cette classification nous est apparue beaucoup plus performante pour définir l'écosystème ainsi créé et en constante évolution que les classiques termes techniques « intensif » et « extensif » (cf. Madre *et al.*, 2014). On observe que la diversité en plantes augmente avec la complexité de végétation : les toitures à végétation arbustive (qui présentent donc aussi des herbes et des mousses) sont les plus riches en plantes spontanées, en particulier grâce à une épaisseur de substrat plus importante (de 15 à 30 cm). Globalement la richesse spécifique en araignées et insectes est élevée mais avec une abondance en individus plutôt faible. Ici aussi les espèces animales sont plus abondantes sur les toitures à végétation arbustive. Toutes ces espèces présentent des capacités fortes de dispersion (y compris les araignées qui s'envolent avec leur fil de soie) et ont une affinité pour les milieux secs. Les oiseaux sont moins fréquents sur les végétations muscinales que sur les autres types de végétalisation. Ils y nichent plus facilement en présence d'arbustes.

Nous avons approfondi cette analyse en nous concentrant sur l'inventaire des invertébrés de 35 toitures (de type gravillonné, muscinal, herbacé, arbustif) et de 33 murs (de type nu, grimpantes, hydroponique modulaire et hydroponique membranaire) en Île-de-France. La méthodologie de capture sur l'ensemble des toitures et murs était d'une part des campagnes d'aspirations sur des surfaces déterminées (faune de surface), et d'autre part des relevés de pièges jaunes disposés en ligne qui attirent les insectes volants.

Parmi les 20 ordres d'invertébrés recensés (plusieurs milliers d'individus), les plus abondants étaient les collemboles, les diptères et les pucerons. Plus le mur ou le toit était végétalisé avec des couverts végétaux variés, plus l'abondance en invertébrés était forte. Les richesses et abondances des ordres que nous avons identifiés à l'espèce (araignées et coléoptères) corroborent ce que nous avions obtenus précédemment en 2011 pour les toitures. La toiture muscinale n'est cependant pas totalement dénuée d'intérêt pour la biodiversité comparée à la toiture gravillonnée. Mais les strates plus complexes permettent d'intégrer au bâti des petits écosystèmes et d'accroître les bénéfices en termes hydriques et énergétiques.

Pour ce qui est des murs végétalisés, les systèmes hydroponiques présentant une végétation plus complexe, tels que les murs de Patrick Blanc, sont ceux qui accueillent le plus d'espèces d'insectes et d'araignées. Les oiseaux viennent aussi nicher dans les arbustes qui se développent dans les couches de feutres irrigués. Les murs couverts de plantes grimpantes telles que la vigne vierge sont les moins fournis en espèces animales mais restent plus favorables à la biodiversité urbaine que les murs nus. Cependant ces résultats sont à moduler car des études comparatives récentes de façades végétalisées tendent à montrer que les systèmes hydroponiques sont moins durables que l'utilisation de plantes grimpantes.

Nos résultats montrent avant tout qu'en végétalisant une toiture ou un mur, on augmente très significativement la présence des invertébrés, et donc la possibilité d'un fonctionnement écologique à ces micro-échelles (depuis l'installation des oiseaux et des pollinisateurs jusqu'à la décomposition de litière). Même si nous avons identifié quelques espèces rares pour la région (des espèces littorales sur quelques toitures), il s'agit le plus souvent d'espèces communes qui se déplacent très facilement. Ces résultats soulèvent également deux préoccupations. La première concerne la durabilité du système. Nous avons peu de recul sur l'évolution de ces écosystèmes. Or quid des pullulations de certains insectes, des vitesses d'appauvrissement ou d'enrichissement des sols, du réensemencement naturel ? La seconde concerne la participation des bâtiments végétalisés aux continuités écologiques (trames vertes) en ville. Nous créons semble-t-il de nouveaux milieux (très secs pour les toitures, très humides pour les murs) pas toujours en rapport avec un corridor écologique avant tout basé sur les parcs et jardins. En multipliant les strates de végétation (donc plantation d'arbustes), il semble qu'on puisse tamponner les variations de température et d'humidité des toitures et donc qu'on pourrait alors tendre vers des formes de continuités écologiques impliquant des murs végétaux faisant le lien entre toitures végétalisées et espaces verts au sol.

❯❯ Conclusion

L'évolution du système urbain qui intègre aujourd'hui plus de nature interroge la recherche aussi bien pour inventorier les espèces qui peuvent s'y installer que pour comprendre des fonctionnements écologiques impliqués dans la durabilité de ce système. Cela nous pousse à poursuivre des travaux sur les adaptations de la faune et de la flore, sur la construction d'une nouvelle forme de communauté écologique, et sur le jeu des matrices de minéralité (bâti-voirie) sur l'organisation des populations. Cela nous interroge aussi sur les relations du citadin avec son environnement urbain et sur la place qu'il souhaite donner à une biodiversité.

L'expansion géographique régulière de la ville pose de plus en plus la responsabilité de l'urbanisme dans la conservation de la biodiversité. Tout comme on a imposé à l'agriculture une série de contraintes environnementales, il faudra inclure dans les projets d'urbanisme des règles de protection de la nature. C'est déjà le cas dans de nombreuses chartes de l'environnement construites par les municipalités elles-mêmes, mais il faudrait aller plus loin en intégrant le fonctionnement de cette bio-diversité à toutes les échelles. Le développement des connaissances doit permettre de fournir des éléments de réponse mais l'organisation même de l'espace urbain peut être aussi repensée, notamment dans l'augmentation et l'organisation des espaces à caractère naturel. Par exemple, une solution alternative au zonage (parc et jardin public) pourrait être les constructions de réseaux verts qui permettent des jonc-tions entre ces parcs et constitueraient les trames vertes. De même, des réflexions concernant des éléments à caractère naturel plus localisés comme les suites de pieds d'arbres dans les boulevards ou les végétalisations de bâtiments semblent être prometteuses. *A priori* en augmentant l'interface entre citadin et nature, ces orga-nisations permettraient de répondre à la contradiction : développer des surfaces de nature dans la ville mais conserver une densité du bâti indispensable à un dévelop-pement durable. Ce développement de trames vertes dans les villes et entre ville et campagne pourrait devenir un nouvel élément structurant les futurs aménagements du territoire (Ahern, 2007 ; Clergeau, 2007).

Conclusion et perspectives

Marjorie Musy

L'état de l'art présenté ici permet en premier lieu de mettre en avant une recherche riche sur les impacts du végétal en ville. Même si l'on trouve quelques travaux précurseurs comme ceux de Beatty & Heckman (1981), cette recherche est récente. La ville est elle-même un objet de recherche nouveau des sciences de l'environnement, ce caractère récent n'est donc pas étonnant.

De nombreux résultats ont pu être donnés dans chacun des domaines présentés. Cela permet de conforter certaines intuitions ou au contraire de contredire des idées reçues, mais surtout de donner des ordres de grandeur des impacts. Ces résultats sont issus de recherches internationales, donc produits à partir de données d'entrées (ou contextes) particulières à chaque fois (propres à des formes urbaines, des usages, des climats, des sols, des plantes particuliers). Il est donc très difficile de les transposer. En effet, il est clairement mis en évidence dans cet état de l'art que le fonctionnement du végétal, système vivant, dépend d'un très grand nombre de facteurs fortement variables en ville. De nombreuses interrelations ont ainsi pu être soulignées, et il a été constaté que nombre de ces liaisons sont encore peu explorées par la recherche.

Par exemple, l'impact climatique du végétal dépend en partie de l'eau que peuvent utiliser les plantes. Sans eau, elles n'ont qu'une fonction d'ombrage, tant qu'elles peuvent se maintenir en vie. Le fonctionnement hydrologique de la ville est donc un sous-système clé, sous-système dans lequel la végétation agit également. Le fonctionnement des plantes dépend également de leur positionnement dans la forme urbaine : par exemple, elles apportent peu du point de vue climatique si elles sont positionnées dans l'ombre des bâtiments. La forme urbaine apparaît ainsi comme centrale dans l'impact du végétal sur la biodiversité en ville.

La gestion (interventions humaines) et les conditions de croissance des plantes (climat, accès à la lumière, à l'eau, sol, exposition à la pollution, aux dégradations humaines ou animales…) sont des paramètres très influents et peu pris en compte. Il en va ainsi pour presque tous les résultats présentés et quelles que soient les fonctions étudiées : il est important de prendre en compte des conditions urbaines réalistes.

Au final, l'approche présentée pour l'évaluation de l'empreinte carbone du végétal urbain est une bonne illustration des approches systémiques possibles. Elle permet d'aborder un ensemble large de paramètres et de vérifier qu'ils sont bien pris en compte dans tous les termes du bilan.

Cependant, on peut reprocher à cette méthode son approche comptable, qui ne permet pas de rendre compte de tous les bénéfices de la végétation, plus difficiles à apprécier quantitativement, comme la perception des ambiances, les rôles sanitaires, sociaux qui jouent pour beaucoup dans l'habitabilité des espaces urbains.

En s'attachant à analyser les résultats par dispositifs végétaux, on remarquera que si les façades et toitures ont attiré l'attention des chercheurs ces dernières années, leur mise en compétition avec des formes végétales plus traditionnelles comme les arbres n'est pas très concluante. Les toitures végétales auront un effet faible sur le climat urbain et le confort dans les rues, mais un impact hydrologique intéressant et un impact énergétique important l'été sur les bâtiments difficiles à isoler, de faible hauteur, pour lesquels elles pourront de surcroît présenter un intérêt esthétique. Les arbres sont performants en termes d'adaptation climatique, tant pour l'atténuation de l'ICU que pour maintenir des conditions de confort acceptables dans les espaces urbains. Du point de vue de la consommation énergétique des bâtiments, cela dépend du climat et des éventuelles compensations entre gains d'énergie réalisés sur l'été et pertes en hiver. Par ailleurs, du point de vue du bilan carbone, ils ont un effet très positif, surtout si l'arbre nécessite peu d'entretien et si son bois trouve un usage à la fin de sa vie.

Au final, chaque dispositif présente des atouts et points faibles différents, et compte tenu de la contrainte d'espace qui se pose dans la ville dense, l'idée peut être de ménager une place suffisante pour toutes les formes de végétation. Il est sans doute également préférable d'éviter la réduction massive de la végétation au sol, même compensée par des alternatives techniques sur les bâtiments. L'idée d'investir les toits comme cela est d'ores et déjà proposé dans des projets est très séduisante, mais au détriment des autres formes de végétation comme les arbres, cette évolution pourrait s'avérer contreproductive tant du point de vue de la physique de la ville que de son usage. Les dispositifs végétaux techniques, toitures et façades végétales, noues végétalisées, jardins de pluie, etc., peuvent au contraire être vus comme un moyen de réinvestir des surfaces supplémentaires.

Références bibliographiques

A

Acero J.A., Simon A., 2010. Influence of vegetation scenarios on the local air quality of a city square. *In : Proceedings of the Climaqs Workshop on Local Air Quality and its Interactions with Vegetation*, Climaqs, 21-22 janv. 2010, Antwerp, Belgique, 127-130, VITO, Mol, Belgique.

Ademe, 2011. Plantes et épuration de l'air intérieur : les avis de l'Ademe, Ademe, <http://www2.ademe.fr/servlet/KBaseShow?sort=-1&cid=96&m=3&catid=23865> (consulté le 16 janv. 2014).

Aggéri G., 2010. *Inventer les villes-natures de demain... Gestion différenciée, gestion durable des espaces verts*, Éducagri, Dijon, 200 p.

Ahern J., 2007. Green infrastructure for cities: The Spatial dimension. *In : Cities of the Future: Towards Integrated Sustainable Water and Landscape Management* (V. Novotny, P. Brown, eds.), IWA Publishing, Royaume-Uni, 267-283..

Akbari H., 2002. Shade trees reduce building energy use and CO_2 emissions from power plants. *Environmental Pollution*, 116, Supplement 1, S119-S126.

Al-Dabbous A.N., Kumar R., Robins A., 2013. Influence of roadside vegetation barriers on concentrations of traffic-spewed ultrafine particles. *In : Harmo15, 15th International Conference on Harmonisation within Atmospheric Dispersion Modelling for Regulatory Purposes*, 6-9 mai 2013, Madrid, Espagne, Technical University of Madrid (UPM), Espagne.

Al-Sallal K.A., 2013. Modelling interception of trees' canopies of indoordaylighting. *In : Proceedings of BS2013: 13th Conference of International Building Performance Simulation Association*, 25-28 août 2013, Chambéry, France, IBPSA, 3660-3666, E. Wurtz edit., Chambéry, France.

Al-Sallal K.A., Abu-Obeid N., 2009. Effects of shade trees on illuminance in classrooms in the United Arab Emirates. *Architectural Science Review*, 52(4), 295-311.

Alexandri E., Jones P., 2007. Developing an one-dimensional heat and mass transfer algorithm for describing the effect of green roofs on the built environment: Comparison with experimental results. *Building and Environment*, 42(8), 2835-2849.

Alexandri E., Jones P., 2008. Temperature decreases in an urban canyon due to green walls and green roofs in diverse climates. *Building and Environment*, 43(4), 480-493.

Ali-Toudert F., 2005. Dependence of outdoor thermal comfort on street design, thèse de doctorat, Meteorologischen Institutes, université de Fribourg, Allemagne, 224 p.

Alonso R., Vivanco M.G., González-Fernández I., Bermejo V., Palomino I., Garrido J.L., Elvira S., Salvador P., Artíñano B., 2011. Modelling the influence of peri-urban trees in the air quality of Madrid region (Spain). *Environmental Pollution*, 159(8-9), 2138-2147.

Andrieu H., Chocat B., 2004. Introduction to the special issue on urban hydrology. *Journal of Hydrology*, 299(3), 163-165.

Angel S., Sheppard S.C., Civco D.L., 2005. The Dynamics of global urban expansion, rapport scientifique, The World Bank, Transport and Urban Development Department, Washington DC, USA, 18 p.

Armson D., 2012. The Effect of trees and grass on the thermal and hydrological performance of an urban area, thèse de doctorat, université de Manchester, Royaume-Uni, 133 p.

Arnold C.J.J., Gibbons C.J., 1996. Impervious surface coverage: The Emergence of a key environmental indicator. *J. Am. Plann. Associat.*, 62(2), 243-258.

Arrif T., Blanc N., Clergeau P., 2011. Trame verte urbaine, un rapport Nature-Urbain entre géographie et écologie. *Cybergeo: European Journal of Geography* [en ligne], 574 <http://cybergeo.revues.org/24862?lang=en> (consulté le 6 fév. 2014).

Ashrae, 1993. *Ashrae Handbook of Fundamentals*, American Society of Heating, Refrigerating and Air-Conditioning Engineers, Atlanta, USA, 845 p.

Aubrun S., Koppmann R., Leitl B., Möllmann-Coers M., Schaub A., 2005. Physical modelling of a complex forest area in a wind tunnel: Comparison with field data. *Agricultural and Forest Meteorology*, 129(3-4), 121-135.

Aubrun S., Leitl B., 2004. Development of an improved physical modelling of a forest area in a wind tunnel. *Atmospheric Environment*, 38, 2797-2801.

Augoyard J.-F., 2007. A comme Ambiance(s). *Cahiers de la Recherche architecturale et urbaine*, dossier Abécédaire anthropologique de l'architecture et de la ville, 20/21, 33-37.

Auliciems A., Szokolay S.V., 2007. Thermal Comfort, PLEA notes, PLEA (Passive and Low Energy Architecture) International & University of Queensland, Brisbane, Australie, [en ligne] <http://plea-arch.org/wp-content/uploads/PLEA-NOTE-3-THERMAL-COMFORT.pdf> (consulté le 5 fév. 2014), 68 p.

Ayata T., Tabares-Velasco P.C., Srebric J., 2011. An investigation of sensible heat fluxes at a green roof in a laboratory setup. *Building and Environment*, 46(9), 1851-1861.

B

Balaÿ O., 2012. L'architecte, l'habitant, le végétal et la densité. *In : Ambiances en acte(s), 2nd Congrès international sur les ambiances*, 19-22 sept. 2012, Montréal, Québec, réseau international Ambiances, 285-290, J.-P. & D. Thibaud édit., Grenoble, France.

Baldocchi D.D., Hicks B.B., Camara P., 1987. A canopy stomatal resistance model for gaseous deposition to vegetated surfaces. *Atmospheric Environment* (1967), 21(1), 91-101.

Bannari A., Marin D., He D.-C., 1997. Caractérisation de l'environnement urbain à l'aide des indices de végétation dérivés des données de hautes résolutions spatiale et spectrale. *In : Télédétection des milieux urbains et périurbains* (A. Bannari, D. Marin, D.-C. He, eds.), Aupelf-Uref, Montréal, Canada, 47-64.

Bannehr L., Luhmann T., Piechel J., Roelfs T., Schmidt A., 2011. Extracting roof parameters and heat bridges over the city of Oldenburg from hyperspectral, thermal, and airborne laser scanning data. *In : ISPRS Hannover Workshop: High-Resolution Earth Imaging for Geospatial Information*, 14-17 juin, Hanovre, Allemagne, ISPRS, vol. XXXVIII-4/W19, 17-22, C. Heipke, K. Jacobsen, F. Rottensteiner, S. Müller et U. Sörgel édit.

Barnsley M.J., Barr S.L., 1997. Distinguishing urban land-use categories in fine spatial resolution land-cover data using a graph-based, structural pattern recognition system. *Computers, Environment and Urban Systems*, 21(3-4), 209-225.

Barrière N., 1999. Étude théorique et expérimentale de la propagation du bruit de trafic en forêt, thèse de doctorat, École centrale de Lyon, France, 180 p.

Bartholomé E., Belward A.S., 2005. GLC2000: a new approach to global land cover mapping from Earth observation data. *International Journal of Remote Sensing*, 26(9), 1959-1977.

Bartlett M.D., James I.T., 2011. A model of greenhouse gas emissions from the management of turf on two golf courses. *Science of the Total Environment*, 409(8), 1357-1367.

Bass B., Krayenhoff E.S., Martilli A., Stull R.B., Auld H., 2003. The Impact of green roofs on Toronto's urban heat island. *In : Proceedings of the First North American Green Roof Conference: Greening Rooftops for Sustainable Communities*, 20-30 mai 2003, Chicago, USA, 292-304, Cardinal Group, Toronto, Canada.

Baume O., Gauvreau B., Berengier M., Junker F., Wackernagel H., Chiles J., 2009. Geostatistical modeling of sound propagation: Principles and a field application experiment. *Journal of the Acoustical Society of America*, 126(6), 2894-2904.

Baumgardner D., Varela S., Escobedo F.J., Chacalo A., Ochoa C., 2012. The Role of a peri-urban forest on air quality improvement in the Mexico City megalopolis. *Environmental Pollution*, 163, 174-183.

Beatty R.A., Heckman C.T., 1981. Survey of urban tree programs in the United States. *Urban Ecology*, 5(2), 81-102.

Becciu G., Paoletti A., 1997. Random characteristics of runoff coefficient in urban catchments. *Water science and technology*, 36(8), 39-44.

Beckett K.P., Freer-Smith P.H., Taylor G., 1998. Urban woodlands: their role in reducing the effects of particulate pollution. *Environmental Pollution*, 99(3), 347-360.

Beesley L., 2012. Carbon storage and fluxes in existing and newly created urban soils. *Journal of Environmental Management*, 104, 158-165.

Belhadj N., Joannis C., Raimbault G., 1995. Modelling of rainfall induced infiltration into separate sewerage. *Water Science and Technology*, 32(1), 161-168.

Ben-Dor E., Lugassi R., Richter R., Saaroni H., Muller A., 2001. Quantitative approach for monitoring the urban heat island effects using hyperspectral remote sensing. *In : Proceedings of Geoscience and Remote Sensing Symposium, IGARSS'01*, 9-13 juil. 2001, University of New South Wales, Sydney, Australie, vol. 7, 2541-2546, IEEE, Danvers, USA.

Bensalma A., 2012. Caractérisation de la qualité d'ambiances architecturales et urbaines des grands ensembles par une approche pluridisciplinaire, thèse de doctorat, École centrale de Nantes, 330 p.

Bensalma A., Musy M., Soignon J., 2013. Nantes, ville nature : pratiques et expérimentations / The Nature city of Nantes: Practice and experimentation. *In : Jardins en ville, villes en jardin* (J.-J. Terrin, ed.), coll. La Ville en train de se faire, Éditions Parenthèses, Marseille, 131-153.

Berque A., 2010. Le sauvage construit. *Ethnologie française*, 40(4), 589-596.

Berthier E., Andrieu H., Creutin J., 2004. The Role of soil in the generation of urban runoff: development and evaluation of a 2D model. *Journal of hydrology*, 299(3), 252-266.

Berthier E., Andrieu H., Rodriguez F., 1999. The Rezé urban catchments database. *Water Resources Research*, 35(6), 1915-1919.

Bixby M., 2011. Interception in open-grown Douglas-fir (*Pseudotsuga menziesii*) urban canopy, Master of Science, Environmental Science and Resources, Dept. of Environmental Science and Management, université de l'État de Portland, USA, 76 p.

Blanc N., 1998. 1925-1990 : l'écologie urbaine et le rapport ville-nature. *Espace géographique*, 27(4), 289-299.

Blumrich R., Heimann D., 2002. A linearized Eulerian sound propagation model for studies of complex meteorological effects. *Journal of the Acoustical Society of America*, 112(2), 446-455.

Boegh E., Poulsen R., Butts M., Abrahamsen P., Dellwik E., Hansen S., Hasager C.B., Ibrom A., Loerup J.-K., Pilegaard K., Soegaard, H., 2009. Remote sensing based evapotranspiration and runoff modeling of agricultural, forest and urban flux sites in Denmark: From field to macro-scale. *Journal of Hydrology*, 377(3), 300-316.

Boisleux F., Galsomies L., 2010. Présentation générale du programme Phytair. *In : Journée technique « L'épuration de l'air intérieur par les plantes »*, 6 mai 2010, Paris, Oqai-Ademe-université de Lille, CSTB, 17-20, Oqai, Paris.

Boudes P., Colombert M. (coord.), 2012. *Adaptation climatique et trames vertes urbaines : perspectives interdisciplinaires*, édit. Vertig'O, Montréal, Québec, 238 p.

Bouyer J., 2009. Modélisation et simulation des microclimats urbains : étude de l'impact de l'aménagement urbain sur les consommations énergétiques des bâtiments, thèse de doctorat, École polytechnique de l'université de Nantes, 302 p.

Bouyer J., Inard C., Musy M., 2011. Microclimatic coupling as a solution to improve building energy simulation in an urban context. *Energy and Buildings*, 43(7), 1549-1559.

Bouzouidja R., Sere G., Claverie R., Lacroix D., 2013. Caractérisation du fonctionnement thermo-hydrique *in situ* d'une toiture végétalisée extensive. *La Houille blanche*, 5, 62-69.

Bowden L.W., 1975. Urban environments: inventory and analysis. *In : Manual of Remote Sensing*, first edition (L.W. et E.L. Pruitt, eds.), Falls Church, Virginia, 1815-1880.

Bowler D.E., Buyung-Ali L., Knight T.M., Pullin A.S., 2010. Urban greening to cool towns and cities: A systematic review of the empirical evidence. *Landscape and Urban Planning*, 97(3), 147-155.

Bozonnet E., 2005. Impact des microclimats urbains sur la demande énergétique des bâtiments : cas de la rue canyon, thèse de doctorat, université de La Rochelle, 176 p.

Bozonnet E., Musy M., Calmet I., Rodriguez F., 2013. Modeling methods to assess urban fluxes and heat island mitigation measures from street to city scale, [en ligne], *International Journal of Low-Carbon Technologies*, <http://ijlct.oxfordjournals.org/content/early/2013/07/14/ijlct.ctt049.abstract> (consulté le 16 janv. 2014).

Breil P., Joannis C., Raimbault G., Brissaud F., Desbordes M., 1993. Drainage des eaux claires parasites par les réseaux sanitaires : de l'observation à l'élaboration d'un modèle prototype. *La Houille blanche*, 1, 45-58.

Brook A.E., Ben-Dor E., Richter R., 2010. Fusion of hyperspectral and lidar data for civil engineering structure monitoring. *In : Hyperspectral 2010 Workshop, European Space Agency*, 17-19 mars 2010, Frascati, Italie, H. Lacoste-Francis, ESA Communications, Noordwijk, Pays-Bas, <http://earth.esa.int/workshops/hyperspectral_2010/papers/p_brook2.pdf> (consulté le 11 fév. 2014).

Brun S.E., Band L.E., 2000. Simulating runoff behavior in an urbanizing watershed. *Computers, Environment and Urban Systems*, 24(1), 5-22.

Brunet Y., Finnigan J.J., Raupach M.R., 1994. A wind tunnel study of air flow in waving wheat: single-point velocity statistics. *Boundary-Layer Meteorology*, 70, 95-132.

Bruneton J., Déoux S., 2010. Impact toxique et allergique des plantes d'intérieur. *In : Journée technique « L'épuration de l'air intérieur par les plantes »*, 6 mai 2010, Paris, Oqai-Ademe-université de Lille, CSTB, 11-16, Oqai, Paris.

Bruse M., Fleer H., 1998. On the simulation of surface-plant-air interactions inside urban environments. *Environmental Modelling & Software*, 13, 373-384.

Brutsaert W., 1982. *Evaporation into the Atmosphere: Theory, History and Applications*, Kluwer Academic Publishers, Dordrecht, Pays-Bas, 312 p.

Bruyat G., 2011. Estimation de la masse de carbone stockée par les arbres de la communauté urbaine de Lyon ou comment adapter le zonage d'un PLU pour en faire un zonage de végétation, travail de fin d'étude, ENTPE, Lyon, 100 p.

Buccolieri R., Salim S.M., Sabatino S., Di C., Lelpo P., Gannaro G., Placentino C.M., Caselli N., Gromke C., 2010. Study of tree-atmosphere interaction and assessment of air quality in real city neighbourhoods. *In : Harmo13, 13th International Conference on Harmonisation within Atmospheric Dispersion Modelling for Regulatory Purposes*, Paris, 673-678, ARIA Technologies, Paris.

Burba G., 2013. *Eddy Covariance Method : For Scientific, Industrial, Agricultural, and Regulatory Applications ; a Field Book on Measuring Ecosystem Gas Exchange and Areal Emission Rates*, LI-COR Biosciences, Lincoln, USA, 331 p.

C

Ca V.T., Asaeda T., Abu E.M., 1998. Reductions in air conditioning energy caused by a nearby park. *Energy and Buildings*, 29(1), 83-92.

Cablk M.E., Minor T.B., 2003. Detecting and discriminating impervious cover with high-resolution Ikonos data using principal component analysis and morphological operators. *International Journal of Remote Sensing*, 24(23), 4627-4645.

Calder I., 1977. A model of transpiration and interception loss from a spruce forest in Plynlimon, central Wales. *Journal of Hydrology*, 33(3), 247-265.

Cameron R.W.F., Blanuša T., Taylor J.E., Salisbury A., Halstead A.J., Henricot B., Thompson K., 2012. The Domestic garden: Its contribution to urban green infrastructure. *Urban Forestry & Urban Greening*, 11(2), 129-137.

Cao X., Onishi A., Chen J., Imura H., 2010. Quantifying the cool island intensity of urban parks using Aster and Ikonos data. *Landscape and Urban Planning*, 96(4), 224-231.

Carleer A., Wolff E., 2004. Exploitation of very high resolution satellite data for tree species identification. *Photogrammetric Engineering and Remote Sensing*, 70, 135-140.

Carlson T.N., Augustine J.A., 1977. Potential application of satellite temperature-measurements in analysis of land-use over urban areas. *Bulletin of American Meteorological Society*, 58(12), 1301-1303.

Carmona M., Tiesdell S., Heath T., Oc T., 2003. *Public Places, Urban Spaces: The Dimensions of Urban Design*, Architectural Press, Londres, 320 p.

Carter T.L., Rasmussen T.C., 2006. Hydrologic behavior of vegetated roofs. *Jawra, Journal of the American Water Resources Association*, 42(5), 1261-1274.

Castleton H.F., Stovin V., Beck S.B., Davison J.B., 2010. Green roofs: building energy savings and potential for retrofit. *Energy and Buildings*, 42, 1582-1591.

Champeaux J.-F., Champeaux N., 2007. *Les Cités-jardins, un modèle pour demain*, coll. Écologie urbaine, Éditions Sang de Terre, Paris, 160 p.

Chaparro L., Terradas J., 2009. Ecological Services of Urban Forest in Barcelona, rapport pour l'Àrea de Medi Ambient Institut Municipal de Parcs i Jardins Ajuntament de Barcelona, Centre de Recerca Ecològica i Aplicacions Forestals, Universitat Autònoma de Barcelona, Bellaterra, Espagne, 103 p.

Chelkoff G., 2004. Percevoir et concevoir l'architecture : l'hypothèse des formants. *In : L' Espace urbain en méthodes* (P. Amphoux, J-P. Tibault., G. Chelkoff, eds.), Éditions à la croisée, Grenoble (Bernin).

Cheng C.Y., Cheung K.K.S., Chu L.M., 2010. Thermal performance of a vegetated cladding system on facade walls. *Building and Environment*, 45(8), 1779-1787.

Chen F., Kusaka H., Bornstein R., Ching J., Grimmond C.S.B., Grossman-Clarke S., Loridan T., Manning K.W., Martilli A., Miao S., Sailor D.J., Salamanca F.P., Taha H., Tewari M., Wang X., Wyszogrodzki A.A., Zhang C., 2011. The Integrated WRF/urban modelling system: Development, evaluation, and applications to urban environmental problems. *International Journal of Climatology*, 31(2), 273-288.

Chen H., Ooka R., Huang H., Nakashima M., 2007. Study on the impact of buildings on the outdoor thermal environment based on a coupled simulation of convection, radiation, and conduction. *Ashrae Transactions*, 113, 478-488.

Chen H., Ookab R., Huang H., Tsuchiyab T., 2009. Study on mitigation measures for outdoor thermal environment on present urban blocks in Tokyo using coupled simulation. *Building and Environment*, 44, 2290-2299.

Chen Q., Li B., Liu X., 2013. An experimental evaluation of the living wall system in hot and humid climate. *Energy and Buildings*, 61, 298-307.

Chen-Yi S., 2012. The Cool effect of green space in a tropical city, Taipei. *In : Proceedings of 8th International Conference on Urban Climate and 10th Symposium on the Urban Environment*, 8-10 août 2012, Dublin, Irlande, paper 459, International Association for Urban Climate & American Meteorological Society's board of the Urban Environment.

Choay F., 1965. *L'Urbanisme, utopies et réalités : une anthologie*, Seuil, Paris, 348 p.

Clergeau P., 2007. *Une écologie du paysage urbain*, Apogée, Paris, 160 p.

Clergeau P., Blanc N., 2013. *Trames vertes urbaines : de la recherche scientifique au projet urbain*, Le Moniteur, Paris, 339 p.

Cormier L., Joliet F., Carcaud N., 2012. La Biodiversité est-elle un enjeu pour les habitants ? Analyse à travers la notion de trame verte, *Développement durable et territoires*, 3(2), [en ligne], <http://developpementdurable.revues.org/9319> (consulté le 16 janv. 2014).

Coutts A.M., Beringer J., Tapper N.J., 2007. Characteristics influencing the variability of urban CO_2 fluxes in Melbourne, Australia. *Atmospheric Environment*, 41(1), 51-62.

Crawford B., Grimmond C.S., Christen A., 2011. Five years of carbon dioxide fluxes measurements in a highly vegetated suburban area. *Atmospheric Environment*, 45(4), 896-905.

Currie B.A., Bass B., 2008. Estimates of air pollution mitigation with green plants and green roofs using the Ufore model. *Urban Ecosystems*, 11, 409-422.

Czemiel Berndtsson J., 2010. Green roof performance towards management of runoff water quantity and quality: A review. *Ecological Engineering*, 36(4), 351-360.

D

Da Cunha A., 2009. Urbanisme végétal et agriurbanisme : la ville entre artifice et nature. *Urbia, les Cahiers du développement durable : Urbanisme végétal et agriurbanisme*, 8, 1-20.

Da Silva D., Boudon F., Godin C., Sinoquet H., 2008. Multiscale framework for modeling and analyzing light interception by trees. *Multiscale Model. Simul*, 7(2), 910-933.

Dalponte M., Bruzzone L., Gianelle D., 2012. Tree species classification in the Southern Alps based on the fusion of very high geometrical resolution multispectral/hyperspectral images and lidar data. *Remote Sensing of Environment*, 123, 258-270.

Damay P.E., Maro D., Coppalle A., Lamaud E., Connan O., Hébert D., Talbaut M., Irvine M., 2009. Size-resolved eddy covariance measurements of fine particle vertical fluxes. *Journal of Aerosol Science*, 40(12), 1050-1058.

David P.-L., 2013. Traitement des eaux grises par réacteur à lit fluidisé et dangers liés à leur utilisation pour l'irrigation d'espaces verts urbains, thèse de doctorat, École nationale supérieure des mines de Nantes, université Nantes-Angers-Le Mans, 214 p.

David T., Gash J., Valente F., Pereira J., Ferreira M., David J., 2006. Rainfall interception by an isolated evergreen oak tree in a Mediterranean savannah. *Hydrological Processes*, 20(13), 2713-2726.

Davies Z.G., Edmondson J.L., Heinemeyer A., Leake J.R., Gaston K.J., 2011. Mapping an urban ecosystem service: quantifying aboveground carbon storage at a city-wide scale. *Journal of Applied Ecology*, 48, 1125-1134.

Davis A.P., 2008. Field performance of bioretention: Hydrology impacts. *Journal of Hydrologic Engineering*, 13(2), 90-95.

Davis A.P., Hunt W.F., Traver R.G., Clar M., 2009. Bioretention technology: Overview of current practice and future needs. *Journal of Environmental Engineering*, 135(3), 109-117.

De Munck C., 2013. Modélisation de la végétation urbaine et stratégies d'adaptation pour l'amélioration du confort climatique et de la demande énergétique en ville, thèse de doctorat, université de Toulouse, 232 p.

DeBusk K.M., Hunt W.F., Line D.E., 2010. Bioretention outflow: Does it mimic nonurban watershed shallow interflow? *Journal of Hydrologic Engineering*, 16(3), 274-279.

Defrance J., Salomons E., Noordhoek I., Heimann D., Plovsing B., Watts G., Jonasson H., Zhang X., Premat E., Schmich I., Aballea F., Baulac M., de Roo F., 2007. Outdoor sound propagation reference model developed in the European Harmonoise project. *Acta Acustica United with Acustica*, 93(2), 213-227.

Del Barrio E.P., 1998. Analysis of the green roofs cooling potential in buildings. *Energy and Buildings*, 27, 179-193.

Depecker P., 1989. *Qualité thermique des ambiances*, Cahiers pédagogiques thermique et architecture, Agence française pour la maîtrise de l'énergie, Paris, 67 p.

Descartes G., 2009. Consultation internationale de recherche et de développement sur le Grand Pari de l'agglomération parisienne, rapport final, <http://www.legrandparis.net/actualite-detail/82/DESCARTES_Livret_chantier_1_2.pdf> (consulté le 16 janv. 2014).

Deschamps A., 2012. Caractérisation de panaches industriels par imagerie hyperspectrale, thèse de doctorat, université Pierre et Marie Curie, Paris, 126 p.

Di Sabatino S., Buccolieri R., Gromke C., 2010. CFD modelling of tree-atmosphere interaction and assessment of air quality in street canyons. *In : Proceedings of the Climaqs Workshop on Local Air Quality and its Interactions with Vegetation*, 21-22 janv. 2010, Antwerp, Belgique, 83-87, VITO, Mol, Belgique.

Dietz M.E., 2007. Low impact development practices: a review of current research and recommendations for future directions. *Water, Air, and Soil Pollution*, 186(1-4), 351-363.

Djedjig R., Belarbi R., Bozonnet E., 2013a. Experimental study of a green wall system effects in urban canyon scene. *In : Clima 2013: 11th Rehva World Congress and the 8th International Conference on Indoor Air*, 16-19 juin 2013, Prague, République Tchèque, 442-451, Czech Society of Environmental Engineering, Prague, République Tchèque.

Djedjig R., Bozonnet E., Belarbi R., 2013b. Experimental study of the urban microclimate mitigation potential of green roofs and green walls in street canyons, *International Journal of Low-Carbon Technologies*, [en ligne] <http://ijlct.oxfordjournals.org/content/early/2013/04/14/ijlct.ctt019> (consulté le 16 janv. 2014).

Djedjig R., Ouldboukhitine S.-E., Belarbi R., Bozonnet E., 2012. Development and validation of a coupled heat and mass transfer model for green roofs. *International Communications in Heat and Mass Transfer*, 39(6), 752-761.

Donnay J.P., Barnsley M.J., Longley P.A., 2001. *Remote Sensing and Urban Analysis*, Taylor and Francis, Londres - New York.

Donovan G.H., Butry D.T., 2009. The Value of shade: Estimating the effect of urban trees on summertime electricity use. *Energy and Buildings*, 41(6), 662-668.

Doz S., 2010. Méthode de simulation d'images urbaines à partir d'acquisitions aéroportées multi-angulaires à très hautes résolutions spatiale et spectrale, thèse de doctorat, université de Toulouse, 210 p.

Duchene M., McBean E.A., Thomson N.R., 1994. Modeling of infiltration from trenches for storm-water control. *Journal of Water Resources Planning and Management*, 120(3), 276-293.

Dupont S., Brunet Y., Jarosz N., 2006. Eulerian modelling of pollen dispersal over heterogeneous vegetation canopies. *Agricultural and Forest Meteorology*, 141(2-4), 82-104.

Dupont S., Mestayer P.G., 2006. Parameterization of the urban energy budget with the submesoscale soil model. *Journal of Applied Meteorology and Climatology*, 45(12), 1744-1765.

Dupont S., Otte T.L., Ching J.K.S., 2004. Simulation of meteorological fields within and above urban and rural canopies with a mesoscale model. *Boundary-Layer Meteorology*, 113(1), 111-158.

Dussaillant A.R., Wu C.H., Potter K.W., 2004. Richards equation model of a rain garden. *Journal of Hydrologic Engineering*, 9(3), 219-225.

Dwivedi P., Rathore C.S., Dubey Y., 2009. Ecological benefits of urban forestry: The Case of Kerwa Forest Area (KFA), Bhopal, India. *Applied Geography*, 29(2), 194-200.

Dwyer J.F., McPherson E.G., Schroeder H.W., Rowntree R.A., 1992. Assessing the benefits and costs of the urban forest. *Journal of Arboriculture*, 18, 227-227.

E

EPLCA (European Platform on Life Cycle Assessment), 2007. Carbon Footprint: What it is and how to measure it, Commission européenne, Joint Research Centre Institute for Environment and Sustainability, 2 p.

Egerhàzi L.A., Kàntor N., Takàcs A., Gàl T., Unger J., 2012. Thermal stress maps validation with on-site measurements in a playground. *In : Proceedings of 8th International Conference on Urban Climate and 10th Symposium on the Urban Environment*, 8-10 août 2012, Dublin, Irlande, paper 169, International Association for Urban Climate & American Meteorological Society's board of the Urban Environment.

Elvidge C.D., Imhoff M.L., Baugh K.E., Hobson V.R., Nelson I., Safran J., Dietz J.B., Tuttle B.T., 2001. Night-time lights of the world: 1994-1995. ISPRS, *Journal of Photogrammetry and Remote Sensing*, 56(2), 81-99.

Endreny T., 2008. Naturalizing urban watershed hydrology to mitigate urban heat-island effects. *Hydrological processes*, 22(3), 461-463.

Escobedo F., Varela S., Zhao M., Wagner J.E., Zipperer W., 2010. Analyzing the efficacy of subtropical urban forests in offsetting carbon emissions from cities. *Environmental Science & Policy*, 13(5), 362-372.

Escobedo F.J., 2004. A cost-effective analysis of urban forest management's role in improving air quality in Santiago, Chili, thèse de doctorat, université de l'État de New York, College of Environmental Science and Forestry, Syracuse, USA, 296 p.

Escobedo F.J., Kroeger T., Wagner J.E., 2011. Urban forests and pollution mitigation: Analyzing ecosystem services and disservices. *Environmental Pollution*, 159(8-9), 2078-2087.

Escobedo F.J., Nowak D.J., 2009. Spatial heterogeneity and air pollution removal by an urban forest. *Landscape and Urban Planning*, 90, 102-110.

Eumorfopoulou E.A., Kontoleon K.J., 2009. Experimental approach to the contribution of plant-covered walls to the thermal behaviour of building envelopes. *Building and Environment*, 44(5), 1024-1038.

Evans J., McNeil D., Finch J., Murray T., Harding R., Ward H., Verhoef A., 2012. Determination of turbulent heat fluxes using a large aperture scintillometer over undulating mixed agricultural terrain. *Agricultural and Forest Meteorology*, 166-167, 221-233.

Ezzahar J., Chehbouni A., Hoedjes J.C., Chehbouni A., 2007. On the application of scintillometry over heterogeneous surfaces. *Journal of Hydrology*, 334, 493-501.

F

Falcone J.A., Gomez R., 2005. Mapping impervious surface type and sub-pixel abundance using Hyperion hyperspectral imagery. *Geocarto International*, 20(4), 3-10.

Feng C., Meng Q., Zhang Y., 2010. Theoretical and experimental analysis of the energy balance of extensive green roofs. *Energy and Buildings*, 42(6), 959-965.

Finn D., Clawson K.L., Carter R.G., Rich J.D., Eckman R.M., Perry S.G., Isakov V., Heist D.K., 2010. Tracer studies to characterize the effects of roadside noise barriers on near-road pollutant dispersion under varying atmospheric stability conditions. *Atmospheric Environment*, 44(2), 204-214.

Finnigan J.J., 2000. Turbulence in plant canopies. *Annual Review of Fluid Mechanics*, 32, 519-571.

Fioretti R., Palla A., Lanza L.G., Principi P., 2010. Green roof energy and water related performance in the Mediterranean climate. *Building and Environment*, 45(8), 1890-1904.

Fletcher T., Andrieu H., Hamel P., 2013. Understanding, management and modelling of urban hydrology and its consequences for receiving waters; a state of the art. *Advances in Water Resources*, 51, 261-279.

Foken T., Leclerc M.Y., 2004. Methods and limitations in validation of footprint models. *Agricultural and Forest Meteorology*, 127, 223-234.

Foken T., Wichura B., 1996. Tools for quality assessment of surface-based flux measurements. *Agricultural and Forest Meteorology*, 78, 83-105.

Forster P., Ramaswamy V., Artaxo P., Berntsen T., Betts R., Fahey D.W., Haywood J., Lean J., Lowe D.C., Myhre G., Nganga J., Prinn R., Raga G., Schulz M., Van Dorland R., 2007. Changes in atmospheric constituents and in radiative forcing. *In : Climate Change 2007: The Physical Science Basis — Contribution of Working Group I to the Fourth Assessment Report of the Intergovernmental Panel on Climate Change* (S. Solomon, D. Qin, M. Manning, Z. Chen, M. Marquis, K.B. Averyt, M. Tignor et H.L. Miller, eds.), Cambridge, Royaume-Uni, et New York, USA, 129-234.

Frankenstein S., Koenig G., 2004. Fasst vegetation models, rapport technique n° TR-04-25, US Army Corps of Engineers®, Engineer Research and Development Center, <http://www.crrel.usace.army.mil/library/technicalreports/TR04-25.pdf> (consulté le 16 janv. 2014).

Fuehrer P.L., Friehe C.A., 2002. Flux corrections revisited. *Boundary-Layer Meteorology*, 102, 415-457.

G

Galeou M., Grivel F., Candas V., 1989. Le confort thermique : aspects physiologiques et psychosensoriels, étude bibliographique, CNRS, Strasbourg.

Galvão L.S., Breunig F.M., dos Santos J.R., de Moura Y.M., 2013. View-illumination effects on hyperspectral vegetation indices in the Amazonian tropical forest. *International Journal of Applied Earth Observation and Geoinformation*, 21, 291-300.

Gamba P., Houshmand B., 2000. Urban remote sensing through multispectral and radar data. *In : ERS / Envisat Symposium*, 16-20 oct. 2000, Gothembourg, Suède, ESA-ESRIN & Chalmers University of Technology, <http://earth.esa.int/pub/ESA_DOC/gothenburg/Oral/landcove.pdf> (consulté le 7 fév. 2014).

Garrec J.-P., 2010. Physiologie de la plante : processus mis en jeu pour la capture et l'élimination des polluants. *In : Journée technique « L'épuration de l'air intérieur par les plantes »*, 6 mai 2010, Oqai-Ademe-université de Lille, CSTB, Paris, 7-20, Oqai, Paris.

Gasden S.J., Rylatt R.M., Lomas K.J., 2003. Methods of predicting urban domestic energy demand with reduced datasets: a review and a new GIS-based approach. *Building Serv. Eng. Res. Technol.*, 24, 93-102.

Gastellu-Etchegorry J.-P., Auda Y., Martin E., Brut A., Demarz V., Grau E., Hubio J., Benech N., Suere C., Solignac P.-A., Groussous A., Belot A., Henry P., Bernat V., Prêcheur G., 2008. Dart : Modèle physique 3D d'images de télédétection et de bilan radiatif du paysage urbain et naturel. *Revue Télédétection*, 8(3), 159-167.

Gaudillière J.-P., 2005. Pour une ville durable : entretien avec Cyria Emelianoff. *Mouvements*, 4(41), 57-63.

Gauvreau B., Écotière D., Lefèvre H., Bonhomme B., 2009. *Propagation acoustique en milieu extérieur complexe : Caractérisation expérimentale* in situ *des conditions micrométéorologiques ; éléments méthodologiques et métrologiques*, coll. Études et Recherches des Laboratoires des Ponts et Chaussées, Laboratoire Central des Ponts et Chaussées, Paris, 68 p.

Gauvreau B., Guillaume G., L'Hermite P, 2012. Rôle du végétal dans le développement urbain durable : une approche par les enjeux liés à la climatologie, l'hydrologie, la maîtrise de l'énergie et les ambiances. *Écho Bruit*, 136, 46-53.

Gauvreau B., 2013. Long-term experimental database for environmental acoustics. *Applied Acoustics*, 74(7), 958-967.

Getter K.L., Rowe D.B., 2006. The Role of extensive green roofs in sustainable development. *HortScience*, 41(5), 1276-1285.

Getter K.L., Rowe D.B., Robertson G.P., Cregg B.M., Andresen J.A., 2009. Carbon sequestration potential of extensive green roofs. *Environmental Science & Technology*, 43(19), 7564-7570.

Ghisalberti M., Nepf H., 2006. The Structure of the shear layer in flows over rigid and flexible canopies. *Environmental Fluid Mechnanics*, 6, 277-301.

Gleyzes A., Perret L., Kubik P., 2012. Pleiades system architecture and main performances. *In : Proceedings of 22nd Congress of ISPRS (International Society of Photogrammetry and Remote Sensing)*, 25 août - 1er sept. 2012, Melbourne, Australie, XXXIX-B1, 537-542, ISPRS.

Göbel P., Stubbe H., Weinert M., Zimmermann J., Fach S., Dierkes C., Kories H., Messer J., Mertsch V., Geiger W.F., Coldewey W.G., 2004. Near-natural stormwater management and its effects on the water budget and groundwater surface in urban areas taking account of the hydrogeological conditions. *Journal of Hydrology*, 299(3), 267-283.

Goetz S.J., Wright R.K., Smith A.J., Zinecker E., Schaub E., 2003. Ikonos imagery for resource management: Tree cover, impervious surfaces, and riparian buffer analyses in the mid-Atlantic region. *Remote Sensing of Environment*, 88(1-2), 195-208.

Gorbachevskaya O., Schreiter H., 2010. Contribution of extensive building naturation to air quality improvement. *In : Journée technique « L'épuration de l'air intérieur par les plantes »*, 6 mai 2010, Oqai-Ademe-université de Lille, CSTB, Paris, 17-20, Oqai, Paris.

Gough C.M., Elliott H.L., 2012. Lawn soil carbon storage in abandoned residential properties: An examination of ecosystem structure and function following partial human-natural decoupling. *Journal of Environmental Management*, 98, 155-162.

Gratani L., Crescente M.F., Varone L., 2008. Long-term monitoring of metal pollution by urban trees. *Atmospheric Environment*, 42(35), 8273-8277.

Graulière P., 2007. Typologie des bâtiments d'habitation en France : Synthèse des caractéristiques des bâtiments d'habitation existants permettant l'évaluation du potentiel d'amélioration énergétique, ministère de l'Écologie, de l'Énergie, du Développement durable et de la Mer.

Grimmond C.S., Christen A., 2012. Flux measurements in urban ecosystems. *FluxLetter*, 5(1), 32-35.

Grimmond C.S.B., Blackett M., Best M.J., Baik J.-J., Belcher S.E., Beringer J., Bohnenstengel S.I., Calmet I., Chen F., Coutts A., Dandou A., Fortuniak K., Gouvea M.L., Hamdi R., Hendry M., Kanda M., Kawai T., Kawamoto Y., Kondo H., Krayenhoff E.S., Lee S.-H., Loridan T., Martilli A., Masson V., Miao S., Oleson K., Ooka R., Pigeon G., Porson A., Ryu Y.-H., Salamanca F., Steeneveld G.J., Tombrou M., Voogt J.A., Young D.T., Zhang N., 2011. Initial results from phase 2 of the international urban energy balance model comparison. *International Journal of Climatology*, 31(2), 244-272.

Grimmond C.S.B., Blackett M., Best M.J., Barlow J., Baik J.-J., Belcher S.E., Bohnenstengel S.I., Calmet I., Chen F., Dandou A., Fortuniak K., Gouvea M.L., Hamdi R., Hendry M., Kawai T., Kawamoto Y., Kondo H., Krayenhoff E.S., Lee S.-H., Loridan T., Martilli A., Masson V., Miao S., Oleson K., Pigeon G., Porson A., Ryu Y.-H., Salamanca F., Shashua-Bar L., Steeneveld G.-J., Tombrou M., Voogt J., Young D., Zhang N., 2010. The International urban energy balance models comparison project: First results from phase 1. *Journal of Applied Meteorology and Climatology*, 49(6), 1268-1292.

Grimmond C.S.B., Oke T.R., 1991. An evapotranspiration-interception model for urban areas. *Water Resources Research*, 27(7), 1739-1755.

Grimmond C.S.B., Oke T.R., 2002. Turbulent heat fluxes in urban areas: Observations and a local-scale urban meteorological parameterization scheme (Lumps). *Journal of Applied Meteorology*, 41(7), 792-810.

Gromaire M.C., Ramier D., Seidl M., Berthier E., Saad M., De Gouvello B., 2013. Impact of extensive green roofs on the quantity and the quality of runoff: First results of a test bench in the Paris region. *In : Novatech 2013*, 23-27 juin 2013, Lyon, Graie, <http://hdl.handle.net/2042/51380> (consulté le 12 fév. 2014).

Gromke C., Ruck B., 2009. On the impact of trees on dispersion processes of trafic emissions in street canyons. *Boundary-Layer Meteorology*, 131, 19-34.

Gromke C., Ruck B., 2010. The Role of trees in traffic emission dispersion and air quality in urban street canyons. *In : Harmo13, 13th International Conference on Harmonisation within Atmospheric Dispersion Modelling for Regulatory Purposes*, Paris, 678-682, Aria Technologies, Paris, France.

Gros A., 2013. Modélisation de la demande énergétique des bâtiments à l'échelle d'un quartier, thèse de doctorat, université de La Rochelle, 171 p.

Gros A., Bozonnet E., Inard C., 2011. Modelling the radiative exchanges in urban areas: *A review. Advances in Building Energy Research*, 5(1), 163-206.

Guevara-Escobar A., Gonzalez-Sosa E., Veliz-Chavez C., Ventura-Ramos E., Ramos-Salinas M., 2007. Rainfall interception and distribution patterns of gross precipitation around an isolated *Ficus benjamina* tree in an urban area. *Journal of Hydrology*, 333(2), 532-541.

Guillaume G., Aumond P., Gauvreau B., Dutilleux G., 2014. Application of the transmission line matrix method for outdoor sound propagation modelling — Part 1: Model presentation and evaluation. *Applied Acoustics*, 76, 113-118.

Guillaume G., Fortin N., 2013. Optimized transmission line matrix model implementation for graphics processing units computing in built-up environment, *Journal of Building Performance Simulation*, [en ligne], <http://www.tandfonline.com/doi/abs/10.1080/19401493.2013.864335> (consulté le 16 janv. 2014).

Guillaume G., Gauvreau B., Ayrault C., Bérengier M., Calmet I., Gary V., Gaudin D., L'hermite P., Lihoreau B., Perret L., Piquet T., Rosant J.-M., Sini J.-F., Picaut J., 2011a. A numerical and experimental study of micrometeorological effects on urban sound propagation. *In : Internoise 2011*, 4-7 sept. 2011, Osaka, Japon, 2629-2634, Curran Associates Inc, New York, USA.

Guillaume G., Picaut J., 2013. A simple absorbing layer implementation for transmission line matrix modeling. *Journal of Sound and Vibration*, 332(19), 4560-4571.

Guillaume G., Picaut J., Gauvreau B., Dutilleux G., 2009. Implementation of complex impedance conditions and absorbing layers into a transmission line matrix model for urban acoustics applications. *In : Euronoise 2009*, oct. 2009, Édimbourg, Royaume-Uni, EAA, 1725-1734, Curran Associates Inc, New York, USA.

Guillaume G., Picaut J., Dutilleux G., Gauvreau B., 2011b. Time-domain impedance formulation for transmission line matrix modelling of outdoor sound propagation. *Journal of Sound and Vibration*, 330(26), 6467-6481.

Gustafson E.J., 1998. Quantifying landscape spatial pattern: What is the state of the art? *Ecosystems*, 1, 143-156.

Guyot G., 1999. *Climatologie de l'environnement : cours et exercices corrigés*, Dunod, Paris, 525 p.

H

Haack B.N., Guptill S.C., Holz R.K., Jampoler S.M., Jensen J.R., Welch R.A., 1997. Urban analysis and planning. *In : Manual of Photographic Interpretation, 2nd edition* (W.R. Philipson, ed.), Bethesda, Maryland, USA, 517-554.

Hall D.J., Walker S., Spanton A.M., 1999. Dispersion from courtyards and other enclosed spaces. *Atmospheric Environment*, 33, 1187-1203.

Hamada S., Ohta T., 2010. Seasonal variations in the cooling effect of urban green areas on surrounding urban areas. *Urban Forestry & Urban Greening*, 9, 15-24.

Hamdi R., Masson V., 2008. Inclusion of a drag approach in the Town Energy Balance (TEB) scheme: Offline 1D evaluation in a street canyon. *Journal of Applied Meteorology and Climatology*, 47(10), 2627-2644.

Hamel P., Daly E., Fletcher T.D., 2013. Source-control stormwater management for mitigating the impacts of urbanisation on baseflow: A review. *Journal of Hydrology*, 485, 201-211.

Hamel P., Fletcher T. D., Daly E., Beringer J., 2012. Water retention by raingardens: implications for local-scale soil moisture and water fluxes. *In : 7th International Conference on Water Sensitive Urban Design*, 21-23 fév. 2012, Melbourne Cricket Ground, Australie, Engineers Australia and the Centre for Water Sensitive Cities, <http://watersensitivecities.org.au/resource-library/water-retention-by-rain-gardens-implications-for-local-scale-soil-moisture-and-water-fluxes/> (consulté le 12 fév. 2014).

Hanoune B., Cuny D., 2010. Le rôle du substrat dans les processus d'épuration par les plantes. *In : Journée technique « L'épuration de l'air intérieur par les plantes »*, 6 mai 2010, Oqai-Ademe-université de Lille, CSTB, Paris, 25-27, Oqai, Paris.

Hardin P., Hardin A., 2013. Hyperspectral remote sensing of urban areas. *Geography Compass*, 7(1), 7-21.

Hathaway A.M., Hunt W.F., Jennings G.D., 2008. A field study of green roof hydrologic and water quality performance. *Trans. ASABE*, 51(1), 37-44.

Hatt B.E., Fletcher T.D., Deletic A., 2009. Hydrologic and pollutant removal performance of stormwater biofiltration systems at the field scale. *Journal of Hydrology*, 365(3), 310-321.

Hawkes D., 1982. The Theoretical basis of comfort in the "selective" control of environments. *Energy and Buildings*, 5(2), 127-134.

He H., Jim C.Y., 2010. Simulation of thermodynamic transmission in green roof ecosystem. *Ecological Modelling*, 221(24), 2949-2958.

He Z., Davis A.P., 2010. Process modeling of stormwater flow in a bioretention cell. *Journal of Irrigation and Drainage Engineering*, 137(3), 121-131.

Heimann D., Bakermans M., Defrance J., Kuhner D., 2007. Vertical sound speed profiles determined from meteorological measurements near the ground. *Acta Acustica United with Acustica*, 93(2), 228-240.

Heimann D., Blumrich R., 2004. Time-domain simulations of sound propagation through screen-induced turbulence. *Applied Acoustics*, 65(6), 561-582.

Heipke C., Mayer H., Wiedemann C., Jamet O., 1997. Evaluation of automatic road extraction. *International Archives of Photogrammetry and Remote Sensing*, 32(3 SECT 4W2), 151-160.

Heiple S., Sailor D.J., 2008. Using building energy simulation and geospatial modeling techniques to determine high resolution building sector energy consumption profiles. *Energy and Buildings*, 40, 1426-1436.

Herold M., 2007. Spectral characteristics of asphalt road surfaces. *In : Remote Sensing of Impervious Surfaces* (Q. Weng, ed.), CRC Press, Boca Raton, USA, 237-247.

Herold M., Liu X., Clarke K.C., 2003. Spatial metrics and image texture for mapping urban land use. *Photogrammetric Engineering & Remote Sensing*, 69(9), 991-1001.

Herold M., Schiefer S., Hostert P., Roberts D.A., 2006. Applying imaging spectrometry in urban areas. *In : Remote Sensing of Impervious Surfaces* (Q. Weng, ed.), CRC Press, Boca Raton, USA, 137-161.

Heschong L., 1979. *Thermal Delight in Architecture*, MIT Press, 100 p.

Hewitt N., 2010. Trees and urban air quality. *In : Journée technique « L'épuration de l'air intérieur par les plantes »*, 6 mai 2010, Oqai-Ademe-université de Lille, CSTB, Paris, 7-8, Oqai, Paris.

Hiemstra J.A., Schoenmaker E., Tonneijk A.E.G., 2008. *Les arbres, une bouffée d'air pur pour les villes*, Publications Cité Verte, pdf,

<http://www.faitesrespirerlaville.com> (consulté le 15 fév. 2014).

Hill R.A., Wilson A.K., George M., Hinsley S.A., 2010. Mapping tree species in temperate deciduous woodland using time-series multi-spectral data. *Applied Vegetation Science*, 13(1), 86-99.

Hill R.J., 1997. Algorithms for obtaining atmospheric surface-layer fluxes from scintillation measurements. *J. Atmos. Ocean. Technol.*, 14, 456-467.

Hilten R.N., Lawrence T.M., Tollner E.W., 2008. Modeling stormwater runoff from green roofs with Hydrus-1D. *Journal of Hydrology*, 358(3), 288-293.

Hoedjes J.C., Zuurbier R.M., Watts C.J., 2002. Large aperture scintillometer used over a homogeneous irrigated area, partly affected by regional advection. *Boundary-Layer Meteorology*, 105, 99-107.

Hofschreuder P., Kuypers V., De Vries B., Janssen S., De Maesrschalck B., Erbrink H., De Wolff J., 2010. Effect of vegetation on air quality and fluxes of NOx and PM_{10} along a highway. *In : Proceedings of the Climaqs Workshop on Local Air Quality and its Interactions with Vegetation*, 21-22 janv. 2010, Antwerp, Belgique, 11-16, VITO, Mol, Belgique.

Holmgren J., Persson Å., Söderman U., 2008. Species identification of individual trees by combining high resolution lidar data with multispectral images. *International Journal of Remote Sensing*, 29(5), 1537-1552.

Höppe P., 1999. The Physiological equivalent temperature: An universal index for the biometeorological assessment of the thermal environment. *International Journal of Biometeorology*, 43(2), 71-75.

Houssin E., Guinaudeau C., Burdloff J.-Cl., 2012. *Les Toitures végétalisées : conception, réalisation et entretien*, guide pratique, CSTB Éditions, Marne la Vallée, 95 p.

Hu X., Weng Q., 2011. Impervious surface area extraction from Ikonos imagery using an object-based fuzzy method. *Geocarto International*, 26(1), 3-20.

Huang J., Lu X.X., Sellers J.M., 2007. A global comparative analysis of urban form: Applying spatial metrics and remote sensing. *Landscape and Urban Planning*, 82(4), 184-197.

Hui S.C., 2010. Development of technical guidelines for green roof systems in Hong Kong. *In : Joint Symposium 2010 on Low Carbon High Performance Buildings*, 23 nov. 2010, Hong Kong, Chine, Chartered Institution of Building Services Engineers, Hong Kong Branch, Chine, 8 p.

Huntley B., Collingham Y.C., Willis S.G., Green R.E., 2008. Potential impacts of climatic change on european breeding birds. *PLoS ONE*, 3(1), e1439.

Huttner S., Bruse M., 2009. Numerical modeling of the urban climate: a preview on Envi-Met 4.0. *In : ICUC7, the 7th International Conference on Urban Climate, IAUC*, 29 juin - 3 juil. 2009, Yokohama, Japon, Tokyo Institute of Technology, Japon, CD.

Hyyppä J., Hyyppä H., Leckie D., Gougeon F., Yu X., Maltamo M., 2008. Review of methods of small footprint airborne laser scanning for extracting forest inventory data in boreal forests. *International Journal of Remote Sensing*, 29(5), 1339-1366.

I

Immitzer M., Atzberger C., Koukal T., 2012. Tree species classification with random forest using very high spatial resolution 8-band WorldView 2 satellite data. *Remote Sensing*, 4(9), 2661-2693.

Inkiläinen E.N., McHale M.R., Blank G.B., James A.L., Nikinmaa E., 2013. The Role of the residential urban forest in regulating throughfall: A case study in Raleigh, North Carolina, USA. *Landscape and Urban Planning*, 119, 91-103.

Insee, 2013. Consommation d'énergie primaire par type d'énergie et par secteur, <http://www.insee.fr/fr/themes/tableau.asp?reg_id=0&ref_id=NATTEF11347> (consulté le 19 déc. 2013).

Ipcc, 2013. Climate change 2013: the physical science basis, <http://www.ipcc.ch/report/ar5/wg1/#.UsgnYvZ58hQ> (consulté le 29 déc. 2013).

J

Jacobson C.R., 2011. Identification and quantification of the hydrological impacts of imperviousness in urban catchments: A review. *Journal of Environmental Management*, 92(6), 1438-1448.

Jacquemoud S., Ustin S.L., 2008. Modeling leaf optical properties, *Photobiological Sciences Online*, <http://www.photobiology.info/Jacq_Ustin.html> (consulté le 7 fév. 2014).

Jansson Å., Nohrstedt P., 2001. Carbon sinks and human freshwater dependence in Stockholm County. *Ecological Economics*, 39(3), 361-370.

Jensen H., Reimann C., Finne T.E., Ottesen R.T., Arnoldussen A., 2007. PAH-concentrations and compositions in the top 2 cm of forest soils along a 120 km long transect through agricultural areas, forests and the city of Oslo, Norway. *Environmental Pollution*, 145(3), 829-838.

Jensen J.R., Cowen D.C., 1999. Remote sensing of urban/suburban infrastructure and socio-economic attributes. *Photogrammetric Engineering & Remote Sensing*, 65(5), 611-622.

Jensen R.R., Hardin P.J., Bekker M., Farnes D.S., Lulla V., Hardin A., 2009. Modeling urban leaf area index with Aisa+ hyperspectral data. *Applied Geography*, 29(3), 320-332.

Jensen R.R., Hardin P.J., Hardin A.J., 2012a. Estimating urban leaf area index of individual trees with hyperspectral data. *Photogrammetric Engineering & Remote Sensing*, 78, 495-504.

Jensen R.R., Hardin P.J., Hardin A.J., 2012b. Classification of urban tree species using hyperspectral imagery. *Geocarto International*, 27(5), 443-458.

Jesionek K., Bruse M., 2003. Impacts of vegetation on the microclimate: Modeling standardized building structures with different greening level. *In : ICUC'5: 5th International Conference on Urban Climate*, 1-5 sept. 2003, Lodz, Pologne, <http://www.envi-met.com/documents/papers/standardStruct2003.pdf> (consulté le 11 fév. 2014).

Jia Y., Ni G., Kawahara Y., Suetsugi T., 2001. Development of WEP model and its application to an urban watershed. *Hydrological Processes*, 15, 2175-2194.

Jim C., He H., 2010. Coupling heat flux dynamics with meteorological conditions in the green roof ecosystem. *Ecological Engineering*, 36(8), 1052-1063.

Jim C.Y., Chen W.Y., 2009. Ecosystem services and valuation of urban forests in China. *Cities*, 26(4), 187-194.

Jim C.Y., Tsang S.W., 2011. Modeling the heat diffusion process in the abiotic layers of green roofs. *Energy and Buildings*, 43(6), 1341-1350.

Jo H.-K., McPherson E.G., 2001. Indirect carbon reduction by residential vegetation and planting strategies in Chicago, USA. *Journal of Environmental Management*, 61(2), 165-177.

Jo H.K., 2002. Impacts of urban greenspace on offsetting carbon emissions for middle Korea. *Journal of Environmental Management*, 64, 115-126.

Jo H.K., McPherson E.G., 1995. Carbon storage and flux in urban residential greenspace. *Journal of Environmental Management*, 45(2), 109-133.

Jones H.G., Vaughan R.A., 2010. *Remote Sensing of Vegetation: Principles, Techniques, and Applications*, Oxford University Press, Oxford, Royaume-Uni, 400 p.

Jones T.G., Coops N.C., Sharma T., 2010. Assessing the utility of airborne hyperspectral and lidar data for species distribution mapping in the coastal Pacific Northwest, Canada. *Remote Sensing of Environment*, 114(12), 2841-2852.

Jung A., Kardeván P., Tőkei L., 2005. Detection of urban effect on vegetation in a less built-up Hungarian city by hyperspectral remote sensing. *Physics and Chemistry of the Earth*, Parts A/B/C, 30(1-3), 255-259.

Junker F., Gauvreau B., Écotière D., Cremezi-Charlet C., Blanc-Benon P., 2007. Meteorological classification for environmental acoustics: Practical implications due to experimental accuracy and uncertainty. *In : ICA, International Congress on Acoustics 2007*, 2-7 sept. 2007, Madrid, Espagne, Sociedad Española de Acustica, 2882-2887, Curran Associates Inc., New York, USA.

K

Kasanga H., Monsi M., 1954. On the light transmission of leaves, and its meaning for the production of matter in plant communities. *Jpn. J. Bot.*, 304-324.

Kavgic M., Mavrogianni A., Mumovic D., Summerfield A., Stevanovic Z., Djurovic-Petrovic M., 2010. A review of bottom-up building stock models for energy consumption in the residential sector. *Building and Environment*, 45, 1683-1697.

Kellett R., Christen A., Coops N.C., Van der Laan M., Crawford B., Tooke T.R., Olchovski I., 2013. A systems approach to carbon cycling and emissions modeling at an urban neighborhood scale. *Landscape and Urban Planning*, 110, 48-58.

Kenney W.A. and Associates, 2001. The Role of urban forests in greenhouse gas reduction, rapport n° ON ENV (99) 4691, W.A. Kenney and Associates, Toronto, Canada.

Kessler R., 2013. Green walls could cut street-canyon air pollution. *Environmental Health Perspectives*, 121(1), A14.

Key T., Warner T.A., McGraw J.B., Fajvan M.A., 2001. A Comparison of multispectral and multitemporal information in high spatial resolution imagery for classification of individual tree species in a temperate hardwood forest. *Remote Sensing of Environment*, 75(1), 100-112.

Kirnbauer M., Baetz B., Kenney W., 2013. Estimating the stormwater attenuation benefits derived from planting four monoculture species of deciduous trees on vacant and underutilized urban land parcels. *Urban Forestry & Urban Greening*.

Kjelgren R., Montague T., 1998. Urban tree transpiration over turf and asphalt surfaces. *Atmospheric Environment*, 32(1), 35-41.

Kontoleon K.J., Eumorfopoulou E.A., 2010. The Effect of the orientation and proportion of a plant-covered wall layer on the thermal performance of a building zone. *Building and Environment*, 45(5), 1287-1303.

Kordowski K., Kuttler W., 2010. Carbon dioxide fluxes over an urban park area. *Atmospheric Environment*, 44(23), 2722-2730.

Kormann R., Meixner F.X., 2001. An analytical footprint model for non-neutral stratification. *Boundary-Layer Meteorology*, 99, 207-224.

Kotsiris G., Androutsopoulos A., Polychroni E., Nektarios P.A., 2012. Dynamic U-value estimation and energy simulation for green roofs. *Energy and Buildings*, 45, 240-249.

Kraus K., 2002. Principles of airborne laser scanning. *Journal of the Swedish Society for Photogrammetry and Remote Sensing*, 1, 53-56.

Kusaka H., Kondo H., Kikegawa Y., Kimura F., 2001. A simple single-layer urban canopy model for atmospheric models: Comparison with multilayer and slab models. *Boundary-Layer Meteorology*, 101(3), 329-358.

L

Lacherade S., Miesch C., Briottet X., Le Men H., 2005. Spectral variability and bidirectional reflectance behaviour of urban materials at a 20 cm spatial resolution in the visible and near-infrared wavelengths: a case study over Toulouse (France). *International Journal of Remote Sensing*, 26(17), 3859-3866.

Lahme E., Bruse M., 2003. Microclimatic effects of a small urban park in a densely build up area: measurements and model simulations. *In : ICUC5, 5th International Conference on Urban Climate*, 1-5 sept. 2003, Lodz, Pologne, université de Lodz, <http://www.envi-met.com/documents/papers/park2003.pdf> (consulté le 11 fév. 2014).

Lam Y.W., 2008. The Significance of temperature gradient on the propagation of noise to high rise buildings in urban cities. *In : Internoise 2008*, 26-29 oct. 2008, Shangai, Chine, ASC & IACAS, 1820-1828, Curran Associates Inc., New York, USA.

Lane P.N.J., Best A.E., Hickel K., Zhang L., 2005. The Response of flow duration curves to afforestation. *Journal of Hydrology*, 310(1-4), 253-265.

Lee S.-H., Park S.-U., 2008. A vegetated urban canopy model for meteorological and environmental modelling. *Boundary-Layer Meteorology*, 126(1), 73-102.

Lemonsu A., Masson V., 2002. Simulation of a summer urban breeze over Paris. *Boundary-Layer Meteorology*, 104(3), 463-490.

Lemp D., Weidner U., 2005. Segment-based characterization of roof surfaces using hyperspectral and laser scanning data. *In : Proceedings of IEEE, IGARSS'05, International Geoscience and Remote Sensing Symposium*, 25-29 juil. 2005, Séoul, Corée du Sud, IEEE, vol. 7, 4942-4945, IEEE, Danvers, USA.

Leroyer S., Calmet I., Mestayer P.G., 2010. Urban boundary layer simulations of sea-breeze over Marseille during the Escompte experiment. *International Journal of Environment and Pollution*, 40(1-3), 109-122.

Leuchner M., Rappenglück B., 2010. The Role of biogenic and anthropogenic NMHCs in the local air quality of a highly polluted urban area. *In : Proceedings of the Climaqs Workshop on Local Air Quality and its Interactions with Vegetation*, 21-22 janv. 2010, Antwerp, Belgique, 75-79, VITO, Mol, Belgique.

Leuzinger S., Vogt R., Körner C., 2010. Tree surface temperature in an urban environment. *Agricultural and Forest Meteorology*, 150, 56-62.

Lewis A., Rossman A., 2004. Storm water management model version 5.0, manuel de l'utilisateur, EPA, US Environmental Protection Agency, Cincinnati, USA, 245 p.

Li G., Weng Q., 2010. Fine-scale population estimation : How Landsat ETM+ imagery can improve population distribution mapping. *Canadian Journal of Remote Sensing*, 36(3), 155-165.

Li H., Sharkey L.J., Hunt W.F., Davis A.P., 2009. Mitigation of impervious surface hydrology using bioretention in North Carolina and Maryland. *Journal of Hydrologic Engineering*, 14(4), 407-415.

Li H., Zhang Y., Vaze J., Wang B., 2012. Separating effects of vegetation change and climate variability using hydrological modelling and sensitivity-based approaches. *Journal of Hydrology*, 420-421, 403-418.

Li K., Law M., Kwok M., 2008. Absorbent parallel noise barriers in urban environments. *Journal of Sound and Vibration*, 315(1-2), 239-257.

Li Y., Buchberger S.G., Sansalone J.J., 1999. Variably saturated flow in storm-water partial exfiltration trench. *Journal of Environmental Engineering*, 125(6), 556-565.

Lihoreau B., Gauvreau B., Berengier M., Blanc-Benon P., Calmet I., 2006. Outdoor sound propagation modeling in realistic environments: Application of coupled parabolic and atmospheric models. *Journal of the Acoustical Society of America*, 120(1), 110-119.

Lin B.S., Yu C.-C., Su A.T., Lin Y.-J., 2013a. Impact of climatic conditions on the thermal effectiveness of an extensive green roof. *Building and Environment*, 67, 26-33.

Lin T.-P., Tsai K.-T., Liao C.-C., Huang Y.-C., 2013b. Effects of thermal comfort and adaptation on park attendance regarding different shading levels and activity types. *Building and Environment*, 59, 599-611.

Lin Y.-J., Lin H.-T., 2011. Thermal performance of different planting substrates and irrigation frequencies in extensive tropical rooftop greeneries. *Building and Environment*, 46(2), 345-355.

Lindberg F., Holmer B., Thorsson S., 2008. Solweig 1.0: Modelling spatial variations of 3D radiant fluxes and mean radiant temperature in complex urban settings. *International Journal of Biometeorology*, 52, 697-713.

Litschke T., Kuttler W., 2008. On the reduction of urban particle concentration by vegetation: A review. *Meteorologische Zeitschrift*, 17, 229-240.

Liu C., Li X., 2012. Carbon storage and sequestration by urban forests in Shenyang, China. *Urban Forestry & Urban Greening*, 11(2), 121-128.

Liu K., 2003. Engineering performance of rooftop gardens through field evaluation. *In : RCI 18th International Convention and Trade Show*, 13 mars 2003, Tampa, USA, 15 p., <http://archive.nrc-cnrc.gc.ca/obj/irc/doc/pubs/nrcc46294/nrcc46294.pdf> (consulté le 12 fév. 2014).

Liu Y., Harris D.J., 2008. Effects of shelterbelt trees on reducing heating-energy consumption of office buildings in Scotland. *Applied Energy*, 85(2-3), 115-127.

Livesley S.J., Baudinette B., Glover D., 2013. Rainfall interception and stem flow by eucalypt street trees: The Impacts of canopy density and bark type. *Urban Forestry & Urban Greening*, consultable en ligne, <http://www.sciencedirect.com.gate3.inist.fr/science?_ob=ArticleListURL&_method=list&_ArticleListID=-520009309&_st=13&view=c&_acct=C000061186&_version=1&_urlVersion=0&_userid=4046427&md5=d621ecf8671eab9f2d4f05d095046997&searchtype=a> (consulté le 12 fév. 2014).

Lizet B., 2010. Du terrain vague à la friche paysagée : Le Square Juliette-Dodu, Paris, 10ᵉ. *Ethnologie française*, 40(4), 597-608.

Long N., Simonetto E., Bocher E., 2010. A combined approach to detect urban features from multi-spectral and radar data. *In : Proceedings of IEEE International Geoscience and Remote Sensing Symposium IGARS'10*, 25-30 juil. 2010, IEEE, Honolulu, USA, 1469-1472, IEEE, Danvers, USA.

Loustau D., Cochard H., Sartore M., Guédon M., 1991. Utilisation d'une chambre de transpiration portable pour l'estimation de l'évapotranspiration d'un sous-bois de pin maritime à molinie. *Annales des sciences forestières*, 29-45.

Lu D., Weng Q., 2006. Use of impervious surface in urban land-use classification. *Remote Sensing of Environment*, 102(1-2), 146-160.

Luginbühl Y., 1992. Nature, paysage, environnement, obscurs objets du désir de totalité. *In : Du milieu à l'environnement : Pratiques et représentations du rapport homme/nature depuis la Renaissance* (M.-C. Robic, ed.), Economica, Paris, 11-56.

Lunain D., 2012. Évaluation *in situ* de l'efficacité acoustique d'un mur végétal en zone urbaine. *Écho bruit*, 136, 58-63.

M

MacFarlane D.W., 2009. Potential availability of urban wood biomass in Michigan: Implications for energy production, carbon sequestration and sustainable forest management in the USA. *Biomass and Bioenergy*, 33(4), 628-634.

MacIvor J.S., Lundholm J., 2011. Performance evaluation of native plants suited to extensive green roof conditions in a maritime climate. *Ecological Engineering*, 37, 407-417.

Madre F., Vergnes A., Machon N., Clergeau P., 2014. Green roofs as habitats for wild plant species in urban landscapes: First insights from a large-scale sampling. *Landscape and Urban Planning*, 122, 100-107.

Maiheu B., De Maesrschalck B., Vankerkom J., Janssen S., 2010. Local air quality and its interaction with vegetation in the urban environment, a numerical simulation using Envi-Met. *In : Proceedings of the Climaqs Workshop on Local Air Quality and its Interactions with Vegetation'*, 21-22 janv. 2010, Antwerp, Belgique, 98-103, VITO, Mol, Belgique.

Malys L., 2012. Évaluation des impacts directs et indirects des façades et des toitures végétales sur le comportement thermique des bâtiments. thèse de doctorat, École centrale de Nantes, Nantes, France, 258 p.

Malys L., Musy M., Inard C., 2012. Microclimate and buildings energy consumption: sensitivity analysis of coupling methods. *In : Proceedings of 8th International Conference on Urban Climate and 10th Symposium on the Urban Environment*, 8-10 août 2012, Dublin, Irlande,

International Association for Urban Climate & American Meteorological Society's board of the Urban Environment.

Malys L., Musy M., Inard C., 2013. A hydrothermal model to assess the impact of green walls on urban microclimate and building energy consumption. *Building and Environment*, 73, 187-197.

Manes F., Vitale M., Incerti G., Salvatori E., 2010. Modeling the uptake of air pollutants by urban green in the city of Rome. *In : Proceedings of the Climaqs Workshop on Local Air Quality and its Interactions with Vegetation*, 21-22 janv. 2010, Antwerp, Belgique, 70-74, VITO, Mol, Belgique.

Marino C.M., Panigada C., Busetto L., 2001. Airborne hyper spectral rernote sensing applications in urban areas: asbestos concrete sheeting identification and mapping. *In : IEEE/ISPRS Joint Workshop on Remote Sensing and Data Fusion over Urban Areas*, 8-9 nov. 2001, Rome, IEEE, 212-216, IEEE, Danvers, USA.

Marshall B., Willey R.W., 1983. Radiation interception and growth in an intercrop of pearl millet/groundnut. *Field Crops Research*, 7, 141-160.

Martens R., Bass B., Alcazar S.S., 2008. Roof-envelope ratio impact on green roof energy performance. *Urban Ecosystems*, 11(4), 399-408.

Martilli A., Clappier A., Rotach M.W., 2002. An urban surface exchange parameterisation for mesoscale models. *Boundary-Layer Meteorology*, 104(2), 261-304.

Martinez C.F., Córica L., Endrizzi M., Pattini A., Cantón M.A., 2006. Effect of urban forest on daylight availability in built environments: The Case of metropolitan area in Mendoza. *In : PLEA2006: The 23rd Conference on Passive and Low Energy Architecture*, 6-8 sept. 2006, Genève, Suisse, université de Genève, pdf, <http://plea-arch.org/ARCHIVE/2006/Vol2/PLEA2006_PAPER878.pdf> (consulté le 11 fév. 2014).

Masson V., 2000. A physically-based scheme for the urban energy budget in atmospheric models. *Boundary-Layer Meteorology*, 94(3), 357-397.

Masson V., Seity Y., 2009. Including atmospheric layers in vegetation and urban offline surface schemes. *Journal of Applied Meteorology and Climatology*, 48(7), 1377-1397.

Matzarakis A., Rutz F., Mayer H., 2007. Modelling radiation fluxes in simple and complex environments: Application of the RayMan model. *International Journal of Biometeorology*, 51(4), 323-334.

Mayer H., Kuppe S., Holst J., Imbery F., Matzarakis A., 2009. Human thermal comfort below the canopy of street trees on a typical Central European summer day. *Ber. Meteor. Inst. Univ. Freiburg*, 18, 211-219.

Mazzali U., Peron F., Romagnoni P., Pulselli R.M., Bastianoni S., 2013. Experimental investigation on the energy performance of living walls in a temperate climate. *Building and Environment*, 64, 57-66.

McDonnell M.J., Pickett S.T., Groffman P., Bohlen P., Pouyat R.V., Zipperer W.C., Parmelee R.W., Carreiro M.M., Medley K., 1997. Ecosystem processes along an urban-to-rural gradient. *Urban Ecosystems*, 1(1), 21-36.

McHale M.R., McPherson E.G., Burke I.C., 2007. The Potential of urban tree plantings to be cost effective in carbon credit markets. *Urban Forestry & Urban Greening*, 6(1), 49-60.

McIntyre D.A., 1980. *Indoor Climate*, Architectural Science Series, Applied Science Publishers, Londres, 472 p.

McKeown D.M., 1988. Building knowledge-based systems for detecting man-made structures from remotely-sensed imagery. *Philosophical Transactions of the Royal Society*, London, Series A(324), 423-435.

McPherson E.G., 1994. Cooling urban heat islands with sustainable landscapes. *In : Urbanization and Terrestrial Ecosystems* (R.H. Platt, R.A. Rowntree, P.C. Muick, eds.), University of Massachusetts Press, Amherst, USA, 151-171.

McPherson E.G., 1998. Atmospheric carbon dioxide reduction by Sacramento's urban forest. *Journal of Arboriculture*, 24(4), 215-223.

Mehdi L., Weber C., Pietro F.D., Selmi W., 2012. Évolution de la place du végétal dans la ville, de l'espace vert à la trame verte, *VertigO : la revue électronique en sciences de l'environnement*, [en ligne], 12(2), <http://vertigo.revues.org/12670> (consulté le 16 janv. 2014).

Meijninger W.M.I., Green A.E., Hartogensis O.K., Kohsiek W., Hoedjes J.C., Zuurbier R.M., De Bruin H.A.R., 2002. Determination of area-averaged water vapour fluxes with a large aperture and radio wave scintillometers over a heterogeneous surface, Flevoland field experiment. *Boundary-Layer Meteorology*, 105, 63-83.

Menozzi M.-J., 2007. « Mauvaises herbes », qualité de l'eau et entretien des espaces. *Natures Sciences Sociétés*, 2(15), 144-153.

Mensink C., De Maesrschalck B., Maiheu B., Janssen S., Vankerkom J., 2011. The Role of vegetation in local and urban air quality. *In : Harmo14, 14th Conference on Harmonisation within Atmospheric Dispersion Modelling for*

Regulatory Purposes, 2-6 oct. 2011, Kos, Grèce, 471-474, University of West Macedonia, Grèce.

Mentens J., Raes D., Hermy M., 2006. Green roofs as a tool for solving the rainwater runoff problem in the urbanized 21st century? *Landscape and Urban Planning*, 77(3), 217-226.

Merbitz H., Detalle F., Ketzler G., Schneider C., Lenartz F., 2012. Small scale particulate matter measurements and dispersion modelling in the inner city of Liège, Belgium. *Int. J. of Environment and Pollution*, 50(1/2/3/4), 234-249.

Miguet F., Groleau D., 2002. A daylight simulation tool for urban and architectural spaces: Application to transmitted direct and diffuse light through glazing. *Building and Environment*, 37(8-9), 833-843.

Mimet A., Pellissier V., Quenol H., Roze F., Dubreuil V., Aguejdad R., 2009. Urbanisation induces early flowering: evidences from *Platanus acerifolia* and *Prunus cerrasus*. *International Journal of Biometeorology*, 53, 187-198.

Miraliakbari A., Wagner A., Abasa D., Hahn M., Engels J., Kändler G., 2010. Single trees investigations in urban areas using airborne laser data. *In : International Conference SilviLaser*, 14-17 sept. 2010, Fribourg, Allemagne, ForstBW, 33-40, Institute of Baden-Württemberg & Freiburg University, Fribourg, Allemagne.

Moller-Jensen L., 1990. Knowledge-based classification of an urban area using texture and context information in Landsat TM imagery. *Photogrammetric Engineering & Remote Sensing*, 56(6), 899-904.

Moore C.J., 1986. Frequency response corrections for Eddy Correlation Systems. *Boundary-Layer Meteorology*, 37, 17-35.

Muratet A., Machon N., Jiguet F., Moret J., Porcher E., 2007. The Role of urban structures in the distribution of wasteland flora in the Greater Paris area, France. *Ecosystems*, 10(4), 661-671.

Musy A., Higy C., 2004. *Hydrologie : tome 1, une science de la nature*, Presses polytechniques et universitaires romandes, Lausanne, Suisse, 314 p.

Myeong S., Nowak D.J., Duggin M.J., 2006. A temporal analysis of urban forest carbon storage using remote sensing. *Remote Sensing of Environment*, 101, 277-282.

N

Ng W.-Y., Chau C.-K., 2012. Evaluating the role of vegetation on the ventilation performance in isolated deep street canyons. *International Journal of Environment and Pollution*, 50(1/2/3/4), 98-110.

Niachou A., Papakonstantinou K., Santamouris M., Tsangrassoulis A., Mihalakakou G., 2001. Analysis of the green roof thermal properties and investigation of its energy performance, *Energy and Buildings*, 33(7), 719-729.

Nichol J.E., 1996. High-resolution surface temperature patterns related to urban morphology in a tropical city: A satellite-based study. *Journal of Applied Meteorology 1988*, 35(1), 135-146.

Nicol F., Humphreys M.A., Roaf S., 2012. *Adaptive Thermal Comfort: Principles and Practice*, Routledge, Londres - New York, 173 p.

Nikolopoulou M., Baker N., Steemers K., 2001. Thermal comfort in outdoor urban spaces: Understanding the human parameter. *Solar Energy*, 70(3), 227-235.

Nikolopoulou M., Lykoudis S., 2006. Thermal comfort in outdoor urban spaces: Analysis across different European countries. *Building and Environment*, 41(11), 1455-1470.

Nikolopoulou M., Steemers K., 2003. Thermal comfort and psychological adaptation as a guide for designing urban spaces. *Energy and Buildings*, 35(1), 95-101.

Novak M.D., Warland J.S., Orchansky A.L., Ketler R., Green S., 2000. Wind tunnel and field measurements of turbulent flow in forests. Part I: uniformly thinned stands. *Boundary-Layer Meteorology*, 95, 457-495.

Nowak D.J., 1993. Atmospheric carbon reduction by urban trees. *Journal of Environmental Management*, 37, 207-217.

Nowak D.J., 1994. Atmospheric carbon dioxide by Chicago's urban forest. *In : Chicago's Urban Forest Ecosystem: Results of the Chicago Urban Forest Climate Project* (E.G. McPherson, D.J. Nowak, R.A. Rowntree, eds.), US Dept. of Agriculture, Forest Service, Northeastern Forest Experiment Station, Radnor (PA), USA, 83-94.

Nowak D.J., 2006. Institutionalizing urban forestry as a "biotechnology" to improve environmental quality. *Urban Forestry & Urban Greening*, 5(2), 93-100.

Nowak D.J., Civerolo K.L., Rao S.T., Sistla G., Luley C.J., Crane D.E., 2000. A modeling study of the impact of urban trees on ozone. *Atmospheric Environment*, 34(10), 1601-1613.

Nowak D.J., Crane D.E., 1998. The Urban forest effects (Ufore) model: Quantifying urban forest structure and functions. *In : Integrated Tools for Natural Resources Inventories in the 21st Century* (M. Hansen, T. Burk, eds.), US Dept. of Agriculture, Forest Service, North Central Research Station, Radnor, USA,714-720.

Nowak D.J., Crane D.E., 2002. Carbon storage and sequestration by urban trees in the USA. *Environmental Pollution*, 116(3), 381-389.

Nowak D.J., Crane D.E., Stevens J.C., 2006. Air pollution removal by urban trees and shrubs in the United States. *Urban Forestry & Urban Greening*, 4, 115-123.

Nowak D.J., Greenfield E.J., Hoehn R.E., Lapoint E., 2013a. Carbon storage and sequestration by trees in urban and community areas of the United States. *Environmental Pollution*, 178, 229-236.

Nowak D.J., Hirabayashi S., Bodine A., Hoehn R., 2013b. Modeled $PM_{2.5}$ removal by trees in ten U.S. cities and associated health effects. *Environmental Pollution*, 178, 395-402.

Nowak D.J., McHale P.J., Ibarra M., Crane D., Stevens J., Luley C., 1998. Modeling the effects of urban vegetation on air pollution. *In : Air Pollution Modeling and its Application XII* (S.E. Gryning, N. Chaumerliac, eds.), Springer, New York, 399-407.

Nowak D.J., Stevens J.C., Sisinni S.M., Luley C.J., 2002. Effects of urban tree management and species selection on atmospheric carbon dioxide. *Journal of Arboriculture*, 28(3), 113-122.

O

Offerle B., Grimmond C.S.B., Fortuniak K., 2005. Heat storage and anthropogenic heat flux in relation to the energy balance of a central European city center. *International Journal of Climatology*, 25, 1405-1419.

Ogren M., Forssen J., 2004. Modelling of a city canyon problem in a turbulent atmosphere using an equivalent sources approach. *Applied Acoustics*, 65(6), 629-642.

Oke T.R., 1987. *Boundary-Layer Climates, Routledge*, New York, 474 p.

Oke T.R., 1988. *The Urban energy balance. Prog. Phys. Geogr.*, 12, 471-508.

Oke T.R., 2006. Initial guidance to obtain representative meteorological observations at urban sites: Instrumentation and observing methods, Report 81, World Meteorological Organization, Genève, Suisse, 51 p.

Olgyay V., 1973. *Design with Climate*, 4th ed., Princetown University Press, Princetown, USA, 68 p.

Oliveira S., Andrade H., Vaz T., 2011. The Cooling effect of green spaces as a contribution to the mitigation of urban heat: A case study in Lisbon. *Building and Environment*, 46(11), 2186-2194.

Olivieri F., Vidal P., Guerra R., Chanampa M., García J., Bedoya C., 2012. Green façades for urban comfort improvement implementation in an extreme continental Mediterranean climate. *In : PLEA2012, 28th Conference: Opportunities, Limits and Needs towards an Environmentally Responsible Architecture*, 7-9 nov. 2012, Lima, Pérou, Pontificia Universidad Católica del Perú, Lima, Pérou, <http://www.plea2012.pe/ proceedings.php> (consulté le 26 mars 2014).

Omasa K., Hosoi F., Konishi A., 2007. 3D lidar imaging for detecting and understanding plant responses and canopy structure. *Journal of Experimental Botany*, 58(4), 881-898.

Ong B.L., 2003. Green plot ratio: an ecological measure for architecture and urban planning. *Landscape and Urban Planning*, 63(4), 197-211.

Onmura S., Matsumoto M., Hokoi S., 2001. Study on evaporative cooling effect of roof lawn gardens. *Energy and Buildings*, 33(7), 653-666.

Oqai, 2010. *Actes de la Journée technique « L'épuration de l'air intérieur par les plantes »*, 6 mai 2010, Oqai-Ademe-université de Lille, CSTB, Paris, Oqai, Paris.

Oqai, 2011. Pollution de l'air intérieur : quel potentiel d'épuration par les plantes ? *Bulletin de l'Oqai*, 2, 3 p.

Ouldboukhitine S.-E., Belarbi R., Jaffal I., Trabelsi A., 2011. Assessment of green roof thermal behavior: A coupled heat and mass transfer model. *Building and Environment*, 46, 2624-2631.

P

Palla A., Gnecco I., Lanza L.G., 2010. Hydrologic restoration in the urban environment using green roofs. *Water*, 2(2), 140-154.

Palyvos J.A., 2008. A survey of wind convection coefficient correlations for building envelope energy systems' modeling. *Applied Thermal Engineering*, 28(8-9), 801-808.

Pandit R., Laband D.N., 2010. Energy savings from tree shade. *Ecological Economics*, 69(6), 1324-1329.

Paoletti E., 2009. Ozone and urban forests in Italy. *Environmental Pollution*, 157(5), 1506-1512.

Paoletti E., Bardelli T., Giovannini G., Pecchioli L., 2011. Air quality impact of an urban park over time. *Procedia Environmental Sciences*, 4, 10-16.

Pederson J.R., Massman W.J., Mahrt L., Delany A., Oncley S., Hartog G.D., Neumann H.H., Mickle R.E., Shaw R.H., U K.T.P., Grantz D.A.,

MacPherson J.I., Desjardins R., Schuepp P.H., Jr R.P., Arcado T.E., 1995. California ozone deposition experiment: Methods, results, and opportunities. *Atmospheric Environment*, 29(21), 3115-3132.

Pérez G., Rincón L., Vila A., González J.M., Cabeza L.F., 2011. Behaviour of green facades in Mediterranean Continental climate. *Energy Conversion and Management*, 52(4), 1861-1867.

Perret L., Ruiz T., 2013. SPIV analysis of coherent structures in a vegetation canopy model flow. *In : Coherent Flow Structures at the Earth's Surface* (J.G. Venditti, J. Best, M. Church, R.J. Hardy, eds.), John Wiley & Sons, Ltd, Chichester, Royaume-Uni, 161-174.

Petroff A., Mailliat A., Amielh M., Anselmet F., 2008a. Aerosol dry deposition on vegetative canopies. Part I: Review of present knowledge. *Atmospheric Environment*, 42(16), 3625-3653.

Petroff A., Mailliat A., Amielh M., Anselmet F., 2008b. Aerosol dry deposition on vegetative canopies. Part II: A new modelling approach and applications. *Atmospheric Environment*, 42(16), 3654-3683.

Picaut J., 2005. Application numérique du concept de particules sonores à la modélisation des champs sonores en acoustique architecturale. *Bulletin des laboratoires des Ponts et Chaussées 258-259, Thématique « Méthodes numériques en génie civil »*, 1, 59-88.

Pietri L., Petroff A., Amielh M., Anselmet F., 2009. Turbulence characteristics within sparse and dense canopies. *Environmental Fluid Mechanics*, 9, 297-320.

Pigeon G., 2007. Les échanges surface-atmosphère en zone urbaine : projets CLU-Escompte et Capitoul, thèse de doctorat, université de Toulouse III, 170 p.

Poggi D., Porporato A., Ridolfi L., Albertson J.D., Katul G.G., 2004. The Effect of vegetation density on canopy sub-layer turbulence. *Boundary-Layer Meteorology*, 111, 565-587.

Potchter O., Cohen P., Bitan A., 2006. Climatic behavior of various urban parks during hot and humid summer in the mediterranean city of Tel Aviv, Israel. *International Journal of Climatology*, 26(12), 1695-1711.

Potere D., Schneider A., 2009. Comparison of global urban maps. *In : Global Mapping of Human Settlements: Experiences, Data Sets, and Prospects* (P. Gamba, M. Herold, eds.), Taylor & Francis, Londres - New York, 269-308.

Pouyat R.V., Yesilonis I.D., Nowak D.J., 2006. Carbon storage by urban soils in the United States. *Journal of Environmental Quality*, 35, 1566-1575.

Predotova M., Gebauer J., Diogo R.V.C., Schlecht E., Buerkert A., 2010. Emissions of ammonia, nitrous oxide and carbon dioxide from urban gardens in Niamey, Niger. *Field Crops Research*, 115(1), 1-8.

Premat E., Gabillet Y., 2000. A new boundary-element method for predicting outdoor sound propagation and application to the case of a sound barrier in the presence of downward refraction. *Journal of the Acoustical Society*, 108(6), 2775-2783.

Pu R., Landry S., 2012. A comparative analysis of high spatial resolution Ikonos and World-View 2 imagery for mapping urban tree species. *Remote Sensing of Environment*, 124, 516-533.

Pugh T.A.M., McKenzie A., Whyatt J.D., Hewitt C., 2012. Effectiveness of green infrastructure for improvement of air quality in urban street canyons. *Environ. Sci. Technol.*, 46, 7692-7699.

Q

Qian Y., Follett R.F., 2002. Turfgrass: Assessing soil carbon sequestration in turfgrass systems using long-term soil testing data. *Agronomic Journal*, 94, 930-935.

Qiu Y., Guan D., Song W., Huang K., 2009. Capture of heavy metals and sulfur by foliar dust in urban Huizhou, Guangdong Province, China. *Chemosphere*, 75(4), 447-452.

R

Raciti S.M., Hutyra L.R., Finzi A.C., 2012. Depleted soil carbon and nitrogen pools beneath impervious surfaces. *Environmental Pollution*, 164, 248-251.

Rahman A., Smith J.G., Stringer P., Ennos A.R., 2011. Effect of rooting conditions on the growth and cooling ability of *Pyrus calleryana*. *Urban Forestry & Urban Greening*, 10(3), 185-192.

Ramamurthy P., Pardyjak E.R., 2011. Toward understanding the behavior of carbon dioxide and surface energy fluxes in the urbanized semi-arid Salt Lake Valley, Utah, USA. *Atmospheric Environment*, 45(1), 73-84.

Ramier D., Berthier E., De Gouvello B., 2012. Determination of influent parameters on green roof hydrological behavior. *In : 9th International Conference on Urban Drainage Modelling*, 3-7 sept. 2012, Belgrade, Serbie, University of Belgrade, Serbie.

Rao P.K., 1972. Remote sensing of urban heat islands from an environmental satellite. *Bul-*

letin of the American Meteorological Society, 53, 647-648.

Rasmussen K., 1996. Sound propagation over screened ground under upwind conditions. *Journal of the Acoustical Society of America*, 100(6), 3581-3586.

Raupach M.R., Coppin P.A., Legg B.J., 1996. Experiments on scalar dispersion within a model plant canopy — I: The Turbulence structure. *Boundary-Layer Meteorology*, 35, 21-52.

Ren Y., Wei X., Wei X., Pan J., Xie P., Song X., Peng D., Zhao J., 2011. Relationship between vegetation carbon storage and urbanization: A case study of Xiamen, China. *Forest Ecology and Management*, 261(3), 1214-1223.

Reygrobellet B., 2007. La Nature dans la ville : biodiversité et urbanisme, Conseil économique et social, <http://www.ladocumentationfrancaise. fr/var/storage/rapports-publics/074000752/0000. pdf> (consulté le 16 janv. 2014).

Ristorcelli T., 2013. Évaluation de l'apport des visées multi-angulaires en imagerie laser pour la reconstruction 3D des couverts végétaux, thèse de doctorat, université de Toulouse, 193 p.

RNSA, 2013. Guide d'information : végétation en ville, RNSA, <http://www.vegetation-en-ville.org> (consulté le 16 janv. 2014).

Robine J.M., Cheung S.L., Le Roy S., Van Oyen H., Griffiths C., Michel J.P., Herrmann F.R., 2007. Death toll exceeded 70,000 in Europe during the summer of 2003. *Comptes Rendus Biologies*, 331(2), 171-178.

Robinson D., Campbell N., Gaiser W., Kabel K., Le-Mouel A., Morel N., Page J., Stankovic S., Stone A., 2007. SUNtool: A new modelling paradigm for simulating and optimising urban sustainability. *CISBAT 2005*, 81(9), 1196-1211.

Robinson D., Haldi F., Leroux P., Perez D., Rasheed A., Wilke U., 2009. Citysim: comprehensive micro-simulation of resource flows for sustainable urban planning. *In : 11th International IBPSA Conference*, 27-30 juil. 2009, Glasgow, Royaume-Uni, IBPSA, 1083-1090, IBPSA, <http://www.ibpsa.org/proceedings/BS2009/ BS09_1083_1090.pdf> (consulté le 11 fév. 2014).

Robitu M., 2005. Étude de l'interaction entre le bâtiment et son environnement urbain : influence sur les conditions de confort en espaces extérieurs, thèse de doctorat, École polytechnique de l'université de Nantes.

Robitu M., Musy M., Inard C., Groleau D., 2006. Modeling the influence of vegetation and water pond on urban microclimate. *Solar Energy*, 80(4), 435-447.

Rodriguez F., 2013. Des composantes du bilan hydrologique de zones urbaines, habilitation à diriger des recherches, université de Nantes, 250 p.

Rodriguez F., Andrieu H., Morena F., 2008. A distributed hydrological model for urbanized areas. Model development and application to urban catchments. *Journal of Hydrology*, 351(3-4), 268-287.

Rodriguez F., Morena F., Andrieu H., Raimbault G., 2007. Introduction of innovative stormwater techniques within a distributed hydrological model and the influence on the urban catchment behaviour. *Water Practice and Technology*, 2(2), 757-764.

Roessner S., Segl K., Heiden U., Kaufmann H., 2001. Automated differentiation of urban surfaces based on airborne hyperspectral imagery. *Geoscience and Remote Sensing, IEEE Transactions*, 39(7), 1525-1532.

Rose S., Peters N.E., 2001. Effects of urbanization on streamflow in the Atlanta area, Georgia, USA: A comparative hydrological approach. *Hydrological Processes*, 15(8), 1441-1457.

Rottensteiner F., Trinder J., Clode S., Kubik K., 2005. Using the Dempster-Shafer method for the fusion of lidar data and multi-spectral images for building detection. *Information Fusion*, 6(4), 283-300.

Rouse J.W., Haas R.W., Schell A., Harlan J.C., 1974. Monitoring the vernal advancement and retro gradation (green wave effect) of natural vegetation, Nasa/Gsfct Type III Final Report, Goddard Space Flight Center, Greenbelt, Maryland, USA, 371 p.

Rowe D.B., 2011. Green roofs as a means of pollution abatement. *Environmental Pollution*, 159(8-9), 2100-2110.

Rowntree R.A., Nowak D.J., 1991. Quantifying the role of urban forests in removing atmospheric carbon dioxide. *Journal of Arboriculture*, 17, 269-275.

Roy R., Launeau P., Mestayer P.G., Andrieu H., Rouaud J.-M., Rodriguez F., 2009. Airborne Vnir-Swir hyperspectral remote sensing for environmental urban mapping, application to Nantes, France. *In : 9th European Meteorological Society Annual Meeting* (9th EMS / 9th ECAM), 28 sept. - 2 oct. 2009, Toulouse, vol 6, EMS2009-109, <http://meetingorganizer.copernicus.org/ EMS2009/EMS2009-109.pdf>, (consulté le 7 fév. 2014).

Roy S., Byrne J., Pickering C., 2012. A systematic quantitative review of urban tree benefits, costs, and assessment methods across cities in different climatic zones. *Urban Forestry & Urban Greening*, 11(4), 351-363.

Roy-Poirier A., Champagne P., Filion Y., 2010. Review of bioretention system research and design: past, present, and future. *Journal of Environmental Engineering*, 136(9), 878-889.

Ruban V., 2011. Inogev : innovations pour une gestion durable de l'eau en ville. *In : Micropolluants prioritaires et autres contaminants dans les eaux pluviales, Journée scientifique Opur*, 8 juin 2011, Leesu, université Paris Est, <http://www.leesu.univ-paris-est.fr/opur/spip.php?article57> (consulté le 17 fév. 2014).

Ruban V., Larrarte F., Berthier E., Favreau L., Sauvourel Y., Letellier L., Mosini M.-L., Raimbault G., 2005. Quantitative and qualitative hydrologic balance for a small suburban watershed in the Nantes region, France. *Water Sciences and Technologies*, 51, 231-238.

Rutter A.J., Kershaw K.A., Robins P., Mortpn A.J., 1972. A predictive model of rainfall interception in forests — I: Derivation of the model from observations in a plantation of corsican pine. *Agricultural Meteorology*, 9, 367-384.

S

Saadatian O., Sopian K., Salleh E., Lim C.H., Riffat S., Saadatian E., Toudeshki A., Sulaiman M.Y., 2013. A review of energy aspects of green roofs. *Renewable and Sustainable Energy Reviews*, 23, 155-168

Sailor D.J., 2008. A green roof model for building energy simulation programs. *Energy and Buildings*, 40(8), 1466-1478.

Salamanca F., Krpo A., Martilli A., Clappier A., 2010. A new building energy model coupled with an urban canopy parameterization for urban climate simulations — I: Formulation, verification, and sensitivity analysis of the model. *Theoretical and Applied Climatology*, 99(3-4), 331-344.

Salamanca F., Martilli A., 2010. A new building energy model coupled with an urban canopy parameterization for urban climate simulations — II: Validation with one dimension off-line simulations. *Theoretical and Applied Climatology*, 99(3-4), 345-356.

Salmond J.A., Williams D.E., Laing G., Kingham S., Dirks K., Longley I., Henshaw G.S., 2013. The Influence of vegetation on the horizontal and vertical distribution of pollutants in a street canyon. *Science of The Total Environment*, 443, 287-298.

Salomons E.M., 1999. Reduction of the performance of a noise screen due to screen-induced wind-speed gradients: Numerical computations and wind-tunnel experiments. *Journal of the Acoustical Society of America*, 105(4), 2287-2293.

Salomons E.M., 1996. Noise barriers in a refracting atmosphere. *Applied Acoustics*, 47(3), 217-238.

Sanchez de la Flor F., Dominguez S.A., 2004. Modelling microclimate in urban environments and assessing its influence on the performance of surrounding buildings. *Energy and Buildings*, 36(5), 403-413.

Sanders R.A., 1986. Urban vegetation impacts on the hydrology of Dayton, Ohio. *Urban Ecology*, 9(3), 361-376.

Santamouris M., Pavlou C., Doukas P., Mihalakakou G., Synnefa A., Hatzibiros A., Patargias P., 2007. Investigating and analysing the energy and environmental performance of an experimental green roof system installed in a nursery school building in Athens, Greece. *Energy*, 32(9), 1781-1788.

Sanz Rodrigo J., Van Beeck J., Dezsö-Weidinger G., 2007. Wind tunnel simulation of the wind conditions inside bidimensional forest clearcuts: Application to wind turbine siting. *Journal of Wind Engineering and Industrial Aerodynamics*, 95, 609-634.

Scatena F., 1990. Watershed scale rainfall interception on two forested watersheds in the Luquillo Mountains of Puerto Rico. *Journal of Hydrology*, 113(1), 89-102.

Schellekens J., Scatena F., Bruijnzeel L., Wickel A., 1999. Modelling rainfall interception by a lowland tropical rain forest in northeastern Puerto Rico. *Journal of Hydrology*, 225(3), 168-184.

Schenk T., Csatho B., 2002. Fusion of lidar data and aerial imagery for a more complete surface description. *In : Iapsis, XXXIV 3A*, 310-317.

Schmid H.P., 1997. Experimental design for flux measurements: Matching scales of observations and fluxes. *Agricultural and Forest Meteorology*, 87, 179-200.

Schmid H.P., 2002. Footprint modeling for vegetation atmosphere exchange studies: a review and perspective. *Agricultural and Forest Meteorology*, 113, 159-183.

Scholten F., Gwinner K., Tauch R., Boulgakova O., 2003. HRSC-AX: High-resolution orthoimages and digital surface models for urban regions. *In : 2nd GRSS/ISPRS Joint Workshop on Remote Sensing and Data Fusion over Urban*

Areas, IEEE, 22-23 mai 2003, Berlin, Allemagne, 225-229, IEEE, Danvers, USA.

Schuepp P.H., Leclerc M.Y., MacPherson J.I., Desjardins R.L., 1990. Footprint prediction of scalar fluxes from analytical solutions of the diffusion equation. *Boundary-Layer Meteorology*, 50, 335-373.

Schwager J., Ruban V., Morel J.L., Claverie R., Irles A., Thiriat J., 2013. Identification des phénomènes prépondérants de transferts des métaux entre eaux de pluie et toitures végétalisées. *In : Novatech 2013*, 23-27 juin 2013, Lyon, 10 p., Graie, Lyon, <http://hdl.handle.net/2042/51382> (consulté le 12 fév. 2014).

Schweitzer O., Erell E., 2014. Evaluation of the energy performance and irrigation requirements of extensive green roofs in a water-scare Mediterranean climate. *Energy and Building*, 68, 25-32.

Seidl M., Gromaire M.-C., Saad M., De Gouvello B., 2013. Effect of substrate depth and rain-event history on the pollutant abatement of green roofs. *Environmental Pollution*, 183, 195-203.

Shan Y., Jingping C., Liping C., Zhemin S., Xiaodong Z., Dan W., Wenhua W., 2007. Effects of vegetation status in urban green spaces on particle removal in a street canyon atmosphere. *Acta Ecologica Sinica*, 27(11), 4590-4595.

Shashua-Bar L., Hoffman M., 2002. The Green CTTC model for predicting the air temperature in small urban wooded sites. *Building and Environment*, 37, 1279-1288.

Shashua-Bar L., Hoffman M.E., 2004. Quantitative evaluation of passive cooling of the UCL microclimate in hot regions in summer, case study: Urban streets and courtyards with trees. *Building and Environment*, 39, 1087-1099.

Shashua-Bar L., Hoffman M.E., Tzamir Y., 2006. Integrated thermal effects of generic built forms and vegetation on the UCL microclimate. *Building and Environment*, 41(3), 343-354.

Shashua-Bar L., Tsiros I.X., Hoffman M.E., 2010. A modeling study for evaluating passive cooling scenarios in urban streets with trees: Case study in Athens, Greece. *Building and Environment*, 45(12), 2798-2807.

Shrestha R., Wynne R.H., 2012. Estimating biophysical parameters of individual trees in an urban environment using small footprint discrete-return imaging lidar. *Remote Sensing*, 4(2), 484-508.

Sinoquet H., Thanisawanyangkura S., Mabrouk H., Kasemsap P., 1998. Characterization of the light environment in canopies using 3D digitising and image processing. *Annals of Botany*, 82(2), 203-212.

Slinn W.G.N., 1982. Predictions for particle deposition to vegetative canopies. *Atmospheric Environment (1967)*, 16(7), 1785-1794.

Small C., 2003. High spatial resolution spectral mixture analysis of urban reflectance. *Remote Sensing of Environment*, 88(1-2), 170-186.

Song T., Wang Y., 2012. Carbon dioxide fluxes from an urban area in Beijing. *Atmospheric Research*, 106, 139-149.

Speak A.F., Rothwell J.J., Lindley S.J., Smith C.L., 2012. Urban particulate pollution reduction by four species of green roof vegetation in an UK city. *Atmospheric Environment*, 61, 283-293.

Spronken-Smith R.A., Oke T.R., 1998. The Thermal regime of urban parks in two cities with different summer climates. *International Journal of Remote Sensing*, 19(11), 2085-2104.

Stannard D.I., Weltz M.A., 2006. Partitioning evapotranspiration in sparsely vegetated rangeland using a portable chamber. *Water Resources Research*, 42(2), DOI: 10.1029/2005WR004251.

Stec W.J., Van Paassen A.H.C., Maziarz A., 2005. Modelling the double skin façade with plants. *Energy and Buildings*, 37(5), 419-427.

Steduto P., Cetinkökü Ö., Albrizio R., Kanber R., 2002. Automated closed-system canopy-chamber for continuous field-crop monitoring of CO_2 and H_2O fluxes. *Agricultural and Forest Meteorology*, 111(3), 171-186.

Stovin V., 2010. The Potential of green roofs to manage urban stormwater. *Water and Environment Journal*, 24(3), 192-199.

Strohbach M.W., Arnold E., Haase D., 2012. The Carbon footprint of urban green space: A life cycle approach. *Landscape and Urban Planning*, 104(2), 220-229.

Strohbach M.W., Haase D., 2012. Above-ground carbon storage by urban trees in Leipzig, Germany: Analysis of patterns in an European city. *Landscape and Urban Planning*, 104(1), 95-104.

Stull R.B., 1988. *An Introduction to Boundary Layer Meteorology*, Kluwer Academic Publishers, Dordrecht, Pays-Bas, 663 p.

Sugawara H., Narita K., Honjo T., Ishii K., 2006. Cool island intensity in a large urban green: Seasonal variation and relationship to atmospheric conditions. *Tenki*, 53(5), 4-14.

Swan L.G., Ugursal V.I., 2009. Modeling of end-use energy consumption in the residential sector: A review of modeling techniques. *Renewable and Sustainable Energy Reviews*, 13, 1820-1833.

Szokolay S.V., 1980. *Environmental Science Handbook for Architects and Builders*, John Wiley & Sons, New-York, USA, 552 p.

T

Tabares-Velasco P.C., Srebric J., 2012. A heat transfer model for assessment of plant based roofing systems in summer conditions. *Building and Environment*, 49, 310-323.

Takebayashi H., Moriyama M., 2007. Surface heat budget on green roof and high reflection roof for mitigation of urban heat island. *Building and Environment*, 42(8), 2971-2979.

Takebayashi H., Moriyama M., 2009. Study on the urban heat island mitigation effect achieved by converting to grass-covered parking. *Solar Energy*, 83(8), 1211-1223.

Takehiko M., Yasushi S., 2009. Quantitative evaluation of cool island in urban green parks. *In : ICUC7, the 7th International Conference on Urban Climate*, 29 juin - 3 juil. 2009, Yokohama, Japon, IAUC, Tokyo Institute of Technology, Japan, CD.

Tallis M., Taylor G., Sinnett D., Freer-Smith P., 2011. Estimating the removal of atmospheric particulate pollution by the urban tree canopy of London, under current and future environments. *Landscape and Urban Planning*, 103(2), 129-138.

Taubenböck H., Esch T., Felbier A., Wiesner M., Roth A., Dech S., 2012. Monitoring urbanization in mega cities from space. *Remote Sensing of Environment*, 117, 162-176.

Taubenböck H., Post J., Roth A., Zosseder K., Strunz G., Dech S., 2008. A conceptual vulnerability and risk framework as outline to identify capabilities of remote sensing. *Natural Hazards and Earth System Sciences*, 8, 409-420.

Teemusk A., Mander Ü., 2009. Green roof potential to reduce temperature fluctuations of a roof membrane: A case study from Estonia. *Building and Environment*, 44(3), 643-650.

Thomas C., Doz S., Briottet X., Lachérade S., 2011. Amartis v2: 3D radiative transfer code in the [0.4; 2.5 μm] spectral domain dedicated to urban areas. *Remote Sensing*, 3(9), 1914-1942.

Tratalos J., Fuller R.A., Warren P.H., Davies R.G., Gaston K.J., 2007. Urban form, biodiversity potential and ecosystem services. *Landscape and Urban Planning*, 83(4), 308-317.

Tsoumarakis, Assimakopoulos V., Tsiros I., Hoffman M.E., Chronopoulou A., 2008. Thermal performance of a vegetated wall during hot and cold weather conditions. *In : 25th Conference on* Passive and Low Energy Architecture, 22-24 oct. 2008, Dublin, Irlande, paper n° 635, 5 p., University College Dublin, Irlande.

Tunick A., 2003. Calculating the micrometeorological influences on the speed of sound through the atmosphere in forests. *Journal of the Acoustical Society of America*, 114(4), 1796-1806.

V

Vailshery L.S., Jaganmohan M., Nagendra H., 2013. Effect of street trees on microclimate and air pollution in a tropical city. *Urban Forestry & Urban Greening*, 12(3), 408-415.

Van Dijk A., Moene A.F., De Bruin H.A.R., 2004. The Principes of surface flux physics: Theory, practice and description of the Ecpack library, rapport interne, Meteorology and Air Quality Group, université de Wageningen, Pays-Bas, 99 p.

Van Renterghem T., Botteldooren D., 2010. Meteo influence on city canyon propagation. *Journal of the Acoustical Society of America*, 127(6), 3335-3346.

Van Renterghem T., Botteldooren D., 2009. Reducing the acoustical façade load from road traffic with green roofs. *Building and Environment*, 44(5), 1081-1087.

Van Renterghem T., Botteldooren D., 2011. In-situ measurements of sound propagating over extensive green roofs. *Building and Environment*, 46(3), 729-738.

Van Renterghem T., Botteldooren D., Lercher P., 2007. Comparison of measurements and predictions of sound propagation in a valley-slope configuration in an inhomogeneous atmosphere. *Journal of the Acoustical Society of America*, 121(5), 2522-2533.

VanWoert N.D., Rowe D.B., Andresen J.A., Rugh C.L., Fernandez R.T., Xiao L., 2005. Green roofs stormwater retention: Effects of roof surface, slope, and media depth. *Journal of Environmental Quality*, 34, 1036-1044.

Velasquez-Lozada A., Gonzalez J.E., Winter A., 2006. Urban heat island effect analysis for San Juan, Puerto Rico. *Atmospheric Environment*, 40, 1731-1741.

Vesala T., Kljun N., Rannik U., Rinne J., Sogachev A., Markkanen T., Sabelfeld K., Foken T., Leclerc M.Y., 2010. Flux and concentration footprint modelling. *In : Modelling of Pollutants in Complex Environmental Systems, vol. II* (G. Hanrahan, ed.), ILM Publications, St Alban, Royaume-Uni, 339-356.

Villarreal E.L., Bengtsson L., 2005. Response of a *Sedum* green-roof to individual rain events. *Ecological Engineering*, 25(1), 1-7.

Vivanco M.G., Alonso R., Bermejo V., Palomino I., Garrido J.L., Elvira S., Salvador P., Artíñano B., 2010. Ozone pollution removal by peri-urban trees in Madrid city, Spain. *In : Proceedings of the Climaqs Workshop on Local Air Quality and its Interactions with Vegetation*, 21-22 janv. 2010, Antwerp, Belgique, 65-69, VITO, Mol, Belgique.

Voogt J.A., Oke T.R., 2003. Thermal remote sensing of urban climates. *Remote Sensing of Environment*, 86(3), 370-384.

Voss M., Sugumaran R., 2008. Seasonal effect on tree species classification in an urban environment using hyperspectral data, lidar, and an object-oriented approach. *Sensors*, 8(5), 3020-3036.

Voyde E., Fassman E., Simcock R., Wells J., 2010. Quantifying evapotranspiration rates for New Zealand green roofs. *Journal of Hydrologic Engineering*, 15(6), 395-403.

Voyé L., 2003. Architecture et urbanisme post-modernes : une expression du relativisme contemporain ? *Revue européenne des sciences sociales*, XLI(126), 117-124.

W

Walker J.S., Briggs J.M., 2007. An object-oriented approach to urban forest mapping in Phoenix. *Photogrammetric Engineering and Remote Sensing*, 73, 577-583.

Wang J., Endreny T.A., Nowak D.J., 2008. Mechanistic simulation of tree effects in an urban water balance model. *Journal of American Water Resources Association*, 44(1), 75-85.

Wang Y.-C., Lin J.-C., 2012. Air quality enhancement zones in Taiwan: A carbon reduction benefit assessment. *Forest Policy and Economics*, 23, 40-45.

Wania A., Weber C., 2007. Hyperspectral imagery and urban green observation. *In : Urban Remote Sensing Joint Event*, 11-13 avr. 2007, Paris, IEEE, 1-8, IEEE, Danvers, USA.

Webb E.K., 1982. On the correction of flux measurements for effects of heat and water transfer. *Boundary-Layer Meteorology*, 23, 251-254.

Webb E.K., Pearman G.I., Leuning R., 1980. Correction of flux measurements for density effects due to heat and water vapour transfer. *Quart. J. Roy. Meteorol. Soc.*, 106, 85-100.

Webster C.J., 1996. Urban morphological fingerprints. *Environment and Planning B: Planning and Design*, 23(3), 279-297.

Welch R., 1982. Spatial resolution requirements for urban studies. *International Journal of Remote Sensing*, 3(2), 139-146.

Weng Q., 2001. Modeling urban growth effects on surface runoff with the integration of remote sensing and GIS. *Environmental Management*, 28(6), 737-748.

Weng Q., 2012. Remote sensing of impervious surfaces in the urban areas: Requirements, methods, and trends. *Remote Sensing of Environment*, 117, 34-49.

Weng Q., Lu D., 2009. Landscape as a continuum: An examination of the urban landscape structures and dynamics of Indianapolis City, 1991-2000, by using satellite images. *International Journal of Remote Sensing*, 30(10), 2547-2577.

Wentz E.A., Stefanov W.L., Netzbans M., Möller M., Brazel A., 2009. The Urban environmental project/100 cities project: Legacy of the first phase and next steps. *In : Global Mapping of Human Settlements: Experiences, Data Sets, and Prospects* (P. Gamba, M. Herold, eds.), Remote Sensing Applications Series, CRC Press, Londres - New York, 191-204.

Werquin A.-C., Demangeon A., 1995. L'Entrelacs du végétal et de l'urbanisation. *Les Annales de la recherche urbaine*, 74, 40-49.

Whitford V., Ennos A.R., Handley J.F., 2001. "City form and natural process": Indicators for the ecological performance of urban areas and their application to Merseyside, UK. *Landscape and Urban Planning*, 57(2), 91-103.

Wicks D., Campos-Marquetti A.R., 2010. Creation of a 3D urban GIS database: Data fusion approach technical session on photogrammetry and 3D visualization, <http://www.geospatialworld.net/Paper/Technology/ArticleView.aspx?aid=2474> (consulté le 16 janv. 2014).

Wiedmann T., Minx J., 2008. A definition of "carbon footprint". *In : Ecological Economics Research Trend* (C.C. Pertsova, ed.), Nova Science Publisher, Inc, Hauppauge, USA, 1-11.

Wiener F.M, Malme C.I., Gogos C.M, 1965. Sound propagation in urban areas. *Journal of the Acoustical Society of America*, 37(1), 738-747.

Wilson D., 2003. The Sound-speed gradient and refraction in the near-ground atmosphere. *Journal of the Acoustical Society of America*, 113(2), 750-757.

Wolf D., Lundholm J.T., 2008. Water uptake in green roof microcosms: Effects of plant species and water availability. *Ecological Engineering*, 33, 179-186.

Wolverton B., Johnson A., Bounds K., 1989. Interior landscape plants for indoor air pollution abatement, rapport de recherche interne de la Nasa, 22 p.

Wolverton B., McDonald R.C., Watkins E., 1984. Foliage plants for removing indoor air pollutants from energy-efficient homes. *Economic Botany*, 38(2), 224-228.

Wong N.H., Chen Y., Ong C.L., Sia A., 2003a. Investigation of thermal benefits of rooftop garden in the tropical environment. *Building and Environment*, 38(2), 261-270.

Wong N.H., Cheong D.K.W., Yan H., Soh J., Ong C.L., Sia A., 2003b. The Effects of rooftop garden on energy consumption of a commercial building in Singapore. *Energy and Buildings*, 35(4), 353-364.

Wong N.H., Jusuf S.K., Syafii N.I., Chen Y., Hajadi N., Sathyanarayanan H., Manickavasagam Y.V., 2011. Evaluation of the impact of the surrounding urban morphology on building energy consumption. *Solar Energy*, 85(1), 57-71.

Wong N.H., Tan A.Y.K., Chen Y., Sekar K., Tan P.Y., Chan D., Chiang K., Wong N.C., 2010. Thermal evaluation of vertical greenery systems for building walls. *Building and Environment*, 45(3), 663-672.

Woodbury P.B., Smith J.E., Heath L.S., 2007. Carbon sequestration in the US forest sector from 1990 to 2010. *Forest Ecology and Management*, 241(1-3), 14-27.

Wu C., 2009. Quantifying high-resolution impervious surfaces using spectral mixture analysis. *International Journal of Remote Sensing*, 30(11), 2915-2932.

Wuytack T., Verheyen K., Wuyts K., Kardel F., Adriaenssens S., Samson R., 2010. The Potential of bio-monitoring of air quality using leaf characteristics of white willow (*Salix alba* L.). *In : Proceedings of the Climaqs Workshop on Local Air Quality and its Interactions with Vegetation*, 21-22 janv. 2010, Antwerp, Belgique, 36-40, VITO, Mol, Belgique.

X

Xiao Q., McPherson E., Simpson J., Ustin S., 2007. Hydrologic processes at the urban residential scale. *Hydrological processes*, 21(16), 2174-2188.

Xiao Q., McPherson E.G., 2002. Rainfall interception by Santa Monica's municipal urban forest. *Urban Ecosystems*, 6(4), 291-302.

Xiao Q., McPherson E.G., Simpson J.R., Ustin S.L., 1998. Rainfall interception by Sacramento's urban forest. *Journal of Arboriculture*, 24, 235-244.

Xiao Q., McPherson E.G., Ustin S.L., Grismer M.E., 2000. A new approach to modeling tree rainfall interception. *Journal of Geophysical Research: Atmospheres)*, 105(D23), 29173-29188.

Xiao Q., Ustin S.L., McPherson E.G., 2004. Using AVIRIS data and multiple-masking techniques to map urban forest tree species. *International Journal of Remote Sensing*, 25(24), 5637-5654.

Xu W., Wooster M.J., Grimmond C.S.B., 2008. Modelling of urban sensible heat flux at multiple spatial scales: A demonstration using airborne hyperspectral imagery of Shanghai and a temperature-emissivity separation approach. *Remote Sensing of Environment*, 112(9), 3493-3510.

Y

Yang F., Matsushita B., Fukushima T., 2010. A pre-screened and normalized multiple endmember spectral mixture analysis for mapping impervious surface area in Lake Kasumigaura Basin, Japan. *ISPRS, Journal of Photogrammetry and Remote Sensing*, 65(5), 479-490.

Yang J., McBride J., Zhou J., Sun Z., 2005. The Urban forest in Beijing and its role in air pollution reduction. *Urban Forestry & Urban Greening*, 3(2), 65-78.

Yang J., Yu Q., Gong P., 2008. Quantifying air pollution removal by green roofs in Chicago. *Atmospheric Environment*, 42(31), 7266-7273.

Yoon T.K., Park C.-W., Lee S.J., Ko S., Kim K.N., Son Y., Lee K.H., Oh S., Lee W.-K., Son Y., 2013. Allometric equations for estimating the aboveground volume of five common urban street tree species in Daegu, Korea. *Urban Forestry & Urban Greening*, 12(3), 344-349.

Young R.F., 2010. Managing municipal green space for ecosystem services. *Urban Forestry & Urban Greening*, 9(4), 313-321.

Z

Zhang J., Wang Z., Ren D., Mittelmark M., Wolverton B., 2010. Botanical air filtration for improving indoor air quality. *In : Journée technique « L'épuration de l'air intérieur par les plantes »*, 6 mai 2010, Oqai-Ademe-université de Lille, CSTB, Paris, 35-41, Oqai, Paris.

Zhang L., Gong S., Padro J., Barrie L., 2001. A size-segregated particle dry deposition scheme for an atmospheric aerosol module. *Atmospheric Environment*, 35(3), 549-560.

Zhang Q., Schaaf C., Seto K.C., 2013. The Vegetation Adjusted NTL Urban Index: A new approach to reduce saturation and increase variation in nighttime luminosity. *Remote Sensing of Environment*, 129, 32-41.

Zhang X., Feng X., Jiang H., 2010. Objected-oriented method for urban vegetation mapping using Ikonos imagery. *International Journal of Remote Sensing*, 31, 177-196.

Zhao M., Kong Z., Escobedo F.J., Gao J., 2010. Impacts of urban forests on offsetting carbon emissions from industrial energy use in Hangzhou, China. *Journal of Environmental Management*, 91(4), 807-813.

Zhou X., Wang X., Tong L., Zhang H., Lu F., Zheng F., Hou P., Song W., Ouyang Z., 2012. Soil warming effect on net ecosystem exchange of carbon dioxide during the transition from winter carbon source to spring carbon sink in a temperate urban lawn. *Journal of Environmental Sciences*, 24(12), 2104-2112.

Zinke P.J., 1967. Forest interception studies in the United States. *In : Forest Hydrology* (W.E. Sopper, H.W. Lull, eds.), Pergamon Press, Oxford, Royaume-Uni, 137-161.

Zouboff V., Laporte J.C., Brunet Y., 1998. *Effets des conditions météorologiques sur la propagation du bruit : prise en compte pratique,* Techniques et méthodes des laboratoires des Ponts et Chaussées, Méthode d'essai (51), Laboratoire central des Ponts et Chaussées, Paris, 100 p.

Liste des auteurs

Karine ADELINE
Onera, 2 avenue Édouard Belin,
BP 74025, 31055 Toulouse Cedex 5
Karine.Adeline@onera.fr

Virginie ANQUETIL
Plante & Cité, 3 rue Flemming,
49750 Saint Lambert du Lattay
virginie.anquetil@gmail.com

Amar BENSALMA
École nationale supérieure
d'architecture de Nantes, Cerma,
UMR CNRS 1563 & IRSTV FR CNRS 2488,
Apt 296, 19 rue Eisenhower,
36000 Châteauroux
amar.bensalma@cerma.archi.fr

Rafik BELARBI
Université de La Rochelle, LaSIE,
UMR CNRS 7356 & IRSTV FR CNRS 2488,
avenue Michel Crépeau,
17042 La Rochelle Cedex 1
rafik.belarbi@univ-lr.fr

Emmanuel BOZONNET
Université de La Rochelle, LaSIE,
UMR CNRS 7356 & IRSTV FR CNRS 2488,
avenue Michel Crépeau,
17042 La Rochelle Cedex 1
Emmanuel.Bozonnet@univ-lr.fr

Philippe BOUDES
Plante & Cité, 3 rue Flemming,
49750 Saint Lambert du Lattay
philippeboudes@yahoo.fr

Xavier BRIOTTET
Onera, 2 avenue Édouard Belin,
BP 74025, 31055 Toulouse Cedex 5
Xavier.Briottet@onera.fr

Isabelle CALMET
École centrale de Nantes, LHEEA,
UMR CNRS 6598 & IRSTV FR CNRS 2488,
1 rue de la Noé, BP 92101,
44321 Nantes Cedex 3
isabelle.calmet@ec-nantes.fr

Philippe CLERGEAU
Muséum national d'Histoire naturelle,
55 rue Buffon, CP 51,
75005 Paris
clergeau@mnhn.fr

Rabah DJEDJIG
Université de La Rochelle, LaSIE,
UMR CNRS 7356 & IRSTV FR CNRS 2488,
avenue Michel Crépeau,
17042 La Rochelle Cedex 1
rabah.djedjig@univ-lr.fr

Benoit GAUVREAU
Lunam Université, Ifsttar, AME, LAE,
route de Bouaye, CS 4,
44344 Bouguenais Cedex
benoit.gauvreau@ifsttar.fr

Adrien GROS
Université de La Rochelle, LaSIE,
UMR CNRS 7356 & IRSTV FR CNRS 2488,
avenue Michel Crépeau,
17042 La Rochelle Cedex 1
adrien.gros@univ-lr.fr

Gwenaël GUILLAUME
Lunam Université, Ifsttar, AME, LAE,
route de Bouaye, CS 4,
44344 Bouguenais Cedex
gwenael.guillaume@ifsttar.fr

Caroline GUTLEBEN
Plante & Cité,
3 rue Flemming,
49750 Saint Lambert du Lattay
caroline.gutleben@plante-et-cite.fr

Christian INARD
Université de La Rochelle, LaSIE,
UMR CNRS 7356 & IRSTV FR CNRS 2488,
avenue Michel Crépeau,
17042 La Rochelle Cedex 1
christian.inard@univ-lr.fr

Patrick LAUNEAU
Université de Nantes,
LPGN UFR des Sciences et Techniques,
2 rue de la Houssinière,
44322 Nantes Cedex 3
patrick.launeau@uuniv-nantes.fr

Nathalie LONG
CNRS, LIENSs (Littoral environnement et
sociétés), UMR 7266, Institut du Littoral,
2 rue Olympe de Gouges,
17000 La Rochelle
nathalie.long@univ-lr.fr

Laurent MALYS
École nationale supérieure
d'architecture de Nantes, Cerma,
UMR CNRS 1563 & IRSTV FR CNRS 2488,
6 quai François Mitterrand,
BP 16202, 44262 Nantes Cedex 2
laurent.malys@crans.org

Patrice MESTAYER
IRSTV (Institut de recherche en sciences et
techniques de la ville), ECN T229,
BP 92101, 44321 Nantes Cedex 3
patrice.mestayer@ec-nantes.fr

Marjorie MUSY
École nationale supérieure
d'architecture de Nantes, Cerma,
UMR CNRS 1563 & IRSTV FR CNRS 2488,
6 quai François Mitterrand,
BP 16202, 44262 Nantes Cedex 2
marjorie.musy@cerma.archi.fr

Rosa OLTRA-CARRIÓ
Cesbio (Centre d'études
spatiales de la biosphère),
UMR 5126 IRD, Cnes, CNRS, UPS,
18 avenue Édouard Belin,
31401 Toulouse Cedex 9
rosa.oltra@cesbio.cnes.fr

Laurent PERRET
École Centrale de Nantes, LHEEA,
UMR CNRS 6598 & IRSTV FR CNRS 2488,
1 rue de la Noé, BP 92101,
44321 Nantes Cedex 3
laurent.perret@ec-nantes.fr

Damien PROVENDIER
Plante & Cité, 3 rue Flemming,
49750 Saint Lambert du Lattay
damien.provendier@plante-et-cite.fr

Fabrice RODRIGUEZ
Lunam Université, Ifsttar, Gers, LEE,
route de Bouaye, CS 4,
44344 Bouguenais Cedex
fabrice.rodriguez@ ifsttar.fr

Jean-Michel ROSANT
École Centrale de Nantes, LHEEA,
UMR CNRS 6598 & IRSTV FR CNRS 2488,
1 rue de la Noé, BP 92101,
44321 Nantes Cedex 3
Jean-Michel.Rosant@ec-nantes.fr

Maeva SABRE
CSTB/Cape (Centre scientifique
et technique du bâtiment / Climatologie
aérodynamique pollution épuration),
11 rue Henri Picherit, BP 82341,
44323 Nantes Cedex 3
maeva.sabre@cstb.fr

Agota SZUCS
École nationale supérieure
d'architecture de Nantes, Cerma,
UMR CNRS 1563 & IRSTV FR CNRS 2488,
9 rue des Gentilshommes,
17000 La Rochelle
agotaszucs@gmail.com

Édition : Mickaël Legrand
Mise en pages : Marie Miagkoff
Imprimé pour vous par Books on Demand (Allemagne)